张培苹　孙强生　赵瑞君　主编

烟台市
第三次土壤普查
技术指南

U0243658

化学工业出版社

·北京·

图书在版编目（CIP）数据

烟台市第三次土壤普查技术指南/张培苹等主编
.—北京：化学工业出版社，2024.1
ISBN 978-7-122-44382-3

Ⅰ.①烟…　Ⅱ.①张…　Ⅲ.①土壤普查-烟台-指南
Ⅳ.①S159.252.3-62

中国国家版本馆 CIP 数据核字（2023）第 210895 号

责任编辑：邵桂林　　　　　　　　　　　　文字编辑：李娇娇
责任校对：李　爽　　　　　　　　　　　　装帧设计：韩　飞

出版发行：化学工业出版社（北京市东城区青年湖南街 13 号　邮政编码 100011）
印　　装：北京天宇星印刷厂
787mm×1092mm　1/16　印张 18¼　字数 424 千字　2024 年 1 月北京第 1 版第 1 次印刷

购书咨询：010-64518888　　　　　　　　　售后服务：010-64518899
网　　址：http://www.cip.com.cn
凡购买本书，如有缺损质量问题，本社销售中心负责调换。

定　　价：128.00 元　　　　　　　　　　　　　　　版权所有　违者必究

本书编辑委员会

前言

"地者，万物之本原，诸生之根菀也"（《管子·水地》），万物土中生，有土斯有粮。土壤是人类赖以生存的基础，是民生之本。因此，摸清土壤情况，掌握土壤的数量和质量，进行科学分类和规划利用，事关国家粮食安全和经济发展。第二次土壤普查从开始距今已有40多年了，土壤数量、质量、利用现状等发生了很大的变化，因而急需给土壤来一次全面的"体检"。2022年1月29日，国发〔2022〕4号发布《国务院关于开展第三次全国土壤普查的通知》，要求"全面查明查清我国土壤类型及分布规律、土壤资源现状及变化趋势，真实准确掌握土壤质量、性状和利用状况等基础数据，提升土壤资源保护和利用水平，为守住耕地红线、优化农业生产布局、确保国家粮食安全奠定坚实基础，为加快农业农村现代化、全面推进乡村振兴、促进生态文明建设提供有力支撑"；按照普查进度安排，2022年启动第三次土壤普查试点，2023～2024年全面铺开，2025年进行成果汇总、验收、总结。本次普查时间紧、任务重、牵扯面广、专业性强。为全面贯彻落实党中央、国务院决策部署，全面、科学地进行第三次土壤普查，在以山东省招远市为试点的基础上，技术组依据第三次全国土壤普查技术规程编写了《烟台市第三次土壤普查技术指南》，作为县、市、区开展土壤普查的技术指导工具。国家相关技术规程是试行版，若后期国家规程进行修改，依照修改后规程实施。由于时间紧迫，水平有限，疏漏之处在所难免，欢迎大家多提宝贵意见，以便后期修改完善。

编者
2023 年 6 月

目 录

第三章 土壤普查外业调查与采样 / 046

第四章　土壤样品制备与检测 / 118

第五章 土壤普查全程质量控制 / 139

第六章 土壤普查成果 / 168

第一章

土壤普查方案

第一节　第三次全国土壤普查工作方案

根据《国务院关于开展第三次全国土壤普查的通知》（国发〔2022〕4号，以下简称《通知》）的要求，为保障第三次全国土壤普查（以下简称"土壤三普"）工作科学有序开展，制定了本方案。

一、普查目的与意义

土壤普查是查明土壤类型及分布规律、查清土壤资源数量和质量等的重要方法，普查结果可为土壤的科学分类、规划利用、改良培肥、保护管理等提供科学支撑，也可为经济社会生态建设重大政策的制定提供决策依据。

① 开展土壤三普是守牢耕地红线、确保国家粮食安全的重要基础。随着经济社会发展，耕地占用刚性增加，要进一步落实耕地保护责任，严守耕地红线，确保国家粮食安全，需摸清耕地数量状况和质量底数。全国第二次土壤普查（以下简称"土壤二普"）距今已40多年，相关数据不能全面反映当前农用地土壤质量实况，要落实藏粮于地、藏粮于技战略，守住耕地红线，需要摸清耕地质量状况。在第三次全国国土调查（以下简称"国土三调"）已摸清耕地数量的基础上，迫切需要开展土壤三普工作，实施耕地的"全面体检"。

② 开展土壤三普是落实高质量发展要求、加快农业农村现代化的重要支撑。完整、准确、全面贯彻新发展理念，推进农业发展绿色转型和高质量发展，节约水土资源，促进农产品量丰质优，都需要以土壤肥力与健康指标数据作支撑。推动品种培优、品质提升、品牌打造和标准化生产，提高农产品质量和竞争力，需要详实的土壤特性指标数据作支撑。指导农户和新型农业经营主体因土种植、因土施肥、因土改土，提高农业生产效率，需要土壤养分和障碍指标数据作支撑。发展现代农业，促进农业生产经营管理信息化、精准化，需要土壤大数据作支撑。

③ 开展土壤三普是保护环境、促进生态文明建设的重要举措。随着城镇化、工业化的快速推进，大量废弃物排放直接或间接影响农用地土壤质量：农田土壤酸化面积扩大、程度增加，土壤中重金属活性增强，土壤污染趋势加重，农产品质量安全受威胁。土壤生物多样性下降、土传病害加剧，制约土壤多功能发挥。为全面掌握全国耕地、园地、林地、草地等土壤性状、耕作造林种草用地土壤适宜性，协调发挥土壤的生产、环保、生态等功能，促进"碳中和"，需开展全国土壤普查。

④ 开展土壤三普是优化农业生产布局、助力乡村产业振兴的有效途径。人多地少是我国的基本国情，需要合理利用土壤资源，发挥区域比较优势，优化农业生产布局，提高水土光热等资源利用率。推进国民经济和社会发展"十四五"规划纲要提出的优化农林牧业生产布局落实落地，因土适种、科学轮作、农牧结合，因地制宜多业发展，实现既保粮食和重要农产品有效供给又保食物多样，促进乡村产业兴旺和农民增收致富，需要土壤普查基础数据作支撑。

二、普查思路与目标

以习近平新时代中国特色社会主义思想为指导，全面贯彻党的十九大和十九届历次全会精神，深入落实党中央、国务院关于耕地保护建设和生态文明建设的决策部署；遵循土壤普查的全面性、科学性、专业性原则，衔接已有成果，借鉴以往经验做法，坚持摸清土壤质量与完善土壤类型相结合、土壤性状普查与土壤利用调查相结合、外业调查观测与内业测试化验相结合、土壤表层采样与重点剖面采集相结合、摸清土壤障碍因素与提出改良培肥措施相结合、政府主导与专业支撑相结合，统一普查工作平台、统一技术规程、统一工作底图、统一规划布设采样点位、统一筛选测试化验专业机构、统一过程质控；按照"统一领导、部门协作、分级负责、各方参与"的组织实施方式，到2025年实现对全国耕地、园地、林地、草地等土壤的"全面体检"，摸清土壤质量家底，为守住耕地红线、保护生态环境、优化农业生产布局、推进农业高质量发展奠定坚实基础。

三、普查对象与内容

（一）普查对象

全国耕地、园地、林地、草地等农用地和部分未利用地的土壤。其中，林地、草地重点调查与食物生产相关的土地，未利用地重点调查与可开垦耕地资源相关的土地，如盐碱地等。

（二）普查内容

包括土壤性状普查、土壤类型普查、土壤立地条件普查、土壤利用情况普查、土壤数据库和土壤样品库构建、土壤质量状况分析、普查成果汇交汇总等。以完善土壤分类系统与校核补充土壤类型为基础，以土壤理化性状普查为重点，更新和完善全国土壤基础数据，构建土壤数据库和样品库，开展数据整理审核、分析和成果汇总。查清不同生态条件、不同利用类型土壤质量及其退化与障碍状况，摸清特色农产品产地土壤特征、耕地后备资源土壤质量、典型区域土壤环境和生物多样性等，全面查清农用地土壤质量家底。

1. 土壤性状普查

通过土壤样品采集和测试，普查土壤颜色、质地、有机质、酸碱度、养分情况、容重、孔隙度、重金属等土壤物理、化学指标，以及满足优势特色农产品生产的微量元素；在典型区域普查植物根系，动物活动，微生物数量、类型、分布等土壤生物学指标。

2. 土壤类型普查

以土壤二普形成的分类成果为基础，通过实地踏勘、剖面观察等方式核实与补充完善土壤类型。同时，通过土壤剖面挖掘，重点普查 1m 土壤剖面中沙漏、砾石、黏磐、砂姜、白浆、碱磐层等障碍类型、分布层次等。

3. 土壤立地条件普查

重点普查土壤野外调查采样点所在区域的地形地貌、植被类型、气候、水文地质等情况。

4. 土壤利用情况普查

结合样点采样，重点普查基础设施条件、种植制度、耕作方式、灌排设施情况、植物生长及作物产量水平等基础信息，肥料、农药、农膜等投入品使用情况，农业经营者开展土壤培肥改良、农作物秸秆还田等做法和经验。

5. 土壤数据库构建

建立标准化、规范化的土壤空间和属性数据库。空间数据库包括土壤类型图、土壤质量图、土壤利用适宜性评价图、地形地貌图、道路和水系图等。属性数据库包括土壤性状、土壤障碍及退化、土壤利用等指标。有条件的地方可以建立土壤数据管理中心，对数据成果进行汇总管理。

6. 土壤样品库构建

依托科研教育单位，构建国家级和省级土壤剖面标本、土壤样品储存展示库，保存主要土壤类型样品和主要土属的土壤剖面标本和样品。有条件的市县可建立土壤样品储存库。

7. 土壤质量状况分析

利用普查取得的土壤理化和生物性状、剖面性状和利用情况等基础数据，分析土壤质量，评价土壤利用适宜性。

8. 普查成果汇交汇总

组织开展分级土壤普查成果汇总，包括图件成果、数据成果、文字成果和数据库成果。开展土壤质量状况、土壤改良与利用、农林牧业生产布局优化等数据成果汇总分析。开展 40 多年来全国土壤变化趋势及原因分析，提出防止土壤退化的措施建议。开展黑土耕地退化、耕地土壤盐碱和酸化等专题评价，提出治理修复对策。

四、普查技术路线与方法

以土壤二普、国土三调、全国农用地土壤污染状况详查、农业普查、耕地质量调查评价、全国森林资源清查固定样地体系等工作形成的相关成果为基础，以遥感技术、地理信息系统、全球定位系统、模型模拟技术、现代化验分析技术等为科技支撑，统筹现有工作平台、系统等资源，建立土壤三普统一工作平台，实现普查工作全程智能化管理；统一技术规程，实现标准化、规范化操作；以土壤二普土壤图、地形图、国土三调土地利用现状图、全国农用地土壤污染状况详查点位图等为基础，编制土壤三普统一工作底图；根据土壤类型、地形地貌、土地利用现状类型等，参考全国农用地土壤污染状况详查点位、全国森林资源清查固定样地等在工作底图上统一规划布设外业调查采样点位；按照检测资质、基础条件、检测能力等，全国统一筛选测试化验专业机构，规范建立测试指标与方法；通过"一点一码"跟踪管理，构建涵盖普查全过程统一质控体系；依托土壤三普工作平台，国家级和省级分别开展数据分析和成果汇总；实现土壤三普标准化、专业化、智能化，科学、规范、高效推进普查工作。

（一）构建平台

利用遥感、地理信息和全球定位技术、模型模拟技术和空间可视化技术等，统一构建土壤三普工作平台，构建任务分发、质量控制、进度把控等工作管理模块，样点样品、指标阈值等数据储存模块，数据分类分析汇总模块等。

（二）制作底图

利用土壤二普土壤图、地形图，国土三调土地利用现状图，最新行政区划图等资料，统一制作满足不同层级使用的土壤三普工作底图。

（三）布设样点

在土壤普查工作底图上，根据地形地貌、土壤类型、土地利用现状类型等划分差异化样点区域，参考全国农用地污染状况详查布点、全国森林资源清查固定样地等，在样点区域上采用"网格法"布设土壤外业调查采样点；根据主要土壤土种（土属）的典型区域布设剖面样点。与其他已完成的各专项调查工作衔接，确保相关调查采样点的同一性。样点样品实行"一点一码"，作为外业调查采样、内业测试化验等普查工作唯一信息溯源码。

（四）调查采样

省级统一组织开展外业调查与采样。根据统一布设的样点和调查任务，按照统一的采样标准，确定具体采样点位，调查立地条件与土壤利用信息，采集表层土壤样品、典型代表剖面样等。表层土壤样品按照"S"形或梅花形等方法混合取样，剖面样品采取整段采集或分层取样。

（五）测试化验

以国家标准、行业标准和现代化验分析技术为基础，规范确定土壤三普统一的样品制备和测试化验方法。其中，重金属指标的测试方法与全国农用地土壤污染状况详查中的相衔接一致。开展标准化前处理，进行土壤样品的物理、化学等指标批量化测试。充分衔接已有专项调查数据，相同点位已有化验结果满足土壤三普要求的，不再重复测试相应指标。选择典型区域，利用土壤蚯蚓、线虫等动物形态学鉴定方法和高通量测序技术等，进行土壤生物指标测试。

（六）数据汇总

按照全国统一的数据库标准，建立分级的数据库。以省份为单位，采用内外业一体化数据采集建库机制和移动互联网技术，进行数据汇总，形成集空间、属性、文档、图件、影像等信息于一体的土壤三普数据库。

（七）质量校核

统一技术规程，采用土壤三普工作平台开展全程管控，建立国家和地方抽查复核和专家评估制度。外业调查采样实行"电子围栏"航迹管理，样点样品编码溯源；测试化验质量控制采用平行样、盲样、标样、飞行检查等手段，化验数据分级审核；数据审核采用设定指标阈值进行质控，阶段成果分段验收。

（八）成果汇总

采用现代统计方法等，对土壤性状、土壤退化与障碍、土壤利用等数据进行分析；利用数字土壤模型等方法进行数字制图，进行成果凝练与总结。

五、普查主要成果

（一）数据成果

形成全国土壤类型、土壤理化和典型区域生物性状指标数据清单，形成土壤退化与障碍数据，特色农产品区域、盐碱地调查等专题调查土壤数据，适宜于不同土地利用类型的土壤面积数据等。

（二）数字化图件成果

形成分类普查成果图件，主要包括全国土壤类型图，土壤养分图，土壤质量图，耕地盐碱、酸化等退化土壤分布图，土壤利用适宜性分布图，特色农产品生产区域土壤专题调查图等。

（三）文字成果

形成各类文字报告，主要包括土壤三普工作报告、技术报告，全国土壤利用适宜性（适宜于耕地、园地、林地和草地利用）评价报告，全国耕地、园地、林地、草地质量报告，东北黑土地、盐碱地、酸化耕地等改良利用、特色农产品区域土壤特征等专项报告。

（四）数据库成果

形成集土壤普查数据、图件和文字等国家级、省级土壤三普数据库，主要包括土壤性状数据库、土壤退化和障碍数据库、土壤利用等专题数据库。

（五）样品库成果

形成标准化、智能化的国家级和省级土壤样品库、典型土壤剖面标本库。

六、普查组织实施

（一）组织方式

土壤普查是一项重要的国情国力调查，涉及范围广、参与部门多、工作任务重、技术要求高。土壤三普工作按照"统一领导、部门协作、分级负责、各方参与"的方式组织实施。国家层面成立国务院第三次全国土壤普查领导小组，负责统一领导，协调落实相关措施，督促普查工作按进度推进。领导小组下设办公室（挂靠农业农村部），负责组织落实普查相关工作，定期向领导小组报告普查进展；负责组织制定土壤三普工作方案、技术规程、技术标准等；负责组织全国普查的技术指导、省级普查技术培训和省级普查质量抽查；负责组织建立土壤三普工作平台、数据库、汇总提交普查报告等。

各省（自治区、直辖市）成立省级人民政府第三次土壤普查领导小组（下设办公室），负责本省（自治区、直辖市）土壤普查工作的组织实施，开展以县为单位的普查。依据本工作方案和土壤三普技术规程，结合本省份实际，编制土壤普查实施方案，明确组织方式、队伍组建、技术培训、进度安排等，报国务院第三次全国土壤普查领导小组办公室备案后实施。各省（自治区、直辖市）土壤三普领导小组办公室具体负责本地区土壤普查工作落实、质量督查和成果验收等。

（二）进度安排

2022年启动土壤三普工作，开展普查试点；2023～2024年全面铺开普查；2025年进行成果汇总、验收、总结。"十四五"期间全部完成普查工作，形成普查成果报国务院。

1. 2022年开展土壤三普试点工作

出台普查通知，建立组织机构，全面动员部署，印发工作方案和技术规程，构建普查工作平台，校核完善土壤二普形成的土壤分类图，完善普查底图，完成外业采样点位布设。在31个省（自治区、直辖市）的80个以上县开展试点，验证和完善土壤三普技术路线、方法及技术规程，健全工作机制，培训技术队伍。启动并完成盐碱地普查工作。

（1）动员部署　贯彻落实《通知》要求，以国务院第三次全国土壤普查领导小组名义召开电视电话会议动员部署，印发工作方案，正式启动土壤三普工作。

（2）定试点县　在全国31个省（自治区、直辖市）的80个以上县开展试点，验证和完善土壤三普技术路线、方法及技术规程，健全工作机制，培训技术队伍。推动全国盐碱地普查优先开展并于年底前完成。

（3）开展试点培训　各省（自治区、直辖市）组建省级土壤三普技术专家组和外业调查采样专业队伍，并组织开展技术培训、业务练兵、质量控制等。

（4）做好试点工作　按照普查工作内容、技术路线、技术规程、技术方法、工作手册等要求，完成各个环节试点任务。

（5）完善工作机制　总结试点工作经验，完善土壤三普技术规程、工作平台等，强化组织保障，压实各方责任，落实普查条件，加强宣传动员。

2. 2023～2024年全面开展土壤三普工作

开展多层级技术实训指导，分时段完成外业调查采样和内业测试化验，强化质量控制，开展土壤普查数据库与样品库建设，形成阶段性成果。

（1）开展技术实训指导　组织普查技术专家对土壤三普工作平台应用、调查采样、测试化验、数据汇总等分级分类分层次开展技术实训指导、质量控制等。

（2）组织外业调查采样　各省份组织专业队伍，依靠县级支持，依据统一布设样点，严格按照相关技术规范在农闲空档期开展外业实地调查和采样，实时在线填报相关信息，按相关规范科学储运、分发样品至测试单位和存储单位。2024年11月底前完成全部外业调查采样工作。

（3）组织内业测试化验　检测机构按照统一检测标准、检测方法，开展样品测试化验，实时在线填报测试结果。2024年底前完成全部内业测试化验任务。

（4）组织抽查校核　根据工作进展，国家级和省级技术专家组分别开展外业调查采样、内业测试化验等核心环节的抽查校核工作，并根据抽查校核结果开展补充完善工作。

3. 2025年形成土壤三普成果

国家级和省级组织开展土壤基础数据、土壤剖面调查数据和标本、土壤利用数据的审核、汇总与分析。绘制专业图件，撰写普查报告，形成数据、文字、图件、数据库、样品库等普查成果并与有关部门等共享。完成全国耕地质量报告和土壤利用适宜性评价报告，以及黑土地、盐碱地、酸化耕地改良利用等专项报告，全面总结普查工作。2025年上半年，完成普查成果整理、数据审核，汇总形成第三次全国土壤普查基本数据；下半年，建成土壤普查数据库与样品库，完成普查成果验收、汇交与总结，形成全国耕地质量报告和土壤利用适宜性评价报告。

七、普查保障措施

（一）组织保障

全国土壤普查在国务院第三次全国土壤普查领导小组统一领导和普查领导小组办公室具体组织推进下有序开展。领导小组成员单位要各司其职、各负其责、通力协作、密切配合，加强技术指导、信息共享、质量控制、经费物资保障等工作。各省级人民政府是本地区土壤普查工作的责任主体，要加强组织领导、系统谋划、统筹推进，确保高质量完成普查任务。地方各级人民政府要成立相应的普查领导小组及办公室，负责本地区普查工作的组织和实施。

（二）技术保障

国务院第三次全国土壤普查领导小组办公室加强技术规程制定、技术培训、技术指导，以及相关技术队伍体系组建等技术保障工作。成立专家咨询指导组和技术工作组，在领导小组和办公室领导下，负责土壤普查相关基础理论、技术原理，以及重大技术疑难问题的咨询、指导与技术把关等。各省（自治区、直辖市）组建省级技术专家组，并组建由省级技术专家组和各级基层技术推广机构参与的专业队伍体系，承担本区域以县级为单位的外业调查和采样等工作。

（三）经费保障

土壤普查经费由中央财政和地方财政按承担的工作任务分担。中央负责全国技术规程制定、平台系统构建、工作底图制作、样点规划布设等；负责国家级层面的技术培训、专家指导服务、内业测试化验结果抽查校核、数据分析和成果汇总等。地方负责本区域的外业调查采样、内业测试化验、技术培训、专家指导服务、数据分析、成果汇总和数据库样品库建设等。地方各级人民政府要根据工作进度安排，将经费纳入相应年度预算予以保障，并加强监督审计。各地可按规定统筹现有资金渠道支持土壤普查相关工作。

（四）宣传引导

通过报纸、电视、广播、网络等媒体和自媒体等渠道，大力宣传土壤普查对耕地保护和建设、促进农产品质量安全、推进农业高质量发展、支撑"藏粮于地"战略实施、夯实国家粮食安全基础、促进乡村振兴、推进生态文明建设、实现"碳中和"目标的重要意义，提高全社会对土壤三普工作重要性的认识。认真做好舆情引导，积极回应社会关切的热点问题，营造良好的外部环境。

（五）安全保障

严格执行国家信息安全制度，建立并落实普查工作保密责任制，确保普查信息安全。

第二节　山东省第三次土壤普查实施方案

按照《山东省人民政府关于组织开展山东省第三次土壤普查的通知》（鲁政发〔2022〕5号）要求，为保障第三次土壤普查工作科学有序开展，现制定实施方案如下。

一、普查目的与意义

参见第一章第一节"一、普查目的与意义"。

二、普查总体要求

（一）指导思想

以习近平新时代中国特色社会主义思想为指导，全面贯彻党的十九大和十九届历次全会精神，认真落实习近平总书记在深入推动黄河流域生态保护和高质量发展座谈会上的重要讲话精神和对山东工作的重要指示要求，按照省委、省政府有关工作部署，查明查清全省土壤资源情况，分级分类掌握土壤数量、质量、性状、分布、利用状况和变化趋势等基础数据，强化土壤资源开发利用保护水平，为严守耕地保护红线、提升国家粮食安全保障能力、加快推进农业农村现代化提供有力支撑。

（二）基本原则

属地管理，分级负责。土壤普查实行统一领导、部门协作、县为主体、分级负责、各方参与的方式，全省各级各有关部门在党委、政府统一领导下，明确分工，各负其责，抓好技术指导、信息共享、质量控制等工作，协同推进土壤普查工作。

统一标准，严格管控。加强普查质量管理，统一普查工作平台、统一技术规程、统一工作底图、统一规划布设采样点位、统一筛选测试化验专业机构、统一过程质控，完善普查工作质量管理体系和普查数据质量追溯机制。

因地制宜，分类指导。指导各地根据土壤类型、地形地貌、利用现状，分类开展耕地、园地、林地、草地质量评价，开展盐碱地与酸化耕地土壤改良利用、土壤生物学特征、特色农产品区域土壤特征及重金属阈值研究等专题调查。

科学规范，前后衔接。遵循土壤普查的全面性、科学性、专业性原则，以土地利用现状为主要依据，衔接已有资料成果，借鉴以往经验做法，充分运用现代化信息技术，深入基层、深入群众、深入现场，实地开展数据调查工作。

强化实操，注重实效。坚持摸清土壤质量与完善土壤类型相结合、土壤性状普查与土壤利用调查相结合、外业调查观测与内业测试化验相结合、土壤表层采样与重点剖面采集相结合、摸清障碍因素与提出改良措施相结合、政府统一主导与专业技术支撑相结合，将普查成果全面应用到新发展阶段"三农"工作中。

（三）目标任务

山东省第三次土壤普查工作自 2022 年开始，2025 年完成。其中，2022 年，完成试点县普查工作任务，校核完善试点县土壤类型及分布规律，准确掌握土壤质量、立地条件和利用状况等基础数据；开展全省盐碱地资源调查，摸清全省盐碱地现状及改造开发利用情况。2023~2024 年，完成全省普查外业调查采样和内业测试化验工作任务；查清土壤类型及分布规律、土壤资源现状及变化趋势，准确掌握土壤质量、立地条件和利用状况等基础数据；建设土壤普查数据库和样品库。2025 年，完成耕地质量报告和土壤利用适宜性评价报告，以及盐碱地与酸化耕地土壤改良利用、土壤生物学特征、特色农产品区域土壤特征及重金属阈值研究等专题报告，全面总结普查工作。

三、普查对象与内容

本次普查对象为耕地、园地、林地、草地等农用地和部分未利用地的土壤。其中，林地、草地重点调查与食物生产相关的土地，未利用地重点调查与可开垦耕地资源相关的土地，如盐碱地等。

普查主要内容为开展土壤性状、土壤类型、土壤立地条件和土壤利用情况普查，构建土壤数据库和土壤样品库，分析土壤质量状况，形成普查成果等。普查内容和普查方法严格按照全国土壤普查办制定的《第三次全国土壤普查技术规程（试行）》《第三次全国土壤普查土壤类型名称校准与完善工作指南（试行）》《第三次全国土壤普查工作底图制作与样点布设技术规范（试行）》《第三次全国土壤普查数据库规范（试行）》《第三次全国土壤普查土壤属性图与专题图编制技术规范（试行）》《第三次全国土壤普查土壤类型图编制技术规范（试行）》《第三次全国土壤外业调查与采样技术规范（试行）》《第三次全国土壤普查土壤生物调查技术规范（试行）》《第三次全国土壤普查土壤样品制备与检测技术规范（试行）》《土壤普查全程质量控制技术规范（试行）》开展工作。

（一）土壤性状普查

通过土壤样品采集和测试，普查土壤颜色、质地、有机质、酸碱度、养分情况、容重、孔隙度、重金属等土壤物理、化学指标，以及满足优势特色农产品生产的微量元素；在典型区域普查植物根系，动物活动，微生物数量、类型、分布等土壤生物学指标。

耕地、园地土壤样品理化指标：剖面样分析 45 项、表层样分析 30 项。林地、草地、盐碱荒地土壤样品理化指标：剖面样分析 18 项、表层样分析 13 项。盐碱地水样品检测指标：灌溉水样分析 4 项、地下水样分析 4 项。土壤生物指标：土壤动物，包括土壤线虫、蚯蚓等典型土壤动物；土壤微生物，包括主要优势菌株、土壤微生物量、典型土壤酶活性和呼吸速率等。

（二）土壤类型普查

1. 核实完善土壤类型

针对第二次土壤普查查清的潮土、棕壤、褐土、砂姜黑土、水稻土、粗骨土等 15 个土类分布，通过实地踏勘、剖面观察等方式核实与补充完善，特别是受立地条件变化、农业生产影响较大的土壤类型，如盐渍化土壤、水稻土等，以及呈插花状分布的地带性土壤，如棕壤和褐土。

2. 查清障碍类型

通过土壤剖面挖掘，重点普查 1m 土壤剖面中沙漏、砾石、黏磐、砂姜、白浆等障碍类型、分布层次等。

（三）土壤立地条件普查

重点普查土壤野外调查采样点所在区域的地形地貌、植被类型、水文地质、农田防护林网、土壤利用情况等。结合样点采样，重点调查种植制度、耕作方式、灌排设施情况、植物生长及作物产量水平等基础信息，肥料、农药、农膜等投入品使用情况，农业经营者开展土壤培肥改良、农作物秸秆还田等做法和经验。

野外调查采样时间需遵循全国土壤普查办统一规定，考虑到不同土地利用方式等因素对土壤样品采集及理化数据的影响，避免因施肥、灌水、雨季以及其他耕作措施而产生的影响。盐碱地调查盐分采样时间一般在 3 月中下旬至 4 月中旬；粮田一般在秋季作物收获前后、下茬作物播种施肥前调查采样；设施蔬菜一般在上茬蔬菜收获后的晚棚期调查采样；果园在果品采摘后至施肥前调查采样；林地土壤调查和采集应避开雨季。

（四）土壤数据库构建

依托全国土壤普查办提供的全国土壤普查信息化工作平台，按照《第三次全国土壤普查数据库规范（试行）》，建立标准化、规范化的土壤空间和属性数据库。为便于普查工作开展和后期普查成果存储与应用，省级要建立完善本行政区土壤普查数据平台系统，并与全国平台有效对接。空间数据库包括土壤类型图、土壤质量图、土壤利用适宜性评价图、地形地貌图、道路和水系图等。属性数据库包括土壤性状、土壤障碍及退化、土壤利用等指标。土壤普查过程中，分级开展数据汇交与数据库建设。数据实行逐级审核，审核后省级负责提交至国家土壤普查数据库。

（五）土壤样品库构建

依托农业院校，构建省级土壤剖面样品和土壤表层样品储存展示库。土壤剖面样品库涵盖全省所有土类和主要耕地土壤亚类、重点土属，土壤表层样品库涵盖普查全部采样点。样品库具备存储、展示、宣传、科教等功能，可保障样品长期安全存放；建立样品库信息管理系统，录入样品采集时间、地点、理化性状等信息，实现土壤样品和信息快速定位。有条件的市、县可建立区域土壤样品储存库。

（六）土壤质量状况分析

利用普查取得的土壤理化和生物性状、剖面性状和利用情况等基础数据，分析土壤质量，评价土壤利用适宜性。逐级开展土壤普查成果汇总，包括图件成果、数据成果、文字成果和数据库成果。开展土壤质量状况、土壤改良与利用、农业生产布局优化等数据成果汇总分析。开展全省土壤变化趋势及原因分析，提出防止土壤退化的措施建议。开展耕地土壤盐碱和酸化等专题评价，提出治理修复对策。

四、普查主要工作

按照《第三次全国土壤普查工作方案》要求，土壤普查主要有构建平台、制作底图、布设样点、调查采样、测试化验、数据汇总、质量校核、成果汇总 8 项工作，形成耕地质量报告和土壤利用适宜性评价报告。同步开展各类专题调查，形成盐碱地与酸化耕地土壤改良利用、土壤生物学特征、特色农产品区域土壤特征及重金属阈值研究等专题报告。2022 年，开展动员部署，健全工作机制，培训技术队伍，完成实施方案编制、采样点位布设和普查试点任务等工作，开展全省盐碱地资源调查。2023～2024 年，以县（市、区）为单元，依据统一布设样点，组织开展外业调查采样和内业测试化验，分级分类分层次开展技术实训指导、质量控制，建设土壤普查数据库和样品库。其中，2024 年 9 月底前完成全部外业调查采样工作，10 月底前完成全部内业测试化验任务，按要求实时在线填报数据信息。2025 年，组织开展土壤基础数据、土壤剖面调查数据、土壤利用数据的审核、汇总和分析，完成耕地质量报告和土壤利用适宜性评价报告，以及盐碱地与酸化耕地土壤改良利用、土壤生物学特征、特色农产品区域土壤特征及重金属阈值研究等专题报告，全面总结普查工作。

（一）样点校核

按照《第三次全国土壤普查工作底图制作与样点布设技术规范（试行）》要求，根据全国土壤普查办统一下发的样点布设方案，利用普查工作底图、最新土地利用变更信息、遥感影像等资料，省土壤普查办统一委托有资质的第三方技术单位开展样点人工校核工作。对表层样点按照全面性、代表性、差异性原则，校核样点所在入样图斑的土地利用属性，样点的属地代表性，样点附近的土壤污染源，样点所在入样图斑的农业利用方式，样点距离村庄、道路、河流的远近以及样点的道路可达性。对剖面样点按照代表性、典型性、可到达性原则，校核样点土壤类型、土地利用、海拔类型、地形部位、坡度级别的代表性，在不同土地利用类型上的数量比例以及样点的道路可达性。对不符合要求的点位进行调整，数量上"只增不减"，进行空间位置调整需做出充分说明。样点校核完成后报国家统一确定下发。

（二）采样调查

采样调查包括土壤表层样品和剖面样品采集。采集表层样品时调查样点的地形地貌、水文地质、植物类型、化肥农药使用等立地与生产信息；选择典型样点进行土壤生物采样与调查，由国家级和省级技术单位承担。采集剖面样品时观察记载剖面形态、校核剖面所在图斑土壤类型边界、校核完善土壤类型。耕地、园地表层样品布样密度为 1km×1km

一个样点，林、草、盐碱地为 4km×4km 一个样点；剖面样点每县布置约 20～30 个，总数以全国土壤普查办下发数量为准。

在外业调查前，按照《第三次全国土壤普查土壤类型名称校核与完善工作指南（试行）》要求，对耕地质量评价形成的县级土壤分类进行土种名称校准，土类、亚类、土属保持与《中国土壤分类与代码》（GB/T 17296—2009）相一致，土种名称归并到省土种名称，形成县级土种与省级土种代码对照表。野外调查采样时，依据剖面观察和表层土壤样品质地，校核土种类型。

采样调查应按照《第三次全国土壤外业调查与采样技术规范（试行）》《第三次全国土壤普查土壤类型名称校准与完善工作指南（试行）》及其他有关要求开展，各设区市、项目县土壤普查办组建外业调查采样队伍，准备所需物资材料，每个调查小队至少安排 1 名具有土壤学专业背景并受过普查外业培训的人员作为技术负责人，还应配备联络、后勤保障等人员。外业调查采样队可委托有土壤调查能力的第三方机构承担。土壤剖面样品采集专业性要求高，拟由本省农业大学承担。调查队由熟悉土壤分类与制图的专家带队，通过手持终端 APP 现场确认样点位置，进行土壤图野外校核、数据保存和上传等，及时完成样品包装与寄送等工作。

（三）测试化验

测试化验应按照《第三次全国土壤普查土壤样品制备与检测技术规范（试行）》开展，主要包括实验室确定、样品制备、流转、检测等。省级质量控制实验室由省土壤普查办组织初筛后报国家备案；实验室包括样品制备实验室和检测实验室，由省级组织初筛报国家复核，国家通过后公布《第三次全国土壤普查检测实验室名录》，供各项目县选择。

制备实验室接收采样样品，做好样品风干、烘干、粗磨等制备工作，完成表层样品和土壤剖面样品的制备。检测实验室收到制备样品后，在土壤普查工作平台上填报实验室信息，进行样品相关指标测定；测定完成后，按要求对检测数据质量进行审核，完成数据填报。省级质控实验室负责样品转码、流转、制备、数据审核等过程的质量保证和质量控制工作，同时承担本省盐碱地调查的地下水样等检测任务。

（四）质量控制

全程质量控制包括外业调查采样、样品制备保存流转、样品检测、数据审核 4 个环节的质量控制。按照《第三次全国土壤普查全程质量控制规范（试行）》要求，省土壤普查办开展全过程质控，对工作承担单位加强技术培训、专家指导。组建专家队伍，负责区域内样品采集数据审核环节质量控制；确定省级质控实验室，负责样品制备、保存、流转、检测工作质量控制。市县土壤普查办要制定土壤普查质量控制工作方案，对本级普查工作负主体责任。

省级质控实验室负责承担项目县外业调查采样任务的监督检查，开展检测实验室样品制备和保存检查，对流转样品、密码平行样品和质控样品进行样品转码、分析测试、监督检查和结果数据审核确认，协助国家开展能力验证和飞行检查工作，负责组织省内检测实验室能力验证和实验室间比对。对样品采集、制备、保存、流转和分析测试环节质量控制中发现的问题，及时采取预防和纠正措施。

外业采样调查队、样品制备实验室、检测实验室对各自承担的外业调查采样、样品制备保存流转、样品检测工作负责，要制定内部质量管理方案和制度、落实质控人员、从严落实全程质量控制措施，接受国家和省级外部质量监督检查。

（五）成果汇总

省土壤普查办负责组织开展分级土壤普查成果汇总，包括图件成果、数据成果、文字成果和数据库成果，负责全省普查工作数据汇总，形成全省土壤类型图和土壤属性图，完成全省试点总结报告和普查工作总结报告。开展专题评价，形成土壤适宜性评价报告、土壤质量专题评价报告、特色农产品区域土壤评价报告等；结合第二次土壤普查数据，分析40多年来土壤变化趋势及原因，提出防止土壤退化的措施建议；开展盐碱地与酸化耕地土壤改良利用、土壤生物学特征及重金属阈值研究等专题调查，提出治理修复对策。

县级土壤普查办负责本级普查工作数据汇总填报、制作县域土壤类型图和土壤属性图、撰写总结报告等工作。

（六）数据库开发

按照《第三次全国土壤普查数据库规范（试行）》要求，根据我省土壤资源管理需要，在国家土壤普查平台基础上，严格按照普查数据库规范，进行开发完善，编制各种类型数据资料计算机自动检查、人机交互检查、人工复核相结合的数据库质量检查方法。建立标准化、规范化的土壤空间和属性数据库。市县熟练掌握数据平台系统操作，进行数据上报、修改等工作，建立好、应用好、维护好数据库，提高普查工作效率，也可根据管理需要开展本区域的数据库信息化平台建设。

（七）样品库建设

依托大专院校、科研单位的技术、设备优势，建设山东省土壤普查剖面标本、土壤样品储存展示库。省土壤普查办根据全省土壤类型、面积大小与分布，从各县（市、区）抽取具有代表性、典型性的整段剖面标本和耕层土壤原状土，委托建立整段剖面标本陈列室和土壤样品库。

（八）试点工作

山东省地形地貌复杂，主要以山地丘陵为主，平原盆地交错环列其间，山地、丘陵约占全省总面积的37.45%，平原占55%，分别选取山地丘陵区的烟台招远市和平原区的东营垦利区作为试点县开展普查试点工作。

试点区域严格落实统一普查工作平台、统一技术规程、统一工作底图、统一规划布设采样点位、统一筛选测试化验专业机构、统一过程质控的工作要求，严格按照国家和省级方案要求完成试点任务。通过普查准确掌握试点县土壤性状、立地条件和利用现状等基础数据，摸清土壤类型及分布规律、土壤资源现状及变化趋势，形成培训教材以及图件成果、数据成果、文字成果和数据库成果。通过试点检验和完善普查工作流程、普查技术规程和方法，探索普查工作的运行机制和路径，明确成果要求，为开展全省土壤普查工作提供模式和经验参考。

（九）盐碱地调查

2022年开展盐碱地资源调查工作。按照全国土壤普查办下发的盐碱地调查范围和调查样点，组织相关县（市、区）在盐碱地采样窗口期开展外业调查采样，完成土壤和灌溉水、地下水样品检测，审核汇交成果数据。完成盐碱地的分类分级和图件绘制，建设盐碱地土壤数据库；掌握盐碱地土壤类型、分布、程度、成因，有针对性地开展耐盐碱作物适应性调查，评价盐碱地利用潜力，编制盐碱地调查报告和作物适应性报告，为山东探索具有盐碱地特色的现代高效农业高质量发展路径提供数据支撑。

（十）专题调查

依托专家和研究技术团队，结合山东土壤实际情况，开展盐碱地与酸化耕地土壤改良利用、土壤生物学特征、特色农产品区域土壤特征及重金属阈值研究等相关专题调查，结合科研院校研究资料，形成专题报告。

五、普查组织实施

（一）省土壤普查办组织架构及职责

《山东省人民政府关于组织开展山东省第三次土壤普查的通知》（鲁政发〔2022〕5号）明确成立山东省第三次土壤普查领导小组，领导小组办公室设在省农业农村厅。第三次土壤普查领导小组办公室在领导小组领导下开展工作，贯彻落实领导小组决策部署，负责普查工作的具体组织、协调、调度、督导等，定期向领导小组报告普查进展情况。具体职责为：

① 组织制定全省土壤普查工作方案，督促指导各地编制工作方案并组织实施。负责编制土壤普查财政预算，开展政府采购相关工作。组织开展新闻宣传和业务培训等工作。

② 组织省级普查技术指导，落实土壤普查技术规程规范、标准，研究处理政策性、技术性问题。

③ 组织构建土壤普查工作平台，建立全省土壤普查数据库，指导土壤普查数据库使用。

④ 统筹协调土壤普查领导小组成员单位、科研教育及技术推广等单位、社会第三方机构等共同推进土壤普查工作，协调各地共同推进土壤普查工作。

⑤ 调度工作进展情况，适时向领导小组报告调度工作开展过程中出现的问题，要及时组织解决。

⑥ 督导工作任务落实、质量控制情况，督促指导各地落实任务、把控质量等。

⑦ 组织全省土壤普查数据汇总、分析，开展土壤普查成果检查验收，形成全省土壤普查成果，编制相关报告。推动阶段性成果应用。

⑧ 负责土壤普查基础资料归档、保存。

⑨ 承担领导小组交办的其他相关任务和工作。

根据《国务院第三次全国土壤普查领导小组办公室组建方案》确定的山东省土壤普查办组成单位具体如下：省农业农村厅农田建设管理处、办公室、人事处、发展规划处、计划财务处、科教处、种植业管理处，省农业技术推广中心（土壤肥料部、数字农业部、保障部），省农业生态与资源保护总站以及省自然资源厅、省发展和改革委员会，省财政厅，省生态环境厅，省水利厅，省统计局，省科学院，省农业科学院。

（二）省土壤普查工作专班组织架构及职责

省土壤普查办内设 4 个工作组，分别为综合组、平台工作组、外业工作组、内业工作组（如图 1-1）。

综合组：组织协调专家咨询组、技术指导组等相关工作。负责有关文件起草、重要会议组织、文件流转处理等日常工作。组织起草第三次土壤普查工作方案及计划，统筹经费预算编制与安排，协调普查任务落实和政府采购等工作。组织协调新闻宣传、政策解读等相关工作。协调衔接领导小组成员单位、技术支撑单位、相关单位等的工作。组织督导各地开展普查相关工作。承办领导小组和办公室交办的其他工作。

图 1-1　领导小组办公室组织架构

平台工作组：组织协调平台技术组相关工作。负责组织工作平台运行、样点校核，建立土壤普查数据库，指导各地土壤普查数据库建设。实现土壤普查全过程调度、监督、管理职能。组织数据审核、分析与汇总，定期报送普查进展情况。组织协调解决平台运行中发现的问题。负责数据安全与网络安全。负责技术答问、业务培训等相关工作。组织土壤普查成果检查验收，形成土壤普查成果，编制相关报告。推动阶段性成果应用。负责资料归档、保存。承办领导小组和办公室交办的其他工作。

外业工作组：组织协调外业技术组相关工作。组织编制外业调查年度工作计划。组织协调开展外业调查相关业务培训。组织指导外业调查采样，落实质控措施。组织协调形成外业调查成果，定期报送进展报告。组织协调解决外业调查工作中发现的问题。承办领导小组和办公室交办的其他工作。

内业工作组：负责组织协调内业技术组相关工作。组织编制内业化验年度工作计划。组织协调开展内业化验相关业务培训。组织协调土壤普查检测实验室和质量控制实验室的筛选与管理。组织指导内业化验工作，落实质控措施。组织协调落实内业化验成果的形成，定期报送进展报告。组织协调解决内业化验工作中发现的问题。承办领导小组和办公室交办的其他工作。

（三）运行机制

科学审慎决策。各市、省直有关部门要高度重视土壤普查工作，把普查工作纳入重要议事日程，从严落实实施方案有关要求，对所涉及的重要事项认真研究决策，科学高效制定本地区、本部门工作方案，细化分解任务，选优配齐力量，明确时限要求，强化措施、倒排工期、压茬推进，确保任务如期保质完成。

强化统筹调度。进一步深化各市、省直有关部门联动机制建设，把握普查工作的新变化、新特点、新规律，主动谋划、探索创新，在工作专班组建管理、阶段性重大任务组织等方面加强统筹联动。省土壤普查办将强化工作调度，适时召开工作推进会、经验交流会，及时研究解决难点问题，总结推广好的经验做法。

全程高效监督。普查工作政策性专业性强，相关内容敏感性保密性强，重点工作协同性系统性强，要把工作监督和纪律要求贯穿于全过程各方面各环节，进一步增强对重点事项、重大决策的事前监管、事中监督、事后效果反馈真实性的检查监督，确保工作稳妥有序开展。

开展督导评价。进一步加大工作指导、压力传导、检查评价力度，各市要落实落细具体举措，稳中求进，有序推进土壤普查各项工作。省土壤普查办将对各市的力量配备、措施落实、工作进展、目标达成、作用发挥等情况，适时开展阶段性效果评价、集中性督促检查。

（四）进度安排

2022 年启动土壤普查工作，开展普查试点；2023～2024 年全面铺开普查；2025 年进行成果汇总、验收、总结。"十四五"期间完成全部普查工作，形成普查成果报全国土壤普查办。

1. 2022 年开展土壤普查试点和盐碱地调查

建立组织机构，印发省级普查通知和实施方案，全面动员部署，开展普查试点和盐碱地调查任务。

① 在东营垦利区和烟台招远市 2 个市（区）开展普查试点。根据全国土壤普查办下发的普查试点外业调查点位，完成样点校核、调查采样、测试化验等工作，验证和完善土壤普查技术路线、方法及技术规程。2022 年 10 月底前形成普查试点总结报告报全国土壤普查办。

② 在东营市东营区、河口区、垦利区、广饶县、利津县，潍坊市寒亭区、寿光市，滨州市沾化区开展盐碱地资源调查工作。及时汇总盐碱地调查数据报全国土壤普查办。

③ 开展分区域多层级技术培训，组织专家对省市县从事普查工作的管理人员和技术人员、参与内外业等工作的第三方机构人员进行国家和省级方案、相关技术规范规程、工作平台应用以及调查采样、测试化验、质量控制等环节相关业务理论知识等的培训。

2. 2023 年全面开展土壤普查工作

开展多层级技术实训指导，分时段完成外业调查采样和内业测试化验，强化质量控制，开展土壤普查数据库与样品库建设，形成阶段性成果。

（1）开展技术实训指导　组织普查技术专家对土壤普查工作平台应用、调查采样、测试化验、数据汇总等，分级分类分层次开展技术实训指导、质量控制等。

（2）组织外业调查采样　组建专业队伍，根据统一布设样点，严格按照相关技术规范开展外业实地调查和采样，实时在线填报相关信息，按相关规范科学储运、分发样品至测试单位和存储单位。2023 年 11 月底前基本完成外业调查采样工作。

（3）组织内业测试化验　测试化验机构按照统一检测标准、检测方法，开展样品测试化验，实时在线填报测试结果。

（4）组织抽查校核　根据工作进展，省级技术专家组开展外业调查采样、内业测试化验等核心环节的抽查校核工作，并根据抽查校核结果开展补充完善工作。

3. 2024 年完成土壤普查内外业工作

（1）完成外业调查采样　组织专业队伍对样点进行补充采集，2024 年 9 月底前全部完成外业调查采样工作。

（2）完成内业测试化验　测试化验机构按照统一检测标准、检测方法，开展样品测试化验，实时在线填报测试结果。2024年10月底前完成全部内业测试化验工作。

（3）组织抽查校核　根据工作进展，省级技术专家组继续开展外业调查采样、内业测试化验等核心环节的抽查校核工作，并根据抽查校核结果完成补充完善工作。

4. 2025 年形成土壤普查成果

① 2025年6月底前，各级组织开展土壤基础数据、土壤剖面调查数据和标本、土壤利用数据的审核、汇总与分析。绘制专业图件，撰写普查报告，形成数据、文字、图件、数据库、样品库等普查成果，并与有关部门等共享。

② 2025年11月底前，完成山东省耕地质量报告和土壤利用适宜性评价报告以及盐碱地与酸化耕地土壤改良利用、土壤生物学特征、特色农产品区域土壤特征及重金属阈值研究等专题报告，全面总结普查工作。

六、普查主要成果

（一）数据成果

分级形成土壤类型与分布、土壤理化性状、典型区域生物性状指标，作物产量、农业生产投入品使用情况，土壤酸化、盐碱地面积与分布，土地利用类型等数据成果资料。

（二）数字化图件成果

分级形成普查成果系列图件，主要包括全省土壤类型图，系列土壤养分图，土壤质量图，盐碱地、酸化土壤等退化土壤分布图，土壤利用适宜性分布图，优势特色农产品生产区域土壤专题调查图等。

（三）文字成果

分级形成各类文字报告，主要包括土壤普查工作报告、技术报告，土壤利用适宜性（适宜于耕地、园地、林地和草地利用）评价报告，耕地、园地质量报告，盐碱地与酸化耕地土壤改良利用、土壤生物学特征、特色农产品区域土壤特征及重金属阈值研究等专题报告。

（四）数据库成果

分级形成土壤普查数据、图件和文字等土壤普查数据库，主要包括土壤性状数据库、土壤退化与障碍数据库、土壤利用等专题数据库。

（五）建设样品库

依托山东农业大学、青岛农业大学，建设省级土壤样品库、典型土壤剖面整段标本库。收集录入第三次土壤普查期间采集的土壤表层样品和剖面样品，与保存的第二次土壤普查土壤标本组成具有研究性与科普性的土壤标本样品库。

七、普查保障措施

（一）加强组织领导

土壤普查是一项艰巨复杂的重要政治任务，涉及范围广、参与部门多、工作任务重、技术要求高。省、市、县（市、区）人民政府是本地区土壤普查工作的责任主体，要加强组织领导、统筹实施推进，确保高质量完成普查任务。山东省政府成立山东省第三次土壤普查领导小组，负责普查组织实施中重大问题的研究和决策。领导小组办公室设在山东省农业农村厅，由发改委、财政厅、自然资源厅、生态环境厅、水利厅、统计局、科学院、农科院等部门单位共同组成，下设综合组、平台工作组、外业工作组、内业工作组。各市、县（市、区）政府要相应成立普查领导小组及其办公室，负责本地区土壤普查工作的组织实施，开展以县为单位的普查。[省农业农村厅牵头，省自然资源厅、省发展和改革委员会、省财政厅、省生态环境厅、省水利厅、省统计局、省科学院、省农业科学院，以及各市、县（市、区）政府按职责分工负责。以下任务均需各市、县（市、区）政府负责，不再一一列出。]

（二）明确职责划分

部门主要职责分工：涉及业务指导检查方面的工作，由农业农村部门牵头负责；涉及普查经费保障方面的工作，由财政部门牵头负责；涉及数据统计分析方面的工作，由农业农村部门会同自然资源部门、统计部门负责。省市县主要职责分工：省级对全省普查工作负总责，负责制定省级实施方案、实验室筛选推荐、业务技术骨干培训、全程质量控制校核、省级数据分析汇总等工作；市级对本区域内普查工作负总责，负责普查工作的组织协调、技术培训、数据审核、督导检查等工作；县级是本区域普查工作的责任主体，负责普查工作的组织实施，包括协助第三方单位开展外业采样、测试化验，配合技术支撑单位完成数据填报、审核确认、图件制作、成果汇总、报告编制等。（省农业农村厅牵头，省自然资源厅、省发展和改革委员会、省财政厅、省生态环境厅、省水利厅、省统计局、省科学院、省农业科学院等按职责分工负责。）

（三）强化经费保障

第三次土壤普查经费由省财政和市县财政按承担的工作任务分担。省级主要负责全省普查质量控制校核、内业测试化验、数据成果汇总、数据库样品库建设和省级层面的技术培训、业务指导、专题调查等工作经费；市级主要负责市级层面的质量校核、技术培训、业务指导等工作经费；县级主要负责本区域外业调查采样、现场督导检查、土壤样品分析化验、系列成果图件制作、普查成果资料出版印刷等工作经费。各级政府要根据普查任务、计划安排和工作进展，将普查工作经费列入年度财政预算，或按规定统筹现有资金渠道支持土壤普查相关工作，并加强监督审计。要严格执行政府采购制度，按照各级承担的职责由领导小组办公室统一组织项目招标投标。（省财政厅牵头，省农业农村厅等按职责分工负责。）

（四）严格组织实施

山东省第三次土壤普查领导小组办公室组建省级技术专家组，加强技术培训、技术指导，遴选确定省物化探勘查院、省产品质量检验研究院、省农业科学院为省级质量控制实验室，参与承担全省普查质量保证、质量控制工作。要认真落实"一级抓一级、市县抓任务承担单位、任务承担单位抓作业人员"要求，层层把关、压实责任。要完善质量管控程序，严格执行成果分阶段检查验收制度，通过"一点一码"跟踪管理，完善数据质量追溯机制。要严格执行国家信息安全制度，按照要求报送普查数据，不得虚报、瞒报、拒报、迟报。要充分利用遥感、地理信息和全球定位技术等手段，提高信息化水平，强化宣传引导工作，营造浓厚普查氛围。（省农业农村厅牵头，省自然资源厅、省发展和改革委员会、省财政厅、省生态环境厅、省水利厅、省统计局、省科学院、省农业科学院等按职责分工负责。）

第三节　烟台市第三次土壤普查实施方案

为认真贯彻落实《国务院关于开展第三次全国土壤普查的通知》（国发〔2022〕4号）和《第三次全国土壤普查工作方案》（农建发〔2022〕1号）精神，按照《山东省人民政府关于组织开展山东省第三次土壤普查的通知》（鲁政发〔2022〕5号）要求，为全面完成试点任务，确保各项工作有序开展，制定了土壤普查实施方案。

一、普查目的与意义

参见第一章第一节"一、普查目的与意义"。

二、普查工作思路与目标

以习近平新时代中国特色社会主义思想为指导，全面贯彻党的十九大和十九届历次全会精神，深入落实党中央、国务院关于耕地保护建设和生态文明建设的决策部署，遵循土壤普查的全面性、科学性、专业性原则，衔接已有成果，借鉴以往经验做法，坚持"六结合、六统一"工作思路，做到摸清土壤质量与完善土壤类型相结合、土壤性状普查与土壤利用调查相结合、外业调查观测与内业测试化验相结合、土壤表层采样与重点剖面采集相结合、摸清土壤障碍因素与提出改良培肥措施相结合、政府主导与专业支撑相结合，统一普查工作平台、统一技术规程、统一工作底图、统一规划布设采样点位、统一筛选测试化验专业机构、统一过程质控，按照"统一领导、部门协作、分级负责、各方参与"的组织实施方式，摸清我市土壤类型及分布规律，准确掌握土壤质量、立地条件和利用状况等基础数据。烟台市土壤普查工作自2022年开始，到2025年完成。2022年，完成试点招远市普查工作任务，校核完善试点县土壤类型及分布规律，准确掌握土壤质量、立地条件和利用状况等基础数据。2023～2024年，完成全市普查外业调查采样和内业测试化验工作任务；查清土壤类型及分布规律、土壤资源现状及变化趋势，准确掌握土壤质量、立地条件和利用状况等基础数据。2025年，完成耕地质量报告和土壤利用适宜性评价报告，以及盐碱地与酸化耕地土壤改良利用、特色农产品区域土壤特征及重金属阈值研究等专题报告，全面总结普查工作。

三、普查对象与内容

（一）普查对象

烟台市耕地、园地、林地、草地等农用地和部分未利用地的土壤。其中，林地、草地重点调查与食物生产相关的土地。未利用地重点调查与可开垦耕地资源相关的土地，如盐碱地等。

（二）普查内容

开展土壤性状、土壤类型、土壤立地条件等情况普查。

1. 土壤性状普查

通过土壤样品采集和测试，普查土壤颜色、质地、有机质、酸碱度、养分情况、容重、孔隙度、重金属等土壤物理、化学指标，以及满足优势特色农产品生产的微量元素。耕地、园地土壤样品理化指标：剖面样分析45项、表层样分析30项。林地、草地土壤样品理化指标：剖面样分析18项、表层样分析13项。

2. 土壤类型普查

对第二次土壤普查查清的棕壤、褐土和潮土等10个土类分布，通过实地踏勘、剖面观察等方式核实与补充完善土壤类型。通过土壤剖面挖掘，重点普查1m土壤剖面中沙漏、砾石、黏磐、砂姜、白浆等障碍类型、分布层次等。

3. 土壤立地条件普查

重点普查土壤野外调查采样点所在区域的地形地貌、植被类型、水文地质、农田防护林网、土壤利用情况等。结合样点采样，重点调查种植制度、耕作方式、灌排设施情况、植物生长及作物产量水平等基础信息，肥料、农药、农膜等投入品使用情况，农业经营者开展土壤培肥改良、农作物秸秆还田等做法和经验。

野外调查采样时间依据全国土壤普查办统一规定，应考虑不同土地利用方式、耕种模式等因素对土壤样品采集及理化数据的影响，避免因施肥、灌水、雨季等以及其他耕作措施对调查采样的影响。粮田应在秋季作物收获前后、下茬作物播种施肥前调查采样，果园在果品采摘前后至施肥前调查采样；设施蔬菜应在上茬蔬菜收获后的晚棚期调查采样；林地、草地土壤调查和采集应避开雨季。

四、普查主要工作

按照《第三次全国土壤普查工作方案》要求，土壤普查主要有构建平台、制作底图、布设样点、采样调查、测试化验、质量校核、成果汇总等内容，烟台市承担采样调查、测试化验和成果汇总等3部分工作，形成耕地质量报告和土壤利用适宜性评价报告。同步开展各类专题调查，形成盐碱地与酸化耕地土壤改良利用、特色农产品区域土壤特征及重金属阈值研究等专题报告。2022年，开展动员部署，健全工作机制，培训技术队伍，完成实施方案编制、采样点位布设和普查试点任务等工作。2023~2024年，以市（区）为单元，依据统一布设样点，组织开展外业调查采样和内业测试化验，分级分类分层次开展技术实训指导、质量控制。其中，2024年9月底前完成全部外业调查采样工作，10月底前完成全部内业测试化验任务，按要求实时在线填报数据信息。2025年，组织开展土壤基础数据、土壤剖面调查数据、土壤利用数据的审核、汇总和分析，完成耕地质量报告和土壤利用适宜性评价报告，以及盐碱地与酸化耕地土壤改良利用、特色农产品区域土壤特征及重金属阈值研究等专题报告，全面总结普查工作。

（一）采样调查

参见第一章第二节"四、普查主要工作　（二）采样调查"相关内容。

（二）测试化验

测试化验严格按照《第三次全国土壤普查土壤样品制备、保存、流转和检测技术规范（试行）》开展，选择国家公布的《第三次全国土壤普查检测实验室名录》中的实验室承担样品制备与检测任务。

（三）成果汇总

市级土壤普查办负责本级普查工作。主要负责市级层面工作数据汇总填报、制作市级土壤系列图件、撰写各类总结报告等工作。县级土壤普查办负责本级普查工作数据汇总填报、制作县域土壤类型图和土壤属性图、撰写总结报告等工作。

五、普查进度安排

2022年在招远市启动土壤普查工作，开展普查试点；2023～2024年全面铺开普查；2025年进行成果汇总、验收、总结。

"十四五"期间完成全部普查工作，形成普查成果报省土壤普查办。

1. 2022年开展土壤普查试点

① 在招远市开展普查试点。根据全国土壤普查办下发的普查试点外业调查点位，完成样点校核、调查采样、测试化验等工作，验证和完善土壤普查技术路线、方法及技术规程。

② 开展分区域多层级技术培训，组织专家对从事普查工作的管理人员和技术人员、参与内外业等工作的第三方机构人员进行国家和省级方案、相关技术规范规程、工作平台应用以及调查采样、测试化验、质量控制等环节相关业务理论知识等的培训。

2. 2023年全面开展土壤普查工作

开展多层级技术实训指导，分时段完成外业调查采样和内业测试化验，强化质量控制，开展土壤普查数据库与样品库建设，形成阶段性成果。

① 开展技术实训指导。组织普查技术专家对土壤普查工作平台应用、调查采样、测试化验、数据汇总等，分级分类分层次开展技术实训指导、质量控制等。

② 组织外业调查采样。组建专业队伍，根据统一布设样点，严格按照相关技术规范开展外业实地调查和采样，实时在线填报相关信息，按相关规范科学储运、分发样品至测试单位和存储单位。2023年11月底前基本完成外业调查采样工作。

③ 组织内业测试化验。测试化验机构按照统一检测标准、检测方法，开展样品测试化验，实时在线填报测试结果。

3. 2024年完成土壤普查内外业工作

① 完成外业调查采样。组织专业队伍对样点进行补充采集。2024年9月底前全部完成外业调查采样工作。

② 完成内业测试化验。测试化验机构按照统一检测标准、检测方法，开展样品测试

化验，实时在线填报测试结果。2024 年 10 月底前全部完成内业测试化验工作。

4. 2025 年形成土壤普查成果

① 2025 年 6 月底前，各级组织开展土壤基础数据，土壤剖面调查数据，标本、土壤利用数据的审核、汇总与分析。绘制专业图件，撰写普查报告，形成数据、文字、图件、数据库、样品库等普查成果，并与有关部门等共享。

② 2025 年 11 月底前，完成全市耕地质量报告和土壤利用适宜性评价报告以及盐碱地与酸化耕地土壤改良利用、特色农产品区域土壤特征及重金属阈值研究等专题报告，全面总结普查工作。

六、普查成果

（一）数据成果

分级形成土壤类型与分布、土壤理化性状、典型区域生物性状指标、作物产量、农业生产投入品使用情况、酸化土壤及盐碱地面积与分布、土地利用类型等数据成果资料。

（二）数字化图件成果

分级形成普查成果系列图件，主要包括土壤类型图、系列土壤养分图、土壤质地图、盐碱地与酸化土壤等退化土壤分布图、土壤利用适宜性分布图、优势特色农产品生产区域土壤专题调查图等。

（三）文字成果

分级形成各类文字报告，主要包括土壤普查工作报告、技术报告，土壤利用适宜性（适宜于耕地、园地、林地和草地利用）评价报告，耕地、园地质量报告，盐碱地与酸化耕地土壤改良利用、特色农产品区域土壤特征及重金属阈值研究等专题报告。

七、普查保障措施

（一）加强组织保障

土壤普查是一项艰巨复杂的重要政治任务，涉及范围广、参与部门多、工作任务重、技术要求高。市政府成立由分管副市长为组长的烟台市第三次土壤普查领导小组，领导小组办公室设在市农业农村局，市农业农村局四级调研员杨先遇兼任领导小组办公室主任。领导小组办公室负责普查工作的组织协调、技术培训、数据审核、督导检查等工作。农业农村部门负责业务指导检查方面的工作。财政部门负责普查经费保障方面的工作。自然资源部门负责提供第三次土壤普查相关图件、数据等资料工作。统计部门负责提供相关统计数据及协助做好分析工作。其他部门按照业务职能配合做好第三次土壤普查相关工作，确保有序开展外业采样调查、测试化验，完成数据填报、审核确认、图件制作、成果汇总、报告编制等。

（二）强化经费保障

第三次土壤普查经费由省财政和市县财政按承担的工作任务分担。市级主要负责市级层面的质量校核、技术培训、业务指导、成果图件制作、普查成果资料出版印刷等工作经费；县级主要负责本区域外业调查采样、现场督导检查、土壤样品分析化验、系列成果图件制作、普查成果资料出版印刷等工作经费。市县政府要根据普查任务、计划安排和工作进展，将普查工作经费列入年度财政预算，或按规定统筹现有资金渠道支持土壤普查相关工作，并加强监督审计。要严格执行政府采购制度，按规定组织招标投标工作。

（三）严格组织实施

要认真落实"一级抓一级、市县抓任务承担单位、任务承担单位抓作业人员"的要求，层层把关、压实责任。要完善质量管控程序，严格执行成果分阶段检查验收制度，通过"一点一码"跟踪管理，完善数据质量追溯机制。要严格执行国家信息安全制度，按照要求报送普查数据，不得虚报、瞒报、拒报、迟报。要充分利用遥感、地理信息和全球定位技术等手段，提高信息化水平，强化宣传引导工作，营造浓厚普查氛围。

第二章

土壤普查总纲

第一节　土壤三普的范围与任务

一、普查范围

覆盖全国耕地、园地、林地、草地等农用地和部分未利用地。林地、草地中突出与食物生产相关的土地，未利用地重点调查与可开垦耕地资源潜力相关的土地，如盐碱地等。

二、普查内容

以校核与形成土壤分类系统和绘制土壤图为基础，以土壤理化和生物性状普查为重点，更新和完善全国土壤基础数据，构建土壤数据库和样品库，开展数据整理审核、分析和成果汇总。查清不同生态条件、不同利用类型土壤质量及其退化与障碍状况，查清特色农产品产地土壤特征、耕地后备资源土壤质量、典型区域土壤环境和生物多样性等，全面查清农用地土壤质量家底。

（一）土壤类型校核完善

以土壤二普形成的分类成果为基础，通过实地踏勘、剖面观察等方式核实与补充土壤类型，完善中国土壤发生分类系统，并逐步推进使用中国土壤系统分类。

（二）土壤剖面性状调查

通过主要土壤类型的剖面挖掘观测、剖面样本制作、土壤样品采集和测试分析，普查土壤剖面发生层及其厚度、边界、颜色、质地、孔隙、结持性、新生体、植物根系和动物活动等。对于典型障碍土壤剖面，重点普查 1m 土壤剖面内沙性、砾石、黏磐、盐磐、铁磐、砂姜层、白浆层、潜育层、钙积层等障碍类型、分布层次等。

（三）土壤理化和生物性状分析

通过土壤样品采集和测试，普查土壤机械组成、土壤容重、有机质、酸碱度、营养元素、重金属、典型区域土壤生物多样性等土壤物理、化学、生物指标。

（四）土壤利用情况调查

结合样点采样，重点调查成土条件、植被类型、植物（作物）产量，以及耕地园地的基础设施条件、种植制度、耕作方式、排灌设施情况等基础信息，肥料、农药、农膜等投入品使用情况，农业经营者开展土壤培肥改良、农作物秸秆还田等做法和经验。

（五）土壤利用适宜性评价和土壤质量状况评价

利用普查取得的土壤理化和生物性状、剖面性状和利用情况等基础数据，开展土壤利用适宜性评价和土壤质量分析，摸清土壤资源质量现状。

（六）土壤数据库构建

建立标准化、规范化的土壤数据库，包括空间数据库和属性数据库。空间数据库存储具有点线面经纬度和拓扑关系的土壤类型、采样点点位、剖面分布、养分分布评价、土壤利用适宜性评价、土壤质量、地形地貌、道路和水系等内容。属性数据库存储空间点线面性质（或属性）的土壤类型、土壤性状、土壤障碍及退化、土壤利用等指标。有条件的地方可以建立土壤数据管理中心，对数据成果进行汇总管理。

（七）普查成果汇交与应用

组织开展分级土壤普查成果汇总，包括图件成果、数据成果、文字成果和数据库成果。开展数据成果汇总分析，包括土壤质量状况、土壤改良与利用、土壤利用适宜性评价、农林牧业布局优化等。开展40多年来全国土壤变化趋势及原因分析，提出防止土壤退化的措施建议。开展土壤盐碱化、酸化等专题评价，提出治理修复对策。

（八）土壤样品库构建

依托科研和教学单位，构建国家级和省级土壤剖面标本、土壤样品储存展示库，保存主要土壤类型的土壤剖面标本和样品。有条件的市县可建立土壤样品储存库。

三、技术路线与方法

以土壤二普、国土三调、全国农用地土壤污染状况详查、农业普查、耕地质量调查评价、全国森林资源清查固定样地体系等工作形成的相关成果为基础，以遥感技术、地理信息系统、全球定位系统、模型模拟技术、现代化验分析技术等为科技支撑，统筹现有工作平台、系统等资源，建立统一的土壤三普工作平台，实现普查工作全程智能化管理；统一技术规程，实现标准化、规范化操作；以土壤二普土壤图、土地利用现状图、地形图、全国农用地土壤污染状况详查点位图等为基础，统一编制土壤三普工作底图；根据土壤类型、土地利用现状类型、地形地貌等工作底图统一规划布设外业调查采样点位；按照检测资质、基础条件、检测能力等，全国统一筛选测试化验专业机构，规范建立测试指标与方法；通过"一点一码"跟踪管理，统一构建涵盖普查全过程质控体系；依托土壤三普工作平台，国家级和省级分别开展数据分析和成果汇总；实现土壤三普标准化、专业化、智能化，科学、规范、高效推进普查工作。

（一）构建平台

利用遥感、地理信息和全球定位技术、模型模拟技术和空间可视化技术等，统一构建土壤三普工作平台，构建任务分发、质量控制、进度把控等工作管理模块，样点样品、指标阈值等数据储存模块，数据分类分析汇总模块等。

（二）制作底图

利用 2000 国家大地坐标系（下同）土壤二普 1：50000 土壤图、国土三调 1：10000 土地利用现状图及其变更图（2019 年 12 月 31 日）、地形图、最新行政区划图等资料，统一制作满足普查精度与面积计算统计的要求和不同层级使用的土壤三普工作底图。详见《第三次全国土壤普查工作底图制作与样点布设技术规范》。

（三）布设样点

在土壤三普工作底图上，根据地形地貌、土壤类型、土地利用类型和种植制度等划分出差异化样点区域，参考全国农用地污染状况详查布点、森林资源清查固定样地等，在样点区域布设土壤采样点；根据主要土种（土属）的典型区域布设剖面样点。与其他已完成的各专项调查工作衔接，保障相关调查采样点的统一性。样点样品实行"一点一码"，作为外业调查采样、内业测试化验、成果汇总分析等普查工作唯一信息溯源码。

（四）调查采样

省级统一组织开展外业调查与采样。根据统一布设的样点和调查任务，按照统一的采样标准，确定具体采样点位，调查立地条件与生产信息，采集表层土壤样品、典型代表剖面样等。表层土壤样品按照"S"形或梅花形等方法混合取样，剖面样品采取整段采集和分层采样。

（五）测试化验

以国家标准、行业标准和现代测试分析技术为基础，规范确定土壤三普统一的样品制备和测试分析方法。其中，重金属指标的测试方法与全国农用地土壤污染状况详查相衔接一致。开展标准化前处理，进行土壤样品的物理、化学等指标批量化测试。充分衔接已有专项调查数据，相同点位已有化验结果满足土壤三普要求的，不再重复测试相应指标。选择典型区域，利用土壤蚯蚓、线虫等动物形态学鉴定方法与高通量测序技术等，进行土壤生物指标测试。

（六）数据汇总

按照全国统一的数据库标准，建立分级数据库。采用内外业一体化数据采集建库机制和移动互联网技术，以省为单位进行数据汇总，形成集属性、文档、图件、影像于一体的土壤三普数据库。

（七）质量控制

统一技术规程，采用土壤三普工作平台开展全程管控，建立国家和地方抽查复核和专家评估制度。外业调查采样实行"电子围栏"航迹管理，样点样品编码溯源；测试化验质量控制采用标样、平行样、盲样、飞行检查等手段，分级审核测试数据；数据审核采用设定指标阈值等方法进行质控。

（八）成果汇总

采用现代统计方法，对土壤性状、土壤退化与障碍、土壤利用等数据进行分析，编制土壤图和系列专题图，进行成果凝练与总结，阶段成果分段验收。

四、普查进度安排

2022年，完成普查前期准备、普查试点等工作。

2023～2024年，土壤普查工作全面铺开，外业调查采样时间截至2024年12月底结束；部分地区形成阶段性成果。

2025年上半年，完成样品测试与数据审核工作；2025年下半年，完成数据汇交与整理分析、成果汇总与验收等。

五、普查工作流程

土壤三普工作流程见图2-1。

（一）做好前期准备

编制土壤普查技术规程与规范，明确普查内容、指标体系、技术方法、技术要求和质量控制等。收集土壤二普土壤图、国土三调土地利用现状图及其变更图、地形图、最新行政区划图等资料，制作土壤三普工作底图，布设土壤表层与剖面样点，所有样点/样品实行"一点一码"编码及其任务赋值。建立全国统一指导和管控的土壤普查工作平台，实现样点样品信息、外业调查、溯源跟踪、数据传输、质量控制等智能化管理。

（二）组织开展试点

统筹推进省级、县级试点工作。通过试点，总结工作经验，完善技术规程，探索工作机制。

（三）组织外业调查采样

专业外业调查队依据统一规划样点，开展外业实地调查和采样，实时在线填报相关信息，按相关规范科学储运、分发样品至测试单位和样品保存单位。

（四）开展内业测试化验

检测机构按照统一检测标准、检测方法，开展样品测试化验，实时在线填报测试结果。

（五）形成普查成果

国家相关部门负责构建数据库，开展全国范围内普查数据的校核和整理，采用数字土壤模型方法分析制图。各省负责本区域内普查数据的校核、补充完善、整理分析和制图。撰写普查报告，整理共享数据，绘制专业图件，建立土壤样品库。

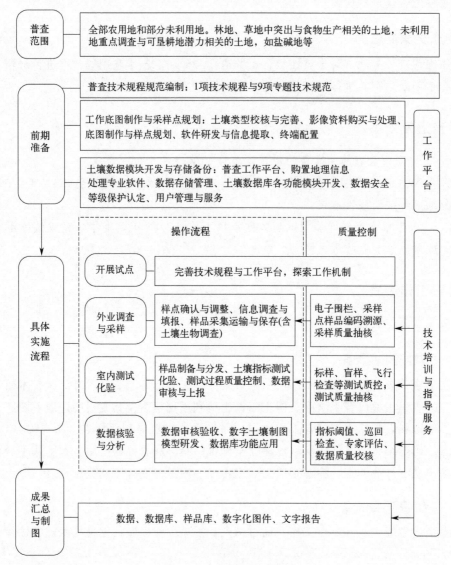

图 2-1　土壤普查流程图

六、主要成果

（一）数据成果

形成全国土壤类型、土壤理化和典型区域生物性状指标数据清单，以及土壤退化与障碍数据、特色农产品区域等土壤专题调查数据、适宜于不同土地利用类型的土壤面积数据等。

（二）数字化图件成果

形成分类土壤普查成果图件，主要包括全国土壤类型图，土壤质量分布图，土壤利用适宜性分布图，土壤养分图，黑土耕地退化、耕地土壤盐碱和酸化分布图，特色农产品生产区域土壤专题调查图等。

（三）文字成果

形成各类文字报告，主要包括土壤三普工作报告、技术报告，全国土壤利用适宜性（适宜于耕地、园地、林地和草地利用）评价报告，全国耕地、园地、林地、草地土壤质量报告，黑土耕地退化、耕地土壤盐碱和酸化报告，特色农产品区域土壤特征等专项报告。

（四）数据库成果

形成集土壤普查数据、图件和文字等国家级、省级、县级土壤三普数据库，主要包括土壤性状数据库、土壤退化和障碍数据库、土壤利用等专题数据库。

（五）样品库成果

形成国家级和省级土壤样品库，典型土壤剖面标本库。

第二节 土壤三普的准备工作

一、制定全国工作方案与省级实施方案

农业农村部会同自然资源部、生态环境部、水利部、国家林草局、中国科学院等有关部门，就土壤三普工作开展深入研究，编制土壤三普工作方案，明确普查的任务与范围、组织形式、方法步骤、技术路线、经费筹措、工作成果与验收、时限要求、保障措施等。

各省（区、市）依据全国土壤三普工作方案和技术规程规范，结合本地区实际，编制土壤普查实施方案，明确组织方式、队伍组建、技术培训、进度安排、质量控制等，报国务院第三次全国土壤普查领导小组办公室（以下简称"全国土壤普查办"）备案。

二、制定技术规范

为保障落实土壤普查的专业性和规范性，全国需统一制定土壤普查的技术规程与规范。

（一）制定全国土壤三普专项技术规范

全国土壤普查办负责组织相关科研、教学、农技推广等单位专家，制定土壤三普专项技术规范，明确普查内容、指标体系、技术方法、技术要求和质量控制等，统一规范土壤普查工作。

土壤三普数据库规范：统一规范土壤普查的工作平台和数据库构建，包括土壤普查平台的结构与功能、数字字典与字段命名、指标阈值、数据库规范等。

土壤三普土壤类型名称校准技术规范：更新土壤类型图，完善全国土壤分类系统，包括按照《中国土壤分类及代码》（GB 17296—2009）规范土壤二普土壤类型名称，进行高级土壤分类判定和基层土壤分类名称整理和规范，以及土壤类型校核，制定土壤三普的土壤分类暂行方案；结合土壤三普调查与数字土壤类型制图，更新完善土壤分类方案、土壤类型图。

土壤三普工作底图制作与样点布设技术规范：统一规范土壤普查全过程管理和底图制作、样点布设，包括工作底图、样点布设方法、样点校核、样点信息与任务赋值等。

土壤三普外业调查与采样技术规范：统一规范外业土壤相关信息调查与表层样/剖面样的采集，包括外业调查样点的现场确认、样点采集内容方法和工具、土壤剖面挖掘、土壤形态和土壤类型规范性描述及整段剖面采集制作方法、样品保存运转等，以及采样点入户调查相关信息等。

土壤三普土壤样品制备与检测技术规范：统一规范内业测试化验工作，包括土壤样品常规前处理与测试样品留存方法，样品物理、化学测试指标与测试方法选择等。

土壤三普土壤生物调查技术规范：统一规范土壤生物调查工作，包括土壤生物调查样点布设原则、土壤生物样品采集时序与保存运输方法、土壤生物指标与测定方法等。

土壤三普土壤类型图编制技术规范：统一规范土壤类型制图的原则、要求和技术方法等。

土壤三普土壤属性图与专题图编制技术规范：统一规范各种类型成果图的制作，包括集成数字土壤制图模型算法、数字土壤制图模型筛选与验证、相关专题成果图制图方法与表达等。

土壤三普全程质量控制技术规范：外业调查采样的布点确定、采样点"电子围栏"航迹管理、样点样品编码溯源、取样工具和样品储运的监督、样品制备和测试化验质量控制方法、调查和检测数据信息审核等，统一规范普查工作质量控制与抽查监督。

（二）省级土壤普查操作规范

各省级土壤普查办依据土壤三普技术规程规范等，结合本省（区、市）的普查内容和任务，编制本省（区、市）的操作规范。

三、筹建土壤三普技术专家组

全国土壤普查办负责组建第三次全国土壤普查技术专家组，包括咨询组和技术指导组。其中咨询组人员约 10 人，负责研究解决土壤普查中遇到的重大问题，审定技术规程与技术规范；技术指导组人员约 150 人，负责普查工作的技术指导、技术培训、质量监控等；组织筛选专业测试化验机构；组织开展土壤物理、化学、生物等指标的测试化验和数据成果汇总分析；根据普查阶段的任务内容，协调推进不同层次技术与方法的培训。

省级土壤普查办负责组建省级土壤三普技术专家组，根据本省普查任务及其工作量，确定省级专家组的人数；组建各级耕保、农技、林业、草业等机构参与的专业队伍，承担本区域以县级为单位的土壤普查指导工作。

四、编制土壤普查工作经费预算方案

全国土壤普查办和省级土壤普查办按照本级土壤三普的工作任务与进度安排，分级编制中央和省级土壤普查工作经费预算方案，并报送财政部或省财政厅审批立项。

土壤普查的工作经费主要包括土壤普查前期准备、外业调查采样、土壤制图与校核、内业测试化验、技术培训、技术指导、质量控制、土壤数据库与样品库建设、报告编写、成果汇总与验收环节的经费，具体如下文所述。

（1）土壤普查前期准备的经费包括普查工作平台的研发与 4 年系统维护、技术规程规范编制、工作底图与样点布设方案、外业调查采样设备与试剂耗材等的经费。

（2）外业调查采样经费包括表层样调查采样与运输、剖面样调查采样与运输（含整段剖面标本和分段纸盒标本等）、样品制备与分发等工作经费。

（3）土壤制图与校核经费包括土壤制图室内流程和野外实地校核工作经费。

（4）内业测试化验经费包括土壤物理指标、土壤化学指标（含重金属全量）、土壤生物（土壤微生物或土壤动物）指标❶的测试的经费。

（5）技术培训经费包括土壤三普技术及管理人员等培训，制作普查工作网络课件等的经费。

（6）技术指导经费包括土壤三普专家组开展外业调查采样、内业测试分析、数据成果汇总、成果图件制作、质量控制等环节技术指导服务以及土壤普查办的工作经费。

（7）质量控制经费包括外业调查采样与内业测试化验的质量抽核，以及数据精准度审核等工作经费。

（8）土壤数据库建设经费包括数据库平台、保密机房设备、数据存储服务器、GIS 软件防火墙和安全设备的经费。

（9）土壤样品库建设经费包括剖面整段标本、剖面分段纸盒标本与样品、表层土壤样品的制作与保存费用。

（10）成果汇总与验收经费包括数据校验与分析、土壤制图、文字报告编写，以及成果验收等工作经费。

五、筛选测试化验实验室

全国土壤普查办负责制定筛选土壤三普检测实验室和质量控制实验室技术能力审核工作的规范，明确申请检测实验室和质量控制实验室的准入标准及筛选评审程序，以及制定土壤三普检测实验室和质量控制实验室管理办法。

（一）检测实验室

各省级土壤普查办，负责从科研教育、第三方检测等机构中，按照检测实验室的组织管理、检测能力、能力验证考核、检测人员、设施环境、仪器设备、工作业绩、违法违规不良信用记录等准入条件，初步筛选出检测实验室，原则上每个省（区、市）初步筛选出的检测实验室数量不超过 30 家，并将初步筛选评审确定的检测实验室、相关申请材料和评审材料上报全国土壤普查办。

全国土壤普查办牵头对各省（区、市）推荐的检测实验室组织专家对检测实验室技术能力进行复核，并发布第三次全国土壤普查检测实验室名录，供各省（区、市）在土壤三普工作中参考选用检测实验室；各省（区、市）在土壤三普工作中，可以选用推荐名录中非本行政区域内的检测实验室。

（二）质量控制实验室

国家级质量控制实验室由全国土壤普查办组织专家，评审筛选出 8～10 家国家级质量

---

❶ 土壤生物调查，仅限于国家层面组织实施与经费预算，省级没有硬性预算要求。

控制实验室。

省级质量控制实验室原则上由各省级土壤普查办选定，每省级质量控制实验室 2～3 家，并报全国土壤普查办备案。

六、数据安全与保密规定

严格执行国家信息安全制度，使用国产硬件软件和定位系统，实行数据加密传输、数据库等级保护和数据使用权限管理等，建立普查工作保密责任制。

（一）数据安全存储与传输

建立全流程数据安全管理制度，采用现代密码等算法进行数据传输与存储过程中的主动保护，并进行数据容灾备份等，加强数据分类分级管理。

（二）数据使用保密机制

参与调查、测试与数据汇总等土壤普查各环节的人员，需要签订数据保密承诺协议。

（三）数据使用权限管理

参与数据审核、校验与汇总的国家级、省级等专家，需给予一定数据使用权限，进入数据库系统，便于开展数据浏览、审核等工作。

（四）数据发表与公开

土壤普查数据发表与公开由各级土壤普查办负责。在土壤普查结果公布前，区域（如县级或以上行政级）面上普查数据不得公开。

第三节　土壤普查工作平台

为提高土壤普查的工作质量与效率，全国土壤普查办组织统一建设土壤三普的工作底图、数据库、工作平台系统。

一、制作土壤普查工作底图

全国土壤普查办制作工作底图后，分发给各省级土壤普查办，作为各省、各县土壤三普工作的底图。

（一）图件等资料收集整理

收集整理土壤二普 1∶50000 土壤图（土种图为主，部分地区为土属图）、国土三调 1∶10000 土地利用现状图（2019 年 12 月 31 日）、1∶100000 地形图、1∶10000 全国行政区划图（国家、省、县、乡、村界）、地质图、气象资料等。

（二）生成工作底图

叠加经过标准化处理的土壤二普 1∶50000 土壤图和国土三调 1∶10000 土地利用现状

图，形成"土壤类型＋土地利用类型"的叠加图斑（以下简称"叠加图斑"），形成的耕地、园地、林地、草地、盐碱荒地叠加图层与地形地貌图，作为土壤三普内业样点预布设、成果汇总等的工作底图。样点分布图＋遥感影像图＋行政区划图，作为外业调查采样的工作底图。

二、样点预布设

在上述"叠加图斑"上，采用差异化样点密度的方法，布设表层样点和剖面样，赋值样点信息与任务。样点布设的具体方法，详见《第三次全国土壤普查工作底图制作与样点布设技术规范》。

（一）基本方法

1. 表层样点

以县域为表层样点基本行政单元，基于耕地、园地、林地、草地、盐碱地不同的表层样点布设密度，从普查县1∶10000土地利用现状图中提取耕园地、林草盐碱地，将线状地物融并到前两个图层，再与经过标准化处理后的1∶50000土壤图叠加，生成叠加图斑。将叠加图斑分成两大类图层：一类是耕地、园地图层；另一类是林地、草地和未利用地（含盐碱地）图层。每类图层初步确定样点数量以及入样图斑数量，并进一步依据地形地貌变异程度、地理标志农产品分布区等进行样点加密。基于普查县采样点数量，以及各类型区规划布样密度，选取出全县范围内入样图斑或剩余叠加图斑，以图斑的质心点作为样点位置。

2. 剖面样点

以二普土壤图斑为基础，结合宏观代表性与局地代表性，考虑多尺度的土壤分异规律，布设重点是耕园地，兼顾林草盐碱地，主体上采用典型布点，在土壤类型变化区加点，实现省域统筹布设剖面样点。以土地利用图层、二普土壤图、关键成土因素变量、地貌类型图和道路潜在可达性图层为基础数据，在考虑代表性、土壤演变、空间均衡性、用途导向、可操作性及效率等原则下，通过估算省域剖面样点数、确定各土种样点数量、筛选土种代表性图斑、识别典型景观位置和土壤类型变化区补点等流程，进行剖面样点位置布设。

（二）预布设样点省级校核

样点布设任务单位完成样品预布设与初步校核后，连同工作底图与样点布设信息分发给各省级土壤普查办，各省级土壤普查办组织专家与相关县级人员，以土壤类型代表性、最新的地块土地利用、距离村庄道路河流污染源等远近、交通通达情况、遥感影像等要素为依据，综合进行样点的人工校核，提高布设样点的代表性与合理性。其中，表层样点校核时，需利用最新的土地利用方式或农业利用方式进行校核，避免由于土地利用变更，造成样点失去代表性；剖面样点校核时，需确保布设样点的宏观代表性和局地代表性。

全国土壤普查办将布设样点分发给各省级土壤普查办后，预布设样点数原则上只增不减（建筑等占用除外）。如有重大调整，须将调整方案、调整依据等报全国土壤普查办审批。

各省校验后的样点位置与信息，需上报全国土壤普查办与样点布设任务单位，作为各省样点编码、样品编码等普查任务的基础。

（三）样点编码

预布设的每一样点，实行"一点一码"制度，赋予一个 18 位的样点编码，即县级行政区域代码 6 位＋土地利用类型 4 位＋样点类别 1 位＋序号 5 位（如 00001）＋样品类型 1 位（一般样品为 1，容重样品为 2，水稳性大团聚体样品为 3）＋样品层次序号 1 位（表层样品为 0，剖面样品为发生层序号）。

编码第 1～6 位为县级的全国各地行政区划代码，含前 2 位的省级编码。

编码第 7～10 位为国土三调土地利用类型编码，第 7～8 位为土地利用类型的一级分类编码，第 9～10 位为土地利用类型的二级分类编码。

编码第 11 位为样点类别，表层样点为 0，剖面样点为 1。

编码第 12～16 位为县级样点顺序码，由普查工作平台生成该顺序码。

编码第 17 位为样品类型，表层土壤样品为 1，容重土壤样品为 2，水稳性大团聚体样品为 3。

编码第 18 位为样品层次序号，表层土壤样品为 0；剖面土壤样品为发生层由上及下的序号，第一发生层为 1，第二发生层为 2，第三发生层为 3，第四发生层为 4，第五发生层为 5，第六发生层为 6。

（四）样点信息与任务赋值

每一布设样点赋予现场确认、外业调查、样品流转、内业测试等任务清单，包括经纬度、土壤类型、土地利用类型、植被类型（作物类型）、遥感影像、行政区划、地形地貌、气候资源等信息，作为样点外业现场确认与样点调查信息填报的参考。

每一样点赋予样点类型（表层样与剖面样）与样品量、样品检测指标与制样分样、检测实验室等任务信息，"调查采样 APP"给出相关的样点任务。

（五）样点信息加密分发

采用单机拷贝或加密网络传输等方式，将制作好的工作底图和样点布设信息分发给各省级土壤普查办。

三、研发土壤普查工作平台系统

全国土壤普查办组织研发土壤三普工作平台系统，供各省级土壤普查办使用。

省级土壤普查办参照建立本区域的土壤数据管理中心，购置满足土壤外业、内业普查信息化工作的硬件与软件。

（一）国家级土壤普查工作平台系统

国家级土壤普查工作平台系统主要包括土壤三普的软硬件环境、数据层、业务层、移动端 4 个部分。

1. 软硬件环境

以国产化软件及硬件为核心，基于云平台技术，按照高安全、高可用、高并发的设计原则，搭建土壤三普的软硬件基础设施环境，并符合网络安全等级保护三级的要求。主要包括购置相应的计算、存储、网络等基础设施，构建配套的安全、容灾、维护体系，为数据存储、检索、计算和分析运行提供环境基础。

2. 数据层

数据层包括空间数据库与属性数据库，以及数据保密库与脱密库等，构建数据保密库与脱密库有机结合、空间数据与属性数据无缝对接的时空数据库，建立有序的数据管理体系。详见《第三次全国土壤普查数据库规范》。

3. 业务层

按照"样点管理—调查采样—样品制备—测试化验—质量控制—全程追溯"核心普查业务流程，构建专业高效的业务工作平台，包括任务进展（一张图）、样点任务管理、样品制备管理、样品检测管理、全程质量控制、技术指导、全程追溯等功能模块，分不同用户层级设置相应权限，实现土壤三普工作全流程、全对象、全用户的数字化管理。

4. 移动端

根据外业调查采样和样品接样分样的实时性需求，采用专业的移动设备，定制开发"调查采样 APP""样品流转 APP""质量控制 APP"，实现在线或离线的方式与业务平台的数据对接。APP 的功能模块如下文所述。

调查采样 APP：主要有样点任务认领、样点任务变更、样点导航、扫码绑定、数据记录、数据离线保存、数据提交、样品装箱、样品寄送等功能模块。

样品流转 APP：主要有样品流转进展查询，样品接收，制备样品转码、装箱、寄送与接收，样品接收反馈等功能模块。

质量控制 APP：主要有调查采样的现场影像与电子围栏等样点信息核对、样品制备流转保存检查、测试化验飞行检查、检测指标比对与数据阈值等功能模块。

（二）省级土壤普查工作信息化应用

利用全国统一工作平台为省级用户开放相应的功能及权限，实现各类数据直接上传存储、业务管理实时在线。省级购置与国家级平台配套的移动终端设备，利用终端设备内置的"调查采样 APP""样品流转 APP""质量控制 APP"模块，完成调查采样、样品管理、质量控制等业务管理工作。

在全国统一工作平台下，省级依据全国工作平台和数据库的规范要求，可开发满足本省特性化的子平台，进行数据的分布存储和成果的扩展应用；同时实现省级平台与全国平台之间的数据共享交换。

省级三普数据库存储环境，存放基础数据（如工作底图、样点等）和普查数据库时，需要有相应的保密环境和硬件设备；部分数据需要使用农业专网进行加密传输。

第四节　土壤普查试点

一、选定试点区域

全国土壤普查办，在全国筛选具有代表性和相关条件的省份实施省-市-县联动机制的不少于 5 个县的省级试点；其他省份各选择不少于 1 个具备条件的县（市、区）开展县级试点，验证和完善土壤三普技术路线方法与技术规程规范。完成校核和完善二普土壤分类成果。推动全国盐碱地普查优先开展。

二、培训普查技术队伍

全国土壤普查办组织专家，选择 1 个或几个试点县，结合试点现场对国家级技术专家组成员、省级普查师资队伍（省级技术专家组成员）、省级技术及管理人员等，开展土壤普查的工作平台、数据库、外业调查采样、内业测试化验、质量控制、成果汇总等环节的技术培训，制作普查工作网络课件等资料，明确普查工作的总体思路、技术路线、重点任务、工作要求等，为省级进一步开展技术培训、技术指导、质量控制等提供技术支撑。

各省根据本区域的试点工作需要，可进一步组织开展普查技术队伍的培训工作。

三、制定试点工作方案

全国土壤普查办按照普查试点的目标任务，按照《第三次全国土壤普查工作方案》和土壤三普技术规程规范等要求，制定《第三次全国土壤普查试点工作方案》，明确试点的工作内容、技术路线、技术标准与方法等要求，并督促土壤普查技术支撑单位，落实好普查技术规程与专项技术规范修订、实验室筛选、工作底图、数据库、普查平台等试点前期准备工作。

各省级土壤普查办根据《第三次全国土壤普查试点工作方案》，制定本省的土壤普查试点工作方案；省级试点工作方案需明确普查各环节任务的时限和质量要求。各省根据实际需要，建立数据传输与存储中心，组建外业调查队（含采样工具），并组织开展技术培训、业务练兵、质量控制等。

四、开展试点

按照土壤三普技术规程与技术规范等要求，2022 年开展普查试点。3 月底前，完成试点县和盐碱地普查县样点规划布设工作；4～9 月，完成外业调查采样工作；5～10 月，完成内业测试化验工作；9～10 月，补充样品采集及分析化验；10～11 月，数据审核与整理分析；11～12 月，编写试点工作总结和盐碱地普查工作报告。为保障试点工作进度与质量，农业农村系统统筹组织相关工作，试点完善如下内容。

（1）外业调查采样。包括表层样与剖面样的调查采样方法，土壤类型外业核实与勾绘，样品包装、标识、运输，专家参与指导等。

（2）内业测试化验。包括样品制备、流转、保存，测试化验指标与方法，数据质控、填报、汇交等。

（3）全程质量控制。包括外业和内业的内部质控与外部质控环节与方法，及其质控效果。

（4）成果汇总。包括县级数据库、图件、专题评价成果、技术与工作总结报告。

（5）盐碱地调查。完成盐碱荒（草）地的土壤调查工作，摸清盐碱土类型、数量、空间分布、程度、成因等，汇总提交盐碱荒（草）地调查的数据库、图件、总结报告。

第五节　外业调查采样

一、外业调查与采样技术规范

全国土壤普查办，组织编写《第三次全国土壤普查土壤外业调查与采样技术规范》，明确样点现场确认、样点信息调查与填报、样品采集、样品包装与寄送等外业调查采样工作。

各省级土壤普查办，落实本技术规范，制定适合本区域的外业调查与采样技术规范，负责组织开展本区域的外业调查采样工作。

二、外业调查采样组织

（一）人员组织

各省负责组织开展外业调查与采样工作。各省级土壤普查办根据全国土壤普查办统一布设的样点和调查任务，负责组建专业外业调查队（每一支表层样点外业调查队人员组成中至少有 1 位参加过省级土壤普查办统一组织的外业调查培训并获得培训证书，以及 1 名县级相关专业技术人员；每一支剖面样点外业调查队人员组成中至少有 1 位参加过全国土壤普查办统一组织的外业调查培训并获得培训证书，以及 1 名县级相关专业技术人员），制订外业调查采样计划，按照《第三次全国土壤普查土壤外业调查与采样技术规范》，开展样点现场确认、样点信息调查与填报、样品采集、样品包装与寄送等外业调查采样培训，落实外业调查采样的工作进度。

采集土壤剖面样点的外业调查队，须由熟悉土壤分类与制图的专家带队调查，重点负责挖掘土壤剖面、观察与记载剖面形态、采集剖面土壤样品与标本，开展土壤类型校核完善与边界勾绘等。

（二）工具准备

各省（区、市）结合外业调查与采样要求，需准备信息化终端（如"调查采样 APP"手持终端等）、摄录装备类、采样工具、样袋、剖面标本盒（整段与分段纸盒）、速测仪器（如土壤紧实度仪）、辅助材料、防护用具等，详见《第三次全国土壤普查土壤外业调查与采样技术规范》。

（三）培训与指导

组织开展外业调查采样现场技术培训，熟悉野外实操层面的基本工作流程及可能存在的实际问题与解决方案。针对部分剖面挖掘和土壤类型识别等专业工作，开展在线咨询与指导。

三、外业调查采样任务

（一）样点现场确认

外业调查队根据统一规划布设样点的目标导航，到达预布设目标样点区域后，在"电子围栏"范围内确定样点点位（中心点），并填报确认样点的经纬度。

如果预布设样点的土地因已非农用化、土壤受到重大破坏等原因，失去了代表性，可根据周边的土地利用类型等，重新布设有代表性的样点；对布设点位的土壤类型进行野外识别，如实际的土壤类型与预布设点位土壤类型不一致，则需要进行土壤类型校核或者样点变更。对于上述 2 种需变更的样点，按《第三次全国土壤普查土壤外业调查与采样技术规范》的要求，完成样点的变更工作。

（二）样点调查信息与填报

调查样点区域的成土条件、土壤利用等信息，填报"调查采样 APP"。所有样点调查的指标见《第三次全国土壤普查土壤外业调查与采样技术规范》。

如果外业没有通信信号无法传输，可将调查与采样信息、图片和视频等存于外业调查采样终端，待外业调查队回到上网区域，及时一次性提交。

（三）样品采集

根据预设样点周边的地形地势和土地利用的空间变异程度，选择"S"形或梅花形（5～10 个混样点）、棋盘形（10～15 个混样点）或蛇形（15～20 个混样点）采集表层混合土样。

按照样点任务清单，完成表层土样、剖面发生层土样（整段剖面标本与分段纸盒标本）、水稳定大团聚体样、环刀样、生物调查样等样品采集，其表层土样、剖面发生层土样、环刀样按照《第三次全国土壤普查土壤外业调查与采样技术规范》采集，生物调查样按照《第三次全国土壤普查土壤生物调查技术规范》采集。

（四）样品量

综合制样损耗、样品分发前留存、检测实验室短期保存与样品库（国家级、省级等）长期保存等，确定实际的样品采集数量，下列的样品量仅供参考。每一表层土样采取"四分法"剔除多余样品，留取 3kg（风干重计）；对于需要采集平行样的（"调查采样 APP"清单中的平行样样点），取样量 5kg（风干重计）；每一剖面发生层土样约采集 3kg（风干重计），作为剖面发生层平行样时约采集 5kg（风干重计）。整段或分段剖面土壤标本的样品量装满标本盒即可；水稳定大团聚体样品需采用木盒、铁盒、塑料盒或广口塑料罐等硬质容器盛装；环刀样，按照任务清单中的测定土壤容重、土壤导水性能等需要环刀样数量采集。

（五）样品包装与运输

所有采集土壤样品混匀后，先装入塑料自封袋后再装入布袋，或放入统一标准的样品袋，避免交叉污染。分层剖面样需放入剖面样的样品盒；用"调查采样 APP"扫描，并打印土壤表层土样、剖面土样等样品编码，贴在盛装样品的布袋或密封塑料袋上。封口、贴好打印的标签后，及时寄送到制样实验室。

剖面整段标本与分段纸盒标本放入特制的木盒或铁皮盒，环刀样、剖面标本样需使用固定装置，保证运输期间不会移动。

四、外业调查采样的质量控制

外业调查与采样环节的质量控制包括内部质控与外部质控 2 个环节。内部质控包括：每一外业调查队，至少有 1 人接受过国家级或省级土壤普查办统一组织的集中培训，且通过考核获得培训证书；"电子围栏"范围内确认调查采样样点、拍摄样点附近景观照片、检查样品标识清晰完整等。外部质控是国家或省级土壤普查办组织外业质量控制单位，开展采样时间、位置、记录等抽查等外部质量监督检查；工作平台上应有相应的县级、省级、国家级外部质控专家审核的修改功能，同时记录审核专家的个人信息。详见《第三次全国土壤普查全程质量控制技术规范》。主要质控内容见表 2-1。

表 2-1　外业调查采样质量控制

质控环节	内部质控	外部质控
调查采样信息填报	"电子围栏"范围内； 调查指标、影像等信息自查率应达 100%	省级抽查率＞采样任务 5‰； 国家级抽查率＞采样任务 2‰
调查采样现场抽查	人员资质； 取样方法（含密码平行样未按要求取样）、深度、取样量等	省级抽查率＞采样任务 5‰； 国家级抽查率＞采样任务 2‰

第六节　内业测试化验

一、土壤样品制备与检测技术规范

全国土壤普查办，组织编写《第三次全国土壤普查土壤样品制备与检测技术规范》，明确样品制备、分样、保存、流转、检测指标与方法等技术规范。

各省级土壤普查办，参照本技术规范，负责开展区域内土壤样品制备（剖面整段标本制作）、分样、保存、流转、检测等工作。

二、样品制备与分发

筛选的检测实验室（或专业制样单位）负责样品制备工作，省级质控实验室负责密码样添加、样品转码与分发工作。

样品制备完成后，省级质量控制实验室负责添加标准样品（或参比样品）、平行样等，分别按照耕地园地、林地草地每 50 个样品（至少含 1 个标样与 1 个平行样）组成一个批次，按照土壤普查工作平台样品任务清单，分发寄往相应的检测机构或样本库。分发至土壤检测实验室的样品，需进行检测样品的二次编码。

样品分发至土壤普查工作平台样品任务清单中的土壤检测实验室进行样品测试，同时土壤普查工作平台样品任务清单中需抽检的质控样品，需流转到质控实验室进行指标测试。具体测试指标参见样品任务清单。

分发样品时，样品制备实验室需要保留一定数量的样品，确认检测实验室收到样品，否则需重新邮递同等批次的样品。

"样品流转 APP"任务清单中流转到样本库的混合土样,原则上样品库需优先保存原状样,再考虑保存磨碎过筛样。

三、土壤理化测试指标与方法

分发的土壤样品,到达检测实验室或质量控制实验室后,采用"样品流转 APP"扫码登记,并在土壤普查工作平台上填报收样的实验室信息,按照土壤普查工作平台样品任务清单中的样品测试指标与测试方法,进行样品的物理、化学指标测定。耕地园地的土壤样品检测指标,以及林地、草地、盐碱荒地的土壤样品检测指标见《第三次全国土壤普查土壤样品制备与检测技术规范》。

四、测试数据填报与审核

各检测实验室按照《第三次全国土壤普查全程质量控制技术规范》中的内部质控要求,对检测数据质量进行审核,并完成数据填报。填报的数据,除了土壤普查工作平台阈值限定外,各省需对本省测试数据的质量进行审核,审核通过后,方可上传至国家土壤普查工作平台的数据库系统。国家级专家,需对各省汇交的数据质量进行审核。

对于不达标的数据项,需开展补测,甚至是重新采样测试。

五、内业测试的质量控制

内业测试质量控制,包括土壤样品的制备、保存、流转、分析测试、数据审核等环节的内部质控和外部质控。内部质控是检测实验室的内部工作过程自控,外部质控是省级与全国土壤普查办组织质量控制单位,负责对样品测试质量的监督检查。主要质控内容见表 2-2。

表 2-2 内业测试质量控制

质控环节	内部质控	外部质控
运输保存	常温、低温	流转记录、飞行检查
制样	人员资质; 制样场地、工具和包装容器及其视频监控;样品损失率≤10%,内部抽查率 100%	制样人员培训证书; 影像监控等记录完整性
分样	省级质控实验室添加标样、平行样等,并转码	根据标样、平行样等检测情况,进行评定
分析测试	50 个样品时至少 1 个平行样、1 个标样;超出正常值范围的样品应 100% 进行复检;实验室内部质量评价报告等	能力验证; 留样抽检:省级≥5‰,国家≥3‰; 飞行检查
数据审核	人员专业背景与培训; 数据完整性、规范性、准确性	数据校核; 入库数据筛查

第七节 成果汇总

省级与全国土壤普查办组织开展分级成果汇总,形成省级和国家级土壤样品库,以及县级、省级和国家级数据库、图件、文字报告等土壤普查成果；地市级参照县级、省级成果清单，形成地市级土壤普查成果。

一、样品库建设

按照"调查采样 APP"中样点的采样任务要求，部分样点（尤其是采集剖面土壤标本），可能需同步采集两份甚至多份用于省级与国家级土壤样品库建设，并给出送样、寄样的相应规定与要求。详见《第三次全国土壤普查土壤外业调查与采样技术规范》。

（一）国家级土壤样品库

全国土壤普查办依托国家级科研机构，负责建设国家级土壤样品库。

1. 样品库的建设内容

主要存放全国 638 个典型土属的整段剖面标本、全国约 6 万个剖面土壤的分段纸盒标本与分层原状样品。

每个样品需包括编号（如二维码）及样点信息（生境信息、样点照片、景观照片等）基本信息。剖面分段纸盒标本晾干；剖面整段标本进行晾干土柱、钻孔处理、浸胶处理、粘贴麻布、标本修饰、喷胶定型等标本制作，制作完成后均保存于专门的标本柜。发生层样品存放在磨口玻璃瓶中，标注出样品目数，存放在样品架中。

2. 样品库的存放要求

土壤样品库库房地面（楼板）承重力一般在 $800kg/m^2$ 以上（多存放于一楼），环境要保持干燥、通风、无阳光直射、无污染，具备防霉变、防鼠害、防火灾等设施。要求配备智能电动样品架，便于展示和管理。土壤样品分别存放于不同柜体，且根据预估土壤样品数量设置弹性存储空间，便于土壤样品的长期稳定存放。

（二）省级土壤样品库

各省级土壤普查办可参照国家级土壤样品库的建设方案，负责建设本区域内的土壤样品库或土壤样品储存库。

二、数据汇交与数据库构建

全国建立统一的数据库标准（详见《第三次全国土壤普查数据库规范》）。土壤普查过程中，分级开展数据汇交与数据库建设；省级先进行数据审核与土壤普查数据库构建，然后提交至国家土壤普查数据库。

（一）数据填报与传输

土壤普查实行全过程全数据填报，按照全国土壤普查各专项规范要求，外业调查、内业测试、样品流转、数据审核等过程的数据、单位、人员等信息，及时填报全国土壤普查工作平台的相关信息，传输存储至省级数据库与国家级数据库。

参照信息安全管理的需求，部分数据需采用加密或专网的传输方式，上传至省级与国家级数据库。

（二）数据审核

全国和省级土壤普查办，负责组织质量控制单位和各级质量控制实验室，分别进行数据审核，国家层面开发数据审核软件辅助数据审核，具体方法参照《第三次全国土壤普查全程质量控制技术规范》。

1. 基础数据审核

土壤三普数据库的各项数据，需进行指标数据是否有空项、各土壤指标的计量单位和计算精度是否符合要求等普查数据审核。

2. 异常值的剔除

土壤普查过程中出现的各类数据，因采样不当、土样被污染、测试化验误差等原因，出现异常值（可疑值）。应根据误差理论和常用数理统计方法，对异常值进行检验和剔除。

（三）数据库构建

省级与国家级分级进行数据审核和异常值剔除后，导入省级与国家级三普数据库。将形成省级与国家级土壤物理、化学、生物性状指标数据清单，建成土壤普查基础数据、图件和文字等国家级、省级、县级土壤三普数据库，并建立土壤退化与障碍数据库、耕地质量等级、特色农产品区域、后备耕地资源等土壤专题数据库。

三、土壤制图

开展县级、省级、国家级土壤类型、土壤属性、土壤专题制图工作。详见《第三次全国土壤普查土壤类型图编制技术规范》和《第三次全国土壤普查土壤属性图与专题图编制技术规范》。

（一）数据资料准备

准备土壤数据和成土环境因素数据。土壤数据包括土壤三普表层土壤调查样点和剖面土壤调查样点数据（立地条件、理化性状、土壤类型等）。成土环境因素数据包括气候、母岩母质、地形地貌、植被作物、土地利用、水文地质等数据。

（二）土壤类型制图与更新方法

采用两个分类系统进行土壤类型制图。对于中国土壤发生分类，开展县级、省级和国家级土壤制图，分类级别原则上分别到土属、土种和亚类；对于中国土壤系统分类，仅开展省级和国家级土壤制图，分类级别原则上分别到土族和亚类。

以土壤工作底图为基础，充分利用外业调查采样和分析化验结果等，修正完善土壤分类暂行方案和土壤工作底图，形成土壤调查初级成果图，并利用土壤类型图层提取、缩编、制图综合等专题制图技术，编制形成不同层级的土壤类型图。针对存在土种图缺失、土壤类型和边界错误、土壤类型发生变化等问题的区域，基于土壤三普剖面调查及所在图斑土壤类型野外校核结果、成土环境因素数据，考虑山地丘陵和平原不同的景观特点，采用数字土壤制图技术方法，形成土壤三普初级成果图和各层级土壤类型图，详见《第三次全国土壤普查土壤类型图编制技术规范》。

（三）土壤属性图制作方法

土壤属性图包括土壤有机质含量、土壤养分图（大、中、微量元素等）、土壤碳库与养分库、土壤退化（盐碱化、酸化等）、土壤障碍、黑土资源分布图等。

利用土壤属性与不同比例尺气候、生物、母质、地形、人为因素等环境变量的相关性，确定不同土壤属性与比例尺的环境变量，结合平原、丘陵、山地、高原、盆地的地形分区，构建不同土壤属性与比例尺的制图模型。按照方法相对成熟、精度较优的原则，经模型精度比较后，筛选出 1 个最优土壤属性制图模型或相对成熟的模型进行土壤制图。详见《第三次全国土壤普查土壤属性图与专题图编制技术规范》。

（四）土壤专题图制作方法

土壤专题图包括耕地质量等级图、退化耕地分布图、后备耕地资源分布图、特色农产品专题图、土壤利用适宜性分布图等。

在完成土壤类型和土壤属性制图成果图基础上，根据各类专题图评价指标与分级标准体系，通过 GIS 软件进行图层空间计算，获得各评价单元（或像素）评价指数；按指标体系的评价标准，最终确定评价单元的评价等级，制作土壤专题图，采取完成大比例尺精度制图，以制图综合的方法，逐级汇总出省级再到国家级的方式。

（五）制图结果验证评价

采用基于调查样点的（交叉）验证评价、不确定性评价、野外路线踏勘验证评价等方法，对土壤类型图、土壤属性图和专题图的制图精度进行评估。

（六）图件编制与出版

统一土壤类型、土壤属性、土壤专题图的编制规范，包括编制单位、图名、普查时间等制图内容与格式。编制内容主要包括：图名、编制单位、制图单位及制图人员、制图时间、土壤调查时间、绘图单位及绘图人员、地图投影、比例尺等。其他说明包括地理要素所采用的地形图比例尺和时间。上述图例与标识放在图廓外的适宜位置，应平衡美观。

按照国家地图出版等相关要求，省级与国家级分别筛选部分成果图件出版发行。

四、总结报告编写

分级开展土壤普查报告撰写工作，县级、省级土壤普查办逐级各自负责报告的编制，省级土壤普查办负责审核县级与省级的总结报告；全国土壤普查办负责编制全国土壤普查的总结报告。

（一）土壤三普工作报告

包括总体工作进展、任务完成情况、资金安排及使用情况、主要做法、经验成效、土壤存在问题和下一步改良利用对策等方面。

（二）土壤三普技术报告

重点总结土壤三普"1＋9"技术规程规范的实践情况，系统整理土壤普查关键技术内容、实施机制和应用成效，总结技术形成与发展的方式方法，以及普查过程中解决的技术难题、工作建议等。

（三）土壤三普专题报告

包括全国及区域耕地质量、土壤类型分布、土壤利用适宜性（适宜于耕地、园地、林地和草地利用）评价报告；耕地、园地、林地、草地土壤质量报告，东北黑土地保护利用、退化耕地改良利用、特色农产品区域土壤特征、土壤生物多样性研究等专项报告。

五、土壤普查成果的验收

土壤普查成果实行国家级与省级两级验收，验收内容主要包括土壤样品库、数据库、图件、文字报告等普查成果。重点检查数据库及成果的真实性、完整性、规范性和合理性。县级与省级组织内业核查，并根据内业核查情况选择不少于10％的乡镇与市县开展外业核查。内业、外业核查均合格后，通过验收。

（一）县级土壤普查成果验收

各县级土壤普查办完成数据审核上报、普查报告撰写等工作后，向省级土壤普查办提出验收申请。省级土壤普查办组织专家分县进行验收，验收小组负责人需在成果验收意见表上签名确认通过验收，或提出整改建议。

（二）省级土壤普查成果验收

各省级土壤普查办完成数据审核上报、普查报告撰写等工作后，向全国土壤普查办提出验收申请。全国土壤普查办组织专家分省进行验收，验收小组负责人需在成果验收意见表上签名确认通过验收，或提出整改建议。

（三）国家级土壤普查成果验收

全国土壤三普领导小组组织专家，对照全国土壤三普工作任务，审查数据和图件的准确性、文字报告科学性、工作任务完整性等，对全国土壤普查成果进行验收。

（四）土壤普查成果的发布

土壤普查的数据、图件、文件报告等成果，经国务院批准后，向社会公布，满足社会各界的普查成果资料需求，实现普查成果广泛应用。

附录A　规范性引用文件

GB/T 17296—2009《中国土壤分类与代码》

GB/T 21010—2017《土地利用现状分类》

GB/T 33469—2016《耕地质量等级》

GB/T 36393—2018《土壤质量自然、近自然及耕作土壤调查程序指南》

GB/T 36501—2018《土壤制图 1∶25000　1∶50000　1∶100000 中国土壤图用色和图例规范》

GB/T 32726—2016《土壤质量　野外土壤描述》

GB/T 32740—2016《自然生态系统土壤长期定位监测指南》

NY/T 1119—2019《耕地质量监测技术规程》

NY/T 1634—2008《耕地地力调查与质量评价技术规程》

《全国第二次土壤普查暂行技术规程》（1979 年）

《第三次全国土壤普查工作方案》（农建发〔2022〕1 号）

第三章

土壤普查外业调查与采样

第一节　外业调查前期准备

一、工作计划制订

　　地方各级土壤普查办根据国务院第三次全国土壤普查领导小组办公室（以下简称"全国土壤普查办"）的相关要求，结合地方具体情况，组织制订本辖区的外业调查工作计划，包括外业调查队伍组建、调查物资准备、剖面和表层样点复核、学习与培训、调查时间和调查路线拟定、现场踏勘、工作调度、样品暂存与流转、质量控制、安全生产等方面的计划。县级组织的各外业调查采样机构的工作计划应具体到人员、样点、时段，并经县级土壤普查办审核确认后，由县级土壤普查办统一呈报省级土壤普查办备案。

　　关于调查时间，依据全国土壤普查办规定的土壤普查总体进度与当地适宜时间节点进行时间选择。对于耕地、园地等样点，各地应根据当地气候条件、物候条件、土地利用方式、种植制度和耕作方式等因素，充分利用耕种前、收割后的窗口期，因地制宜地安排调查工作时间，避免施肥、灌水、降水、耕作等的影响。耕地土壤应在播种和施肥前或在作物收获后采集，园地土壤应在果品采摘后至施肥前采集，盐碱土调查和采样应尽可能在旱季进行。

二、调查队伍组建

　　地方各级土壤普查办依据土壤三普外业调查专业要求和工作需求，结合本地实际，组建外业调查队伍。表层样点外业调查队伍一般由县级土壤普查办组建。剖面样点外业调查队伍由省级土壤普查办统一组建。每个外业调查队至少包含一名现场技术领队，持证上岗。表层样点外业调查现场技术领队需具有土壤学相关专业背景，受过全国土壤普查办或省级土壤普查办组织的土壤三普外业培训，通过培训考核，获得培训合格证书。剖面样点外业调查现场技术领队需具有土壤分类、土壤剖面调查等工作背景，受过全国土壤普查办组织的土壤三普外业培训，通过培训考核，获得培训合格证书。每个外业调查队必须有一名获得国家或省三普培训合格证的本县农技骨干人员全程深度参与，对一线质控负责，协助与调查样点农户对接并完成调查任务。根据实际工作需要，外业调查队一般还应配备联络、后勤保障、劳动力保障等人员。

各地要充分发挥高校和科研院所土壤调查专业人员的技术骨干作用。

三、外业调查培训

在明确土壤普查工作任务基础上，对实际参与外业调查的工作人员开展业务培训，分为外部培训和内部培训两个方面。外部培训是指每个外业调查队的技术领队需参加全国土壤普查办或省级土壤普查办组织的外业调查培训，并通过培训考核，获得培训合格证书。内部培训是指外业调查队内部开展的外业调查培训和实习。外部和内部培训主要包括以下内容。

（1）开展调查区域自然地理状况和成土因素（气候、地形地貌、成土母质、土地利用等），成土过程，土壤类型、特征与分布，土壤利用与改良，农业生产、农田建设及其历史变化等内容的培训和学习。

（2）开展外业调查需要的基础土壤学知识，包括本技术规范在内的外业土壤调查与采样、主要形态学特征的识别与描述等内容的培训和学习。

（3）开展外业调查全流程的现场实操培训和实习，现场发现问题并及时提出解决方案。

（4）开展外业调查理论与实操考核。

四、调查物资准备

按功能用途划分，准备的调查物资可大致分为图件文献类、摄录装备类、采样工具类、现场速测仪器类、辅助材料类、生活保障类、集成软件类。具体说明如下。

（一）图件文献类

图件：预布设样点分布图、土壤图、地形图、地质图、土地利用现状图、交通图、行政区划图等，剖面调查点应同时准备每个点位的工作底图，一般是将全国第二次土壤普查土壤类型图分别叠加显示在土地利用、数字高程模型（DEM）、高分辨率遥感影像和地质图上，建议放大到 1∶5000 比例尺，A3 或 A4 幅面打印出图并装订成册，以有效显示剖面点位及周边区域成土环境信息，便于野外调查使用。

所有工作图件应叠加较为致密的经纬度网格，并标示线段比例尺，便于野外随时读取当前位置和判断地物距离。上述图件资料一般由省级土壤普查办统一制作和下发。

有条件的县级土壤普查办，尽可能收集县域植被类型图、农用地整理复垦规划或现状图、土地利用规划图、国土空间规划图等，以供普查工作需要及成果总结时使用。

文献资料：《第三次全国土壤普查土壤外业调查与采样技术规范》、《中国土壤系统分类检索（第三版）》、《中国土壤分类与代码》（GB/T 17296—2009）、《第三次全国土壤普查暂行土壤分类系统（试行）》及土壤二普文献资料等。同时，应当注重自然成土环境资料、农业生产和农业基础设施资料的收集与整理。

① 自然成土环境资料。收集和掌握调查区气温和降水数据，以及水文和水文地质资料等，主要用于了解本地区影响主要作物生育和产量的关键阶段的热量和降水的分布特征、水系分布、水利资源禀赋、地下水水量和水质、盐渍化等潜在土壤利用问题等，为解决土壤盐渍化、旱、涝等问题提供参考。对于园地，应了解和收集园地利用与变更历史、作物类型、产量和经济效益等。

② 农业生产及农田建设情况资料。县域内农业生产情况，包括现有耕地、园地、林地和草地生产布局，主要作物类型及复种、轮作、连作、休耕与撂荒情况，土地利用类型及变更情况，历年施用肥料品种、施肥量、施肥方式、施肥时间、秸秆还田、有机肥施用和绿肥作物种植情况，深翻深松和少耕免耕情况，障碍因素种类（包括连作障碍）与影响及改土情况，自然灾害类型与影响情况，灌溉保证率情况，农作物产量及变化情况等。农田建设情况资料包括耕地和园地平整、梯田建设、灌排设施和电力设施情况资料等。

（二）摄录装备类

① 数码相机，主要用于拍摄调查样点的剖面照、土壤形态特征照、景观照等。

② 无人机，主要用于航拍样点所在景观或地块单元的俯拍视角景观图。相对数码相机，无人机拍摄更能宏观地反映景观或地块单元的整体地貌、植被、土地利用等成土环境信息。

（三）采样工具类

① 表层土壤调查与样品采集　不锈钢刀、不锈钢锹（避免使用铁质、铜质等材质的工具直接接触样品，以免造成污染）、不锈钢土钻、竹木质或塑料质刀具和铲子、不锈钢环刀和环刀托、聚乙烯塑料簸箕和塑料布、橡皮锤、地质锤、尼龙筛（筛孔直径5mm）、弹簧秤或便携电子秤、刻度尺（塑料质、木质或不锈钢质）等。

② 剖面土壤调查与样品采集　除配备与表层土壤调查与样品采集相同的工具外，还需配备不锈钢质的锹、镐、剖面刀，统一定制的剖面尺（要求为黑底、白字、白色刻度、不缩水、不易反光的帆布质标尺，不得使用其他颜色的标尺），土壤比色卡，微型标尺（拍摄土壤形态特征照时使用），塑料水桶，喷水壶，放大镜（≥10倍），剪刀（林地区根系较粗，建议备用"果树剪"），滴管，去离子水，10％稀盐酸试剂，邻菲咯啉试剂等。其中，关于土壤比色卡，为统一土壤三普的土壤颜色和命名系统，优先使用《中国标准土壤色卡》，其次是日本新版《标准土色贴》，再次是美国 *Munsell Soil Color Book* 最新版，不得使用其他土壤比色卡产品。

③ 整段土壤标本采集

a. 挖土坑工具。锨、锹、镐、铲等工具。

b. 修土柱工具。剖面刀、油漆（灰）刀、平头铲、木条尺、手锯、修枝剪、绳子、宽布条、泡沫塑料"布"等。

c. 装标本的木盒。内部尺寸为高100cm、宽22cm、厚5cm，木盒的框架、前盖板和后盖板用2cm厚木板制成。前、后盖板用螺钉固定在框架上，可随时卸离。依据整段土壤标本制作方法，所使用木盒为一次性用品。为便于后期统一制作，不使用聚氯乙烯（PVC）盒和铁皮盒等。

④ 地下水和灌溉水样品采集用硬质塑料瓶等。

⑤ 土壤水稳性大团聚体样品采集用固定形状的容器，包括硬质塑料盒、广口塑料瓶等。

⑥ 纸盒土壤标本采集　统一定制的纸盒（长 32.5cm、宽 8.5cm、高 3.5cm，内部等分 6 格）、不锈钢刀（小号，便于修饰）等。纸盒盖面设计的填报项应包括样点编号、地点、经纬度、土壤发生分类和系统分类名称、海拔、地形、母质、植被、土层符号、土层深度、采集人及单位、采集日期等。

（四）现场速测仪器类

① 地质罗盘仪（主要用于测量方位角、坡度、坡向等，若手机 APP 或其他手持终端设备可以使用，则不必购置）。

② 便携式土壤 pH 计（可选）。

③ 便携式电导率速测仪（可选，用于盐碱土区域）。

④ 土壤紧实度仪（可选，用于基于土壤紧实度变化判断耕作层厚度）。

（五）辅助材料类

土样布袋、塑料自封袋、样品标签、棉质和乳胶手套、记录本、橡皮筋、黑色记号笔、铅笔、胶带等。

（六）生活保障类

太阳帽、太阳镜、雨伞、雨靴、常规和急救药品、卫生纸、压缩食品和饮用水、急救包、荧光背心等。

（七）集成软件类

包括移动终端 APP 等。样点成土环境、土壤利用情况、剖面形态、土壤类型等外业调查信息统一填报至移动终端 APP 中，审核后，将信息上传至桌面端土壤普查工作平台。

同时，通过移动终端 APP 在调查样点附近一定范围内，设定"电子围栏"，约束外业调查工作人员在限定范围内完成外业调查和采样工作。

第二节　预设样点外业定位

针对每个预设调查样点，按如下流程进行外业定位。

一、样点定位

通过移动终端 APP，导航逼近预设样点位置范围，不要求到达准确点位坐标，到达预设样点"电子围栏"内，即可进行"样点局地代表性核查"，必要时进行样点现场调整。

二、样点局地代表性核查

外业调查人员进入预设样点"电子围栏"内，现场确定预设样点是否符合目标景观和土壤类型的要求，主要参考以下标准。

（一）表层样点代表性核查

以预设样点为中心，100m 半径的"电子围栏"范围内，无明显修建沟渠、道路、机井、房屋等人为影响，土地利用方式（包括耕作模式、作物类型）具有代表性。如明确在"电子围栏"范围内，无符合条件的采样点，则应该调整预设样点的位置，方法参见"三、预设样点现场调整"。样点通过代表性核查或必要位置调整后，在"电子围栏"内选择面积较大的田块，以其中心位置作为梅花法、棋盘法或蛇形法等混样方法的中心点，并读取地理坐标、海拔高度，确定承包经营者等基本信息，进行成土环境和土壤利用调查及土壤样品采集工作。耕地采样中心点一般定在"电子围栏"内较大田块的中央。

（二）剖面样点代表性核查

"电子围栏"限定范围为剖面样点所在的土壤二普县级土壤图图斑边界（主要是土种图斑，部分为土属图斑）。结合土壤图、遥感影像、数字高程模型、土地利用图等野外工作底图，在预布设样点所在土壤图的图斑范围内进行踏勘，核实确定图斑范围内主要土壤类型（注意此处，不是野外寻找预布设样点的赋值土壤类型，而是核实预布设样点所在图斑范围内主要土壤类型）。在图斑内主要土壤类型的典型位置进行土壤剖面的设置、挖掘、观察、描述和采样。要求剖面样点所处田块、景观单元在该范围内具有代表性，地形地貌、成土母质、土地利用及其组合模式相对一致。

三、预设样点现场调整

若预设样点未通过局地代表性核查，需按下述要求进行现场样点调整，并上报省级土壤普查办审核。

① 针对表层样点，若其所在图斑未被建设占用，且可到达，原则上不允许调整。若一定要调整，必须给出明确理由和现场佐证材料。

② 针对表层样点，必须在土壤二普县级土壤图同一图斑范围内调整，除该图斑已被建设占用外，只要满足道路可达性，即使土壤类型已发生变化，或土壤二普土壤图图斑存在边界偏差、土壤类型错误，预设样点的调整仍然限定在该图斑范围内。

③ 针对表层样点，在平原、盆地地区，土壤类型、地形地貌和土地利用方式分异相对较小，最大调整距离一般在"电子围栏"边界之外的 200m 以内。

④ 针对表层样点，在岗地、丘陵或山地地区，土壤类型空间分异随地形起伏变化较平原地区大，最大调整距离一般在"电子围栏"边界之外的 100m 以内，并寻找相似的地形部位。

⑤ 针对表层和剖面样点，若该预设样点所在图斑完全或绝大部分被建设占用，图斑内已无合适位置调整，或整个图斑范围内均不可达，须在相同土壤类型的其他图斑里，且尽量选择距离预设样点较近的符合要求的图斑，针对表层样点还需尽可能保持土地利用类型不变，布设替代样点，沿用原样点编号，此种情况的调整除省级土壤普查办审核外，还需上报全国土壤普查办审定。

样点现场调整流程主要有三个步骤：首先野外通过移动终端 APP 在拟调整后的样点位置提出样点现场调整申请；然后通过移动终端 APP 提交样点现场调整的图片、文字等申请资料至省级土壤普查办，重点说明预布设样点不符合要求的理由；最后由省级土壤普查办负责审核，审核通过后，即可在新调整后的样点位置开展调查与采样。

第三节　成土环境与土壤利用调查

包括样点基本信息调查、地表特征调查、成土环境调查、土壤利用调查、景观照片采集等。每个调查点位（包含表层样点和剖面样点）均需采集成土环境与土壤利用信息。

成土环境与土壤利用调查及表层土壤采样信息采集项目清单，见附录 A 表格。外业调查时，需同时完成移动终端 APP 电子版和纸质版调查表信息填报，纸质版调查表填报完成后，提交至省级土壤普查办。

一、样点基本信息

记录调查样点的行政区划、地理坐标、海拔高度、采样日期、天气状况、调查人员及其所属单位、调查机构、样点所在地块的承包经营者、县级一线质控人员、国家级和省级专家指导与质控情况等。

（1）样点编码　统一编码，已经赋值，以下所有工作流程均使用同一编码。

（2）行政区划　按照"省（自治区、直辖市）—市—区（县、市）—乡（镇、街道）—行政村"顺序，记录调查采样点所在地。每个样点已经赋值，野外核查确认。

（3）地理坐标　参照国家网格参考系统〔2000 国家大地坐标系（CGCS2000）〕，经纬度格式采用"十进制"，单位：（°），如 32.330111°N、118.360214°E。每个样点确定位置后，由移动终端自动采集坐标信息和赋值。

（4）海拔高度　每个样点确定位置后，由移动终端采集和赋值，单位：m。

（5）采样日期　采用"202×年××月××日"格式，如"2022 年 08 月 05 日"，自动赋值。

（6）天气状况　从"晴或极少云、部分云、阴、雨、雨夹雪或冰雹、雪"选项中选择。

（7）调查人员　填写现场技术领队的姓名及所属单位。调查人所属单位即调查人编制或劳动合同所在的法人单位。

（8）调查机构　填写调查任务承担机构全称。

（9）承包经营者　填写耕地和园地样点所在地块的承包人姓名、手机号和身份证号。林地和草地样点无须填报。

（10）县级一线质控人员　填写每个样点的县级一线质控人员姓名、单位、手机号和身份证号。

（11）国家级和省级专家指导与质控情况　填写样点是否接受了国家级和省级专家在线或现场技术指导和质控，及专家姓名、单位、手机号和身份证号。

二、地表特征

（1）土壤侵蚀　观察和记录样点所在景观单元内是否存在土壤侵蚀，以及侵蚀类型、侵蚀强度，具体标准如表 3-1 和表 3-2 所示。

表 3-1　土壤侵蚀类型

编码	类型	描述
W	水蚀	以降水作为侵蚀营力，与坡度关系较大，并随坡度增加而加剧
M	重力侵蚀	在重力和水的综合作用下发生的土体下坠或位移的侵蚀现象，包括崩塌、滑坡、崩岗等
A	风蚀	在风力作用下发生的侵蚀，在降雨量少的干旱和半干旱地区侵蚀明显，与植被关系甚大
F	冻融侵蚀	土壤及其母质孔隙中或岩石裂缝中的水分在冻结时，体积膨胀，使裂隙随之加大、增多，导致整块土体或岩石发生碎裂，消融后其抗蚀稳定性大为降低，在重力作用下岩土顺坡向下方产生位移
WA	水蚀与风蚀复合	同时存在水蚀和风蚀

表 3-2　土壤侵蚀程度

编码	程度	描述
N	无	A 层没有受到侵蚀
S	轻	地表 1/4 面积的 A 层受到损害，但植物还是能够正常生长
M	中	地表 1/4～3/4 面积的 A 层明显被侵蚀，植物生长受到较大影响
V	强	A 层丧失，B 层出露并也受到侵蚀，植物较难生长
E	剧烈	C 层也被侵蚀，植物无法生长

（2）基岩出露　观察样点所在景观单元内，是否有基岩（或大块岩石）裸露，是否对耕作产生直接影响，应当记录基岩出露丰度和间距信息（表 3-3 和表 3-4）。注意，区别于"（3）地表砾石"，基岩"根植于"土壤底部深处，无法移动且影响耕作。其中，丰度为基岩出露面积占景观单元内地表面积的比例，单位：%，记录数据范围；间距为基岩出露的平均间隔距离，单位：m，记录数据范围。

表 3-3　基岩出露丰度

编码	描述	丰度/%	说明
N	无	0	对耕作无影响
F	少	<5	对耕作有一定影响
C	中	5～15	对耕作影响严重
M	多	15～50	一般不宜耕作，但小农具尚可局部使用
A	很多	>50	不宜农用

表 3-4　基岩出露间距

编码	描述	间距/m	编码	描述	间距/m
VF	很远	>50	C	较近	2～5
F	远	20～50	VC	近	<2
M	中	5～20			

（3）地表砾石　指分布在地表的、除出露基岩以外的砾石、石块、巨砾等，对表层土

壤的适耕性产生影响，表 3-5、表 3-6 为其丰度、大小等信息。其中，丰度为砾石覆盖地表面积占地表面积的比例，单位：%，记录数据范围；大小为占优势丰度的砾石直径范围，单位：cm，记录数据范围。

表 3-5　地表砾石丰度

编码	描述	丰度/%	说明
N	无	0	对耕作无影响
F	少	<5	对耕作有影响
C	中	5~15	对耕作影响严重
M	多	15~50	不宜耕作，但小农具尚可局部使用
A	很多	>50	不宜农用

表 3-6　地表砾石大小

编码	描述	直径/cm	编码	描述	直径/cm
F	细砾石	<2	S	石块	6~20
C	粗砾石	2~6	B	巨砾	>20

（4）地表盐斑　为由大量易溶性盐胶结成的灰白色或灰黑色盐斑，记录其丰度、厚度两个指标（表 3-7）。其中，丰度为地表盐斑覆盖面积占地表面积的比例，单位：%，记录数据范围；厚度为地表盐斑的平均厚度，单位：mm，记录数据范围。

表 3-7　地表盐斑丰度和厚度

盐斑丰度			盐斑厚度		
编码	描述	丰度/%	编码	描述	厚度/mm
N	无	0			
L	低	<15	Ti	薄	<5
M	中	15~40	M	中	5~10
H	高	40~80	Tk	厚	10~20
V	极高	≥80	V	很厚	≥20

（5）地表裂隙　为富含黏粒的土壤由于干湿交替造成土体收缩，在地表形成的空隙。记录其丰度、宽度（表 3-8）等指标。主要调查普遍出现地表裂隙的土壤类型，包括半水成土中的砂姜黑土、盐碱土中的碱土、干旱土等。其中，丰度为单位面积内地表裂隙的个数，单位：条/m²，记录具体数据；宽度为地表裂隙的平均宽度，单位：mm，记录数据范围。

表 3-8　地表裂隙宽度描述

编码	描述	裂隙宽度/mm
VF	很细	<1
FI	细	1~3
ME	中	3~5
WI	宽	5~10
VW	很宽	≥10

（6）土壤沙化　是指具有沙质地表环境的草地受风蚀、水蚀、干旱、鼠虫害和人为不当经济活动等因素影响，致使原非沙漠地区的草地，出现以风沙活动为主要特征的，类似沙漠景观的草地退化过程。野外记载沙化程度等级，参考标准如表3-9所示。

表3-9　土壤沙化指标与分级

项目		沙化程度分级			
		未沙化	轻度沙化	中度沙化	重度沙化
植物群落特征	植被组成	沙生植物为一般伴生种或偶见种	沙生植物为主要伴生种	沙生植物为优势种	植被稀疏，仅存少量沙生植物
	草地总覆盖度相对百分数的减少率/%	0～5	5～20	20～50	＞50
	地形特征	未见沙丘或风蚀坑	较平缓的沙地，固定沙丘	平缓沙地，小型风蚀坑，基本固定或半固定沙丘	中、大型沙丘，大型风蚀坑，半流动沙丘
裸沙面积占草地总表面积相对百分数的增加量/%		0～10	10～15	15～40	＞40

注：参照《天然草地退化、沙化、盐渍化的分级指标》（GB 19377—2003）。

三、成土环境

（一）气候

各个样点均已赋值，野外不做记录。

（二）地形

地形是影响区域性景观分异、水热条件再分配的主要因素。土壤普查时，应对每个样点所在的地形进行准确记述。

具体分为大地形、中地形和小地形三个级别，附加以地形部位、坡度、坡形、坡向四个辅助特征，需在野外加以描述。

（1）大地形分类　大地形分为山地、丘陵、平原、高原、盆地（表3-10）。

表3-10　大地形分类

编码	名称
MO	山地
HI	丘陵
PL	平原
PT	高原
BA	盆地

（2）中地形分类　中地形分为低丘、高丘、低山、中山、高山、极高山、黄土高原、冲积平原、海岸（海积）平原、湖积平原、山麓平原、洪积平原、风积平原、沙地、三角

洲。高原大地形上区分低丘、高丘、低山、中山、高山、极高山等中地形时，首先要依据相对高差进行判断，当相对高差小于500m时可判断为低丘或高丘，其次当相对高差超过500m时，根据绝对高程判断低山、中山、高山、极高山等（表3-11）。

表3-11 中地形分类

编码	名称	编码	名称	描述
AP	冲积平原	LH	低丘	相对高差＜200m
CP	海岸(海积)平原	HH	高丘	相对高差200～500m
LP	湖积平原	LM	低山	绝对高程500～1000m
PE	山麓平原	MM	中山	绝对高程1000～3500m
DF	洪积平原	OM	高山	绝对高程3500～5000m
WI	风积平原	EM	极高山	绝对高程＞5000m
SL	沙地	LOP	黄土高原	
DT	三角洲			

（3）小地形分类 详见表3-12。

表3-12 小地形分类

编码	名称	编码	名称
IF	河间地	LA	潟湖
VA	沟谷地(含黄土川地)	BR	滩脊
VF	谷底	CO	珊瑚礁
CH	干/古河道	CA	火山口
TE	阶地	DU	沙丘
FP	泛滥平原	LD	纵向沙丘
PF	洪积扇	ID	沙丘间洼地
AF	冲积扇	SL	坡(含黄土梁、峁)
DB	溶蚀洼地	LT	黄土塬
DE	洼地	RI	山脊
TF	河滩/潮滩	OT	其他(需注明)

注意，大、中、小地形是由大及小逐级内套的，如大地形的高原类型内，可以出现中地形山麓平原、洪积平原等；中地形的冲积平原类型内，会出现小地形河间地、阶地等。

（4）地形部位分类 详见表3-13。

表3-13 地形部位分类

丘陵山地起伏地形		平原或平坦地形	
编码	名称	编码	名称
CR	坡顶(顶部)	LO	低阶地(河流冲积平原)
UP	坡上(上部)	RB	河漫滩
MS	坡中(中部)	Bol	底部(排水线)
LS	坡下(下部)	SZ	潮上带
Bof	坡麓(底部)	IZ	潮间带
IN	高阶地(洪-冲积平原)	OT	其他(需注明)

（5）坡度分类　是指样点所处地形部位的整体坡度。如样点处于坡麓部位，则测量整个坡麓坡度，不是上、中、下坡的平均坡度，也不是样点局部的坡度；如果是梯田，记录样点田块所处地形部位的自然坡整体坡度，而不是平整后的田块内部坡度。野外用罗盘测量可得到较为精确的数据。野外需测量并填报具体坡度（°）数据，其中坡度分级可见表3-14。

表 3-14　坡度分级

编码	坡度/(°)	名称
Ⅰ	≤2	平地
Ⅱ	2~6	微坡
Ⅲ	6~15	缓坡
Ⅳ	15~25	中坡
Ⅴ	>25	陡坡

（6）坡形分类　在本次调查中，坡形的变化分为拱起、凹陷和平直3类，对应3种主要的坡形——凸坡、凹坡和直坡。

（7）坡向分类　坡向是指样点所处的从坡顶到坡麓一个整坡的朝向，其中图3-1为罗盘中的方向，也可以用GPS或者手机APP确定坡向。平原或平坦地形区的样点，不存在坡向，坡向信息填报为"无"。表3-15为坡向分类。

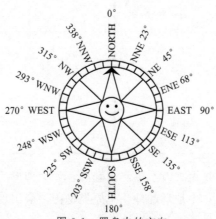

图 3-1　罗盘中的方向

SOUTH 指南向（S）；EAST 指东向（E）；WEST 指西向（W）；NORTH 指北向（N）

表 3-15　坡向分类

角度范围/(°)	坡向	角度范围/(°)	坡向
68~113	东	248~293	西
113~158	东南	293~338	西北
158~203	南	338~360(0)~23	北
203~248	西南	23~68	东北

（三）母岩母质

（1）母岩类型　下伏或出露母岩常见于山地丘陵区，已赋值，野外需进行校核确认，错误或空缺者应修正填报。受冲积、洪积、沉积等过程影响，土被较深厚的平原、沟谷等区域，母岩深埋，母岩类型均填报为第四纪松散沉积物。

（2）母质类型　需野外判断并填报，具体母质类型的划分，参见下述类型，详细内容见附录 B。其中，原位风化类型有残积物、坡残积物；水运积物类型有坡积物、洪积物、冲积物、河流沉积物、湖泊沉积物、海岸沉积物；风运积物类型有风积沙、原生黄土、黄土状物质（次生黄土）；其他类型有崩积物、冰川沉积物（冰碛物）、冰水沉积物、火成碎屑沉积物、有机沉积物、（古）红黏土、其他（需注明，如上层为河流沉积物，下层为湖泊沉积物的二元母质）。

（四）植被

填报调查样点及周边（以"电子围栏"范围或景观单元范围为准）的植被类型以及植被覆盖度等信息。

（1）植被类型　详见表 3-16。

表 3-16　植被类型

编码	植被类型	编码	植被类型
1	针叶林	7	草丛
2	针阔混交林	8	草甸
3	阔叶林	9	沼泽
4	灌丛	10	高山植被
5	荒漠	11	栽培植被
6	草原	12	无植被地段

（2）植物优势种　调查样点及其周边的植物群落的优势种，如马尾松、蒿草等，野外可以利用相关植物识别 APP 协助辨识。耕地此处统一填报"农作物"，具体信息在耕地利用中填报。

（3）植被覆盖度　植被覆盖度是指样点及周边乔灌草植被（包括叶、茎、枝）在地面的垂直投影面积占统计区总面积的百分比，用"%"表示，适用于耕地类型外其他土地利用类型。植被覆盖度分为植被总覆盖度和乔木、灌木、草本等分项覆盖度。分项覆盖度之和应不小于植被总覆盖度。野外估算以 5% 为等级间隔，填报植被总覆盖度、乔木覆盖度、灌木覆盖度、草本覆盖度的具体数值。耕地样点不填报植被覆盖度，其他地类需要填报。

四、土壤利用

（一）土地利用

（1）土地利用现状　已根据第三次全国国土调查结果，对调查点位土地利用现状进行赋值，外业调查时根据实际调查情况进行确认，如果与已赋值信息不同，填报实际调查时的土地利用类型。具体土地利用现状分类，参考附录 C。

（2）土地利用变更　调查 2000 年至今是否存在土地利用变更。若存在土地利用变更，需填报土地利用现状分类二级类间的变更类型及变更年份，如果存在多次变更，均需填报。土地利用变更填报模式：2000 年及对应的二级类；变更年份及对应的二级类；调查年份及对应的二级类。示例：2000 年（起始年份），旱地；2008 年（变更年份），水田；2019 年（变更年份），水浇地（蔬菜地）；2023 年（调查年份），水浇地（蔬菜地）。

（3）蔬菜种植　属于蔬菜用地（根据现场调查结果）的填报蔬菜地设施农业状况。包括以下两项：①设施农业类型，包括露天蔬菜地、塑料大棚、日光温室（有两侧山墙、后墙体支撑）、玻璃温室、其他（需注明）。②蔬菜种植年限为填报连续种植蔬菜的年限，单位：年。

（4）特色农产品　确定调查样点的农产品是否属于全国农产品地理标志登记产品。

（二）农田建设

适用于附录 C 中的 01 耕地、02 园地类型，其他类型不需填写本节内容。

（1）高标准农田　确定样点所在田块是否是高标准农田，并记录 2011 年以来，是否实施过高标准农田建设项目。

（2）灌溉条件　调查和填报灌溉保证率和灌溉设施配套类型两项指标。灌溉保证率是指预期灌溉用水量在多年灌溉中能够得到充分满足的年数出现的概率，用百分率（％）表示。灌溉设施配套的特征指标为未配套、局部配套、配套完善。若为局部配套和配套完善类型，需调查灌溉方式，其特征指标为不灌溉、土渠输水地面灌溉、渠道防渗输水灌溉、管道输水灌溉中滴灌（微喷灌、喷灌）、其他（需注明）。

（3）排水条件　指由地形起伏、水文地质和人工排水设施状况共同决定的雨后地表积水、排水情况。农田排水条件可分为四个等级：充分满足为具备健全的干、支、斗、农排水沟道（包括人工抽排），无洪涝灾害；满足为排水体系基本健全，丰水年暴雨后有短时间洪涝灾害（田间积水时长 1～2 天）；基本满足为排水体系一般，丰水年大雨后有洪涝发生（田间积水时长 2～3 天）；不满足为无排水系统，一般年份在大雨后发生洪涝灾害（田间积水大于 3 天）。

（4）田间道路　调查样点所在田块的道路通达条件，记录其最高等级道路类型和路面硬化类型。田间道路包括机耕路和生产路。机耕路是指路面宽度 3～6m、可供大型生产机械通行的道路；而生产路是指路面宽度小于 3m 的田间道路。路面类型分为水泥路、碎石路、三合土路、土路、其他（需注明）。

（5）梯田建设　调查样点所在田块是否为梯田，适用于丘陵、山地地区。

（三）耕地利用

适用于附录 C 中 01 耕地类型的，填报本节内容。

（1）熟制类型　分为一年一熟、两年三熟、一年两熟、一年三熟等。蔬菜地和临时药材种植地等按当地粮食作物熟制填报。

（2）休耕与撂荒　休耕是指让受损耕地休养生息而主动采取的一种地力保护和恢复的措施，也是耕作制度的一种类型或模式。当前凡是根据耕地土壤退化和地力受损情况，主动计划不耕种或主动种植绿肥作物养地的措施，都认定为休耕。撂荒是指耕地承包经营者在地力没有受损或土壤没有功能性退化的情况下，不继续耕种、任其荒芜的行为。记录样点所在田块近 5 个熟制年度的休耕与撂荒情况。包括休耕类型（无、季节性休耕、全年休耕）；休耕频次，近 5 年休耕的累计频次，如一年两熟且全年休耕，则该年度休耕频次为 2；撂荒类型（无、季节性撂荒、全年撂荒）；撂荒频次，近 5 年撂荒的累计频次，如一年两熟且全年撂荒，则该年度撂荒频次为 2。

（3）轮作制度　针对两年三熟、一年两熟和一年三熟的熟制类型，按自然年内作物的收获时序进行填报；针对一年一熟地区的熟制类型，按不同年份作物的收获时序进行填报。分为年内或年际间第一季、第二季、第三季收获作物类型。注意：应填报样点所在田块近 5 个熟制年度的主要轮作作物；蔬菜一年收获超过三季的按三季填写。

第一季收获作物类型参考：水稻、玉米、小麦、春小麦、大麦、燕麦、黑麦、青稞、谷子、豆类、高粱、油菜、棉花、花生、烟草、马铃薯、甘薯、甘蔗、甜菜、木薯、芝麻、蔬菜（填报具体名称，如黄瓜、番茄、辣椒、大白菜、青菜、芹菜、胡萝卜、茄子等）、中药材（填报具体名称）、休耕、撂荒、其他（填报具体名称）。

第二、三季收获作物类型：水稻、玉米、谷子、豆类、高粱、油菜、棉花、花生、烟草、马铃薯、甘薯、甘蔗、甜菜、木薯、芝麻、蔬菜（填报具体名称）、中药材（填报具体名称）、休耕、撂荒、其他（填报具体名称）。

（4）轮作制度变更　调查近 5 个熟制年度内是否存在轮作制度变更，如果有，以上述轮作制度为基准，填报次要轮作作物，同样分为第一季、第二季、第三季收获作物类型，如双季稻休耕变为单季稻，则轮作制度为"水稻-水稻"，轮作变更为"水稻-休耕"。

（5）水田稻渔种养结合　针对水田样点，调查近 1 个熟制年度内是否存在稻渔共作。若存在稻渔共作，需调查稻渔共作制度类型，分为稻-虾共作、稻-鱼蟹共作、其他（需注明）；估算样点所在田块内围沟和十字沟的宽度和深度（单位：cm）、水面占田块面积的比例（单位：%）。

（6）当季作物　填报样点所在田块采样时的作物类型（指待收获或刚收获的）。针对套种和间种等情况，需分别记录作物类型。注意，中药材要细化到品种，如黄芪；特色农产品要填报作物类型。

（7）产量水平　调查样点所在田块近 1 个熟制年度内不同作物的产量。分季分作物填报全年的作物产量。单位：kg/亩（1 亩＝666.7m^2）。需记录作物产量的计产形式，如棉花的籽棉重。针对套种和间种等情况，需分别记录作物的产量。

（8）施肥管理　调查样点所在田块近 1 个熟制年度内于作物上施用的肥料种类、实物用量、有效养分含量、有效养分总用量和肥料施用方式。针对套种和间种等情况，需分别记录不同作物的肥料用量、施用方式等。

肥料种类包括化学肥料、有机肥料、有机-无机复混肥等。其中，化学肥料包括尿素、碳酸氢铵、硫酸铵、磷酸一铵、磷酸二铵、过磷酸钙、钙镁磷肥、氯化钾、硫酸钾、三元复合（混）肥、缓控释肥等；有机肥料包括商品有机肥、土杂肥、厩肥等。

化学肥料用量（单质化肥、复合肥、复混肥、有机-无机复混肥中的无机肥部分等）调查填报实物用量（kg/亩）、有效养分含量（%）和有效养分总用量（kg/亩），并折以纯氮（N）、五氧化二磷（P_2O_5）、氧化钾（K_2O）形式填报有效养分总用量（kg/亩），有效养分总用量由实物用量和有效养分含量计算得出；同时要调查基肥占比、追肥占比，单位为%。

商品有机肥（含有机-无机复混肥料中的有机质部分）调查填报实物用量，单位为

kg/亩；有机质含量，单位为％；并折算为有机质用量，单位为 kg/亩。

土杂肥、厩肥等填报用量体积，单位为 m^3/亩。

施用方式分为沟施、穴施、撒施、水肥一体化、其他（需注明）。

（9）秸秆还田　调查样点所在田块是否实施了秸秆还田，并调查秸秆还田比例、还田方式和还田年限。还田比例和还田方式：调查样点所在田块近 1 个熟制年度的秸秆还田情况。还田比例分为无（＜10％）、少量（10％～40％）、中量（40％～70％）、大量（＞70％）。还田方式分为留高茬还田、粉碎翻压还田、地面覆盖还田、堆腐还田、其他（需注明），分季、分作物填报。还田年限：近 10 年实施秸秆还田的年数。

（10）少耕与免耕　调查样点所在田块是否实施了少耕和免耕，填报近 5 年实施少耕和免耕的季数之和。

（11）绿肥作物种植　调查和记录样点所在田块是否实施了绿肥种植，按绿肥品种及种植季节填报绿肥类型。常见绿肥品种有豆科绿肥［紫云英、草木樨、苜蓿、苕子、田菁、箭筈豌豆、蚕豆、柱花草、车轴草、紫穗槐、其他（需注明）］、非豆科绿肥［肥田萝卜、油菜、金光菊、二月兰、其他（需注明）］。若种植的苜蓿等作物是用作牧草，则不属于绿肥。按季节分为夏季绿肥、冬季绿肥、多年生绿肥、其他绿肥（需注明）。

（四）园地利用

（1）园地作物类型　属于《土地利用现状分类》（GB/T 21010—2017）中园地类型的，此处填报具体作物类型，如茶树、柑橘树等。针对果园套种农作物包括绿肥作物等情况，需填报农作物类型。

（2）园地林龄　记录作物生长年龄，单位：年。

（3）产量水平　调查样点所在田块近 1 年的全年作物产量，单位：kg/亩。野外需记录茶园、枣园、苹果园等样点作物产量的计产形式，如干毛茶、干果、鲜果。针对园地套种、间种农作物等情况，需填报近 1 年的农作物产量，单位：kg/亩。

（4）施肥管理　调查样点所在田块近 1 年全年施用的肥料种类、实物用量、有效养分含量、有效养分总用量和肥料施用方式。针对果园套种农作物等情况，需填报近 1 年的农作物施肥情况。

化学肥料用量（单质化肥、复合肥、复混肥、有机-无机复混肥中的无机肥部分等）调查填报实物用量（kg/亩）、有效养分含量（％）和有效养分总用量（kg/亩），并折以纯氮（N）、五氧化二磷（P_2O_5）、氧化钾（K_2O）形式填报有效养分总用量（kg/亩），有效养分总用量根据实物用量和有效养分含量计算得出。

商品有机肥（含有机-无机复混肥中的有机肥部分）调查填报实物用量（kg/亩）、有机质含量（％），并折算为有机质用量（kg/亩）。

土杂肥、厩肥填报用量体积（m^3/亩）。

肥料施用方式分为沟施、穴施、撒施、水肥一体化、其他（需注明）。

（5）绿肥种植　调查样点所在田块是否实施了绿肥种植，按绿肥品种和种植季节填报绿肥类型。常见绿肥品种有豆科绿肥［紫云英、草木樨、苜蓿、苕子、田菁、箭筈豌豆、蚕豆、柱花草、车轴草、紫穗槐、其他（需注明）］、非豆科绿肥［肥田萝卜、油菜、金光菊、二月兰、其他（需注明）］。若种植的苜蓿等作物是用作牧草，则不属于绿肥。按季节分为夏季绿肥、冬季绿肥、多年生绿肥、其他绿肥（需注明）。

（五）林草地利用

适用于《土地利用现状分类》（GB/T 21010—2017）中的林地、草地、沼泽地、盐碱地、沙地等与林业、草业生产相关的区域。植被类型和覆盖度等已在本节"三、成土环境"中出现。此处填报如下信息。

（1）林地类型　生态公益林包括防护林、特种用途林；商品林包括用材林、经济林和能源林。针对林地套种、间种农作物等情况，需记录农作物类型。

（2）林地林龄　记录林地乔木生长年龄，单位：年。

（3）林农套作和间作管理　针对林地套种、间种农作物等情况，按照耕地施肥管理和产量水平填报方式，记录近 1 个熟制年度农作物施肥和产量情况。

（4）草地类型　依据《草地分类》（NY/T 2997—2016），草地类型划分为天然草地和人工草地。天然草地包括温性草原类、高寒草原类、温性荒漠类、高寒荒漠类、暖性灌草丛类、热性灌草丛类、低地草甸类、山地草甸类、高寒草甸类。人工草地包括改良草地、栽培草地。

五、景观照片采集

移动终端或数码相机拍摄，拍摄者应在采样点或剖面附近，拍摄东、南、西、北四个方向的景观照片。为保证照片视觉效果，取景框下沿要接近但避开取土坑。

无人机拍摄，一般应距离地面 30～50m，倾斜视角拍摄四个方向的景观照。

景观照片应着重体现样点地形地貌、植被景观、土地利用类型、地表特征、农田设施等特征，要融合远景、近景。例如设施蔬菜地景观照，除拍摄大棚或温室内近景外，还需走出大棚或温室，在样点附近的视野开阔处拍摄近景和远景相结合的信息，并将样点所在位置纳入取景框下半部分的中心处。例如园地样点景观照，除拍摄园地内近景外，还需走出园地，在样点附近的视野开阔处拍摄近景和远景相结合的信息，并将样点所在位置纳入取景框下半部分的中心处。图 3-2 为景观示例。

图 3-2

图 3-2　景观照片示例

第四节　表层土壤调查与采样

一、采样深度

耕地、林地、草地样点采样深度为 0～20cm，园地样点采样深度为 0～40cm。若耕地、林地、草地有效土层厚度不足 20cm 和园地有效土层厚度不足 40cm，采样深度为有效土层厚度。

二、耕作层厚度观测

每个耕地样点至少调查 3 个混样点的耕作层厚度，求平均值后，记录为该样点的耕作层厚度。挖掘到犁底层，测量记录耕作层厚度；没有明显犁底层的，调查询问农户样点所在田块的实际耕作深度，单位：cm。在野外根据土壤紧实度（若采用紧实度仪，可根据压力突变情况判断耕作层厚度）、颜色、结构、孔隙、根系等差异综合判断耕作层厚度。

三、表层土壤混合样品采集

在"电子围栏"内确定采样点后，采用梅花法、棋盘法或蛇形法等多点混合的方法采样。根据田块形状、土壤变化等实际情况，选择上述采样方法中的一种进行采样，并按照下述要求操作。

① 每个样点的混样点数量为 10 个，要求所有混样点须均匀分布于同一个田块或样地。混样点不能过于聚集，一般要求耕地、林地和草地混样点两两间隔在 15m 以上；一般要求园地样点所选择的代表性的树与树之间的间隔在 15m 以上。不能满足 5 个及以上间隔 15m 的混样点的小田块，应在"电子围栏"内选择面积较大的田块，混样点分布应覆盖整个田块且距离田块边缘不低于 2m。

② 所有混样点均应避开施肥点，并去除地表秸秆与砾石等，每个混样点挖掘出 20cm（耕地、林地和草地）或 40cm（园地）深的采样坑后，采集约 2kg 土壤样品。耕地样点应

使用不锈钢锹等工具挖坑采样，以便同时观测耕作层厚度，其他土地利用类型的样点可使用不锈钢锹或不锈钢土钻采样。要求每个混样点不同深度的土壤采集体积占比相同，不同混样点采集的土壤样品重量相等。

③ 将所有混样点采集的土壤样品堆放于聚乙烯塑料布上面，去除明显根系后，充分混匀，然后采取"四分法"去除多余样品，留取以风干重计的样品重量不少于3kg（建议留取鲜样5kg）；对设置为检测平行样的样点，留取以风干重计的样品重量不少于5kg（建议留取鲜样8kg）。使用聚乙烯塑料布（建议准备多个）混样后，需及时将其清理干净，避免下次使用时造成样品间交叉污染。

④ 园地样点，按梅花法、棋盘法或蛇形法等方法选择至少5棵代表性的树（或其他园地作物），每棵树在树冠垂直滴水线内外两侧约35cm处各选择1个混样点（类型1，典型园地）；若幼龄园地滴水线距离树干不足35cm，则在以树干为圆心、半径50cm的圆周线上，选择2个混样点，两个混样点与圆心的连线夹角保持90°（类型2，幼龄型园地）；若园地株距很小、行距较小（如茶园），则完整采集滴水线至树干之间土壤（类型3，密植型园地）；若滴水线半径超过200cm（如橡胶树、板栗树等），则在滴水线处及其与树干连线中间处各选择一个混样点（类型4，大型园地）（图3-3）。所有混样点均应避开施肥沟（穴）、滴灌头湿润区。每个样点的所有混样点样品，混合成一个样品。

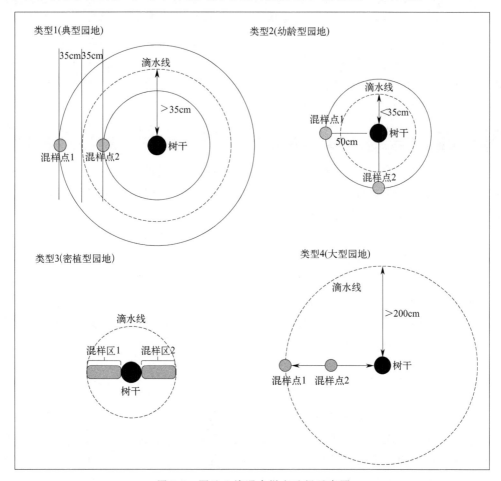

图 3-3 园地土壤混合样点选择示意图

⑤ 对于盐碱土或渍水样品，应先装入塑料自封袋后，再装入布袋，避免交叉污染和土壤霉变等。

⑥ 表层土壤内含砾石的样品，野外需估测并填报表层土壤内所有砾石的体积占表层土壤体积的百分比，即砾石丰度（%），可用目测法、砾石重量和密度计算法、体积排水量法等方法估测砾石丰度。采样时，野外需使用5mm孔径的尼龙筛分离出较大砾石，野外称量并记录较大砾石的重量（g），将过筛后的细土样品（粒径小于2mm）和较小砾石（粒径2～5mm）全部装入样品袋，舍弃较大砾石。待样品流转至样品制备实验室风干后，称量并记录全部细土和较小砾石样品重量（g），按土壤样品制备要求，均匀分出需要过孔径2mm尼龙筛的样品，称量并记录过筛样品重量（g）、过筛后细土重量（g）、过筛后较小砾石重量（g）。其余风干样品不需研磨和过2mm筛，留作土壤样品库样品。针对含砾石的样品，野外在样品过5mm孔径尼龙筛前，不可舍弃细土样品和砾石。采集的小于2mm粒径的细土样品重量，以风干重计需不少于3kg；若设置为检测平行样，以风干重计需不少于5kg。

四、表层土壤容重样品采集

利用不锈钢环刀（统一用100cm³体积的环刀）采集表层土壤容重样品。当表层土壤中砾石体积占比不超过20%时，需使用环刀采集土壤容重样品，估测并填报砾石体积占比（%）；当砾石体积占比超过20%时，不采集土壤容重样品。土壤容重样品采集具体操作如下。

① 针对耕地、草地和林地样点，选择以中心点为中心并包含中心点的3个邻近混样点作为容重采样点，每个混样点采集一个容重样品，每个样点共采集3个容重平行样。针对园地样点，选择包含中心点的邻近的两棵树，在每棵树的两个混样点处各采集一个容重样品，每个园地样点共采集4个容重平行样。采集容重时，移除地表树叶、草根、砾石等，削去地表3cm厚土壤后，使地表平整。

② 将环刀托套在环刀无刃口的一端，环刀刃口朝下，借助环刀托和橡皮锤均衡地将环刀垂直压入地表平整处的土中，在土面接近触及环刀托内顶时，即停止下压环刀。注意切忌下压过度，导致环刀托压实环刀内土壤。

③ 用不锈钢刀等工具把环刀周围土壤轻轻挖去，并在环刀下方将环刀外的土壤与土体切断（切断面略高于环刀刃口）。

④ 取出环刀，刃口朝上，用小号不锈钢刀逐步削去环刀外多余的土壤，直至削平有刃口端土壤面，盖上环刀底盖并翻转环刀，卸下环刀托，用刀逐步削平无刃口端的土壤面。

⑤ 将环刀中的土壤完全取出，装入塑料自封袋中，并做样品编号标记。每个容重样品单独装入一个自封袋中。

五、表层土壤水稳性大团聚体样品采集

表层土壤水稳性大团聚体样品采样点与容重样品采样点一致，采样深度与表层土壤混合样品的采样深度相同。采样时土壤湿度不宜过干或过湿，应在土不粘锹、经接触不变形时采样。采样时避免使土块受挤压，以保持土壤原始的结构状态。剥去土块外面直接与不锈钢锹接触而变形的土壤，均匀地取内部未变形的土壤样品，采样量以风干重计不少于

2kg（建议采集鲜样 3.5kg），将多个混样点采集的原状土壤样品置于不易变形的容器（如硬质塑料盒、广口塑料瓶等）内，合并成一个样品。对于设置为检测平行样的样点，采样量以风干重计不少于 4kg（建议采集鲜样 7kg），平均分装成两份，每份 2kg。

六、表层土壤样品包装

表层土壤混合样品一般可直接装入布袋，含盐量高和渍水样品需先装入塑料自封袋再外套布袋；土壤容重样品可装入塑料自封袋中；土壤水稳性大团聚体样品需装入固定体积的容器中。

统一印制或现场打印样品标签，一式两份，附带样品编码、二维码、采样日期等基本信息。在样品包装内外各粘贴一份样品标签。对于表层土壤混合样品，一份标签可贴在样品袋口的硬质塑料基底上，另一份标签先置入微型塑料自封袋中，再装入样品袋内。对于表层土壤容重样品或表层土壤水稳性大团聚体样品，一份标签直接贴在塑料自封袋或塑料瓶（盒）的外部，另一份标签先置入微型塑料自封袋中，再装入容器内。

七、表层土壤调查与采样照片采集

需要拍摄的照片类型除景观照外，还包括如下类型。

（1）技术领队现场工作照　每个样点 1 张，拍摄技术领队现场工作正面照，照片中含采样工具。

（2）混样点照　每个混样点 1 张，需定位准确后再拍照。若使用不锈钢锹采样，拍摄时，采样坑需挖掘至规定深度，且已摆好刻度尺（木质、塑料质或不锈钢质刻度尺），针对耕地样点，照片应清晰完整，能展示耕作层厚度；若使用不锈钢土钻采样，拍摄时，土钻应入土至规定深度。

（3）土壤混合样品采集照　每个样点 1 张，拍摄充分混匀后的土壤样品状态。

（4）土壤容重样品采集照　每个样点 1 张，首先将不锈钢环刀打到位，且还未从土壤中挖出环刀，此时把环刀托取下，拍摄环刀无刃口端的土壤面状态。

（5）土壤水稳性大团聚体样品采集照　适用于采集该样品的样点。每个样点 1 张，拍摄样品装入容器后的土壤样品状态。

（6）其他照片　外业调查队认为需要拍摄的其他照片。

八、表层土壤样品暂存与流转

土壤样品采集后，应及时流转至样品制备实验室，采集后至流转前的暂存期间，应妥善保存于室内。暂存样品的室内环境应通风良好、整洁、无易挥发性化学物质，并避免阳光直射。装有表层土壤混合样品的布袋应单层摆放整齐，使样品处于通风状态，避免样品堆叠存放，避免土壤霉变、样品间交叉污染及受外界污染等。针对含水量高的土壤样品，外业调查队需先对土样进行风干处理再流转。表层土壤水稳性大团聚体样品在运输和暂存期间，特别需要避免剧烈震动造成的土体机械性破碎并及时流转至样品制备实验室，以保持田间含水量状态，避免原状土壤样品变干、变硬和破碎，导致制样困难和测定异常；若不能及时流转，外业调查队应及时与样品制备实验室对接，外业调查队在样品制备实验室确认样品状态合格后，并在其指导下进行风干处理，然后再流转。

因不同土地利用类型的样品检测指标存在差异，样品流转时，按照耕地和园地表层土壤样品、林地和草地表层土壤样品两大类别，分类组批流转。

土壤样品交接表，详见附录 D。

第五节 剖面土壤调查与采样

剖面土壤调查与采样工作除进行成土环境与土壤利用调查外，还应进行剖面设置和挖掘、土壤发生层划分与命名、土壤剖面形态观察与记载、剖面土壤样品采集等。土壤剖面形态调查信息采集项目清单，见附录 E。外业调查时，需同时完成移动终端 APP 电子版和纸质版调查表信息填报。纸质版调查表填报完成后，提交至省级土壤普查办。

一、剖面设置与挖掘

（一）剖面设置

基于预设样点的外业定位核查结果，确定剖面样点的具体位置。为核实确定图斑内主要土壤类型，在图斑内踏勘时，应至少选择 3 个踏勘点，要求所有踏勘点两两之间的间距原则上不低于 500m；不满足 500m 间距要求的，应在图斑内尽可能增大踏勘点间距。记录每个踏勘点的经纬度坐标，拍摄每个踏勘点东西南北四个方向的景观照片。

（二）剖面挖掘

剖面挖掘应遵循以下原则：一是剖面挖掘地点应在景观部位、土壤类型、土地利用等方面具有代表性；二是剖面的观察面应向着阳光照射的方向，避免阴影遮挡；三是剖面的观察面上部严禁人员走动或堆置物品和土壤，以防止土壤压实或土壤物质发生位移，干扰观测和采样；四是挖出的表土和心底土应分开堆放于剖面坑的左右两侧，观察完成后按土层原次序回填，以保持表层土壤的肥力水平。

（1）平原与盆地区　在平原与盆地等平缓地区，剖面观察面宽度为 1.2m、观察面深度为 1.2～2m（如遇岩石，则挖到岩石面）、观察面长度为 2～4m（一般 2m），见图 3-4。

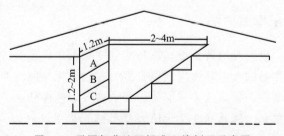

图 3-4　平原与盆地区标准土壤剖面示意图

（2）山地与丘陵区　受地形和林灌植被等影响，在无法选取相对平缓、植被遮挡少的景观部位挖掘剖面时，可选择裸露的断面或坡面作为剖面挖掘的点位，但是为了保证剖面的完整性和样品免受污染，修整剖面时，应向自然断面或坡面内部延伸 30cm 以上，直至裸露出新鲜、原状土壤。

（三）剖面照片采集

标准剖面照片作为土壤单个土体的"身份证件照"，能够直观地反映土壤的发生层及其形态学特征，是认识和理解土壤发生过程和土壤类型的直接证据。因此，标准剖面照片应当清晰、真实、完整地呈现土壤形态学描述特征。

标准剖面照片的具体要求如下：

① 剖面挖掘完成后，观察面左边的 1/3 宽度范围内修整为自然结构面（或称为毛面），用剖面刀自上而下修成自然结构面，避免留下刀痕；观察面右边的 2/3 宽度范围内保留为光滑面。自然结构面可直观反映土壤结构、质地、斑纹特征，以及根系丰度、砾石含量、孔隙状况、土壤动物痕迹等；光滑面则可更加清晰地反映土壤边界过渡特征、颜色差异、结核等特征。

② 自上而下垂直放置和固定好帆布标尺，标尺起始刻度要与观察面上沿齐平。

③ 剖面照片须用专业数码相机拍摄，避免出现颜色失真。

④ 剖面摄影时，摄影者可趴在地面进行拍摄，尽可能保持镜头与观察面垂直。

⑤ 晴天拍摄时注意遮住观察面的阳光，避免曝光过度和出现部分阴影。

⑥ 标准剖面照片须拍摄两种类型：一种是剖面上方不放置纸盒（指纸盒土壤标本用的纸盒），另一种是剖面上方放置带样点编号的纸盒。放置纸盒时以剖面或剖面尺为中心，纸盒底部外侧用黑色记号笔清晰标记剖面样点编号。样点编号字体工整、大小适中，拍照时清晰可见。剖面整修完毕后，剖面照片拍摄前，切勿利用刀具等刻画剖面，避免出现刻画的层次界限、发生层次代号等情况。剖面照片拍摄时，观察面除剖面尺外，避免悬挂发生层符号等无关物品。

图 3-5 为剖面照片示例，图 3-6 为新生体照片示例。

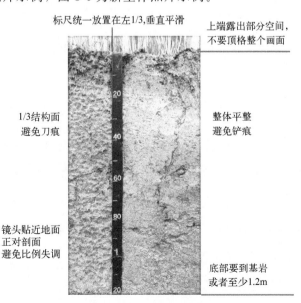

图 3-5　剖面照片示例

图 3-6 新生体照片示例

二、土壤发生层划分与命名

剖面挖掘与拍照完毕后，即可对土壤发生层进行划分与命名。

（一）发生层划分

根据剖面形态特征差异，结合对土壤发生过程的理解，划分出各个土壤发生层。剖面形态特征观察主要从目视特征和触觉特征两个角度进行。

（1）目视特征 观察肉眼可见的土壤形态学差异，包括颜色、根系、砾石、斑纹-胶膜-结核等新生体、土壤结构体的类型和大小、砖瓦陶瓷等人造物侵入体、石灰反应强弱、亚铁反应强弱等的差异。

（2）触觉特征 通过手触可感受到的土壤质地、土体和土壤结构体坚硬度或松紧度、土壤干湿情况等的差异。

（二）发生层命名

根据剖面样点的土壤发生层特点，依据基本发生层类型及其附加特性，命名并记录土壤发生层名称与符号。首先确定剖面的基本发生层，符号以英文大写字母表示，如表 3-17 所示。然后确定不同发生层的附加特性，符号以英文小写字母表示，如表 3-18 所示。

表 3-17 基本发生层及其描述

编码	描述
O	有机层（包括枯枝落叶层、草根密集盘结层和泥炭层）
A	腐殖质表层或受耕作影响的表层
E	漂白层

编码	描述
B	物质淀积层或聚积层，或风化 B 层
C	母质层
R	基岩
K	矿质土壤 A 层之上的矿质结壳层（如盐结壳、铁结壳等）

表 3-18 发生层特性描述

符号	描述
a	高分解有机物质，如 Oa 高腐有机物质
b	埋藏层，如 Apb 埋藏耕作层
c	结皮，如 Ac 孔泡结皮层
d	冻融特征，如 Ad 片状层
e	半分解有机物质，如 Oe 半腐有机物质
f	永冻层，如 Cf 永冻层
g	潜育特征，如 Bg 潜育层
h	腐殖质聚积，如 Ah 腐殖质表层，包括暗沃、暗瘠和淡薄表层
i	低分解和未分解有机物质，如 Oi 枯枝落叶层
j	黄钾铁矾
k	碳酸盐聚积，如 Bk 钙积层
l	网纹，如 Bl 网纹层
m	强胶结，如 Btm 黏磐、Bkm 钙磐、Bym 石膏磐
n	钠聚积，如 Bn 碱积层
o	根系盘结，如 Oo 草毡表层
p	耕作影响，如 Ap 表示耕作层，水田和旱地均可用 Ap1 和 Ap2 表示，Ap1 表示耕作层，Ap2 分别表示水田的犁底层和旱地受耕作影响的层次
q	次生硅聚积，如 Bq 硅粉淀积层
r	氧化还原，如 Br 氧化还原层或水耕氧化还原层
s	铁锰聚积，自型土中的铁锰淀积和风化残积
t	黏粒聚积，只用 t 时，一般专指黏粒淀积；次生黏粒就地聚积者以 Btx 表示，黏磐以 Btm 表示
u	人为堆积、灌淤等影响，如 Aup 灌淤表层或堆垫表层
v	变性特征，如 Bv 带有变性特征的雏形层
w	就地风化形成的显色、有结构发育的土层，如 Bw 雏形层
x	固态坚硬的胶结，未形成磐，如 Bx 紧实层，Btx 次生黏化层；与 m 不同在于 m 因强胶结，结构体本身不易用手掰开，而 x 则为弱胶结，结构体本身易掰开
y	石膏聚积，如 By 石膏层
z	可溶盐聚积，如 Az 盐积表层
φ	磷聚积，如 Bφ 磷积层、Bφm 磷质硬磐

注：在需要用多个小写字母作后缀时，t、u 要在其他小写字母之前，如具黏淀特征的碱化层为 Btn；灌淤耕作层为 Aup、灌淤耕作淀积层为 Bup、灌淤斑纹层为 Bur；v 放在其他小写字母后面，如砂姜钙积潮湿变性土的 B 层为 Bkv。

（1）基本发生层类型　大写字母对应的是土壤基本发生层，代表了土壤主要的物质淋溶、淀积和散失过程。

（2）发生层特性　指土壤发生层所具有的发生学上的特性。英文小写字母（除磷聚积用希腊字母 φ 外）并列置于基本发生层大写字母之后（不是下标），用以表示发生层的特性。野外描述土壤发生层名称时，需要使用发生层符号和对应的中文名称。例如，Ah 为自然土壤腐殖质层、Ap1 为耕作层、Bt 为黏化层、Br 为水耕氧化还原层（潴育层）、Br 为水耕氧化还原层（渗育层）、Br 为水耕氧化还原层（脱潜层）。

（3）发生层或发生特性的续分和细分　基本发生层或特性发生层可按其发生程度差异进一步细分为若干亚层。均以大写字母与阿拉伯数字并列表示，例如 C1、C2、Bt1、Bt2、Bt3。特性发生层的细分：

① 例如将 Ap 层（受耕作影响的表层）分为 Ap1 层（耕作层）和 Ap2 层（犁底层）。耕作层是指长期受耕作影响而形成的土壤表层。耕作层厚度一般为 10～20cm，部分深耕之后，可达到 25～30cm，与下伏土层区分明显。养分含量比较丰富，土壤为粒状、团粒状或碎块状结构。耕作层由于经常受农事活动干扰和外界自然因素影响，其水分物理性质和速效养分含量的季节性变化较大。处于经常耕作深度之内的各种不同土层都能形成耕作层，标记为 Ap1。犁底层，通常称作"耕作表下层或耕作亚层"，是指位于耕作表层之下，长期受耕犁挤压和黏粒随灌水沉积形成的较为紧实的土层。常见于水田土壤，部分旱作土壤也有出现，厚度一般为 3～10cm，标记为 Ap2。

② 异元母质土层：以阿拉伯数字置于发生层符号前表示，例如在二元母质土壤剖面（A-E-Bt1-Bt2-2C-2R）的发生层序列中，A-E-Bt1-Bt2 和 2C-2R 不是同源母质。

③ 过渡层：用代表上下两发生层的大写字母连写，将表示具有主要特征的土层字母放在前面，例如，AB 层；具舌状、指状土层界线的两发生层，用斜线分隔号（/）置于其间，前面的大写字母代表该发生层的部分在整个过渡层中占优势，例如，E/B 层、B/E 层。

（4）发生层类型与附加特性常见组合　在上述发生层描述和命名规则的基础上，编制了"土壤主要发生层命名与符号标准"供野外描述使用，见附录 F。

三、土壤剖面形态观察与记载

外业调查应记录每个土壤发生层的形态学特征，包括发生层深度、边界、颜色、根系、质地、结构、砾石、结持性、新生体、侵入体、土壤动物、石灰反应、亚铁反应等指标。

（一）发生层性状

（1）深度　记录每个发生层的上界和下界深度，如 0～15cm、15～32cm。位于矿质土壤 A 层之上的 O 层和 K 层，由 A 层向上记载其深度，并前置"＋"，例如 Oi＋4～0cm，Oe＋2～0cm，Kz＋1～0cm。

（2）边界　描述相邻发生层之间的过渡状况（表 3-19），记录其过渡形状（图 3-7）和明显度两个指标。

表 3-19　发生层层次过渡描述

过渡形状		
编码	描述	说明
S	平滑	指过渡层呈水平或近于水平
W	波状	指土层间过渡形成凹陷，其深度＜宽度
I	不规则	指土层间过渡形成凹陷，其深度＞宽度
B	间断	指土层间过渡出现中断现象

明显密码度					
编码	描述	交错区厚度/cm	编码	描述	交错区厚度/cm
A	突变	＜2	G	渐变	5～12
C	清晰	2～5	F	模糊	≥12

注：不规则过渡土层的厚度或深度应按实际变幅描述，如 10/12～16/30cm。

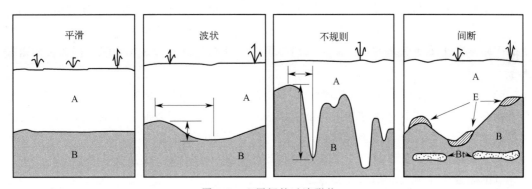

图 3-7　土层间的过渡形状

（3）颜色　土壤颜色使用芒塞尔（Munsell）体系表征，野外统一获取润态土壤颜色，可使用喷水壶调节土壤湿度。如果野外不具备比色条件，回到室内，利用采集的纸盒土壤标本，需先比干态颜色，再滴水比润态颜色，并及时补充上报颜色数据。若同一土层两种物质相互混杂，有两种以上土壤底色时，对不同底色分别加以描述，并描述不同颜色面积占比。土壤颜色信息获取，统一使用《中国标准土壤色卡》、日本新版《标准土色贴》或美国 *Munsell Soil Color Book* 最新版，颜色名称须规范化翻译。格式：浊黄棕色（10YR 4/3，干），暗棕色（10YR3/3，润）。

（4）根系　记录土体中植物根系的形态特征，包括丰度、粗细以及根系性质（表 3-20）。其中，丰度分为 5 级，分别为无、很少、少、中、多，单位为条/dm²；粗细按直径（mm）分为极细、细、中、粗、很粗；根系性质可分为活的、已腐烂的木本植物根系或已腐烂的草本植物根系。

（5）质地　根据简易质地类型，在野外快速判断土壤质地。其中，砂土为松散的单粒状颗粒，能够见到或感觉到单个砂粒。干时若抓在手中，稍一松开后即散落，润时可呈一团，但一碰即散。砂壤土干时手握成团，但极易散落，润时握成团后，用手小心拿起不会散开。

表 3-20　根系丰度和粗细描述

丰度/(条/dm²)				粗细		
编码	描述	极细和细根	中、粗和很粗根	编码	描述	直径/mm
N	无	0	0	VF	极细	<0.5
V	很少	<20	<2	F	细	0.5~2
F	少	20~50	2~5	M	中	2~5
C	中	50~200	≥5	C	粗	5~10
M	多	≥200		VC	很粗	≥10

　　壤土松软并有砂粒感，平滑稍黏着。干时手握成团，用手小心拿起不会散开；润时握成团后，一般性触动不至于散开。粉壤土干时成块，但易弄碎，粉碎后松软，有粉质感。润时成团，为塑性胶泥。干润时所呈团块可随便拿起而不散开。湿时以拇指与食指搓捻不成条，呈断裂状。黏壤土破碎后呈块状，土块干时坚硬。湿土可用拇指和食指搓捻成条，但往往经受不住它本身重量。润时可塑，手握成团，手拿起时更加不易散裂，反而变成坚实的土团。黏土干时为坚硬的土块，润时极可塑，通常有黏着性，手指间可搓成长的可塑土条。

　　（6）结构　指土壤颗粒（包括团聚体）的排列与组合形式（表 3-21、表 3-22、图 3-8）。野外调查中，主要记载土壤结构的类型、大小和发育程度。观察时应注意 4 点：①最好在土壤含水量润态条件下观察土壤结构，可以用喷壶适量喷水；②有两种或两种以上结构体时，应分别记载；③观察时，应注意胶结物质的类型（腐殖质、碳酸盐、铁铝氧化物等）；④注意剖面发生层上下的结构差异。

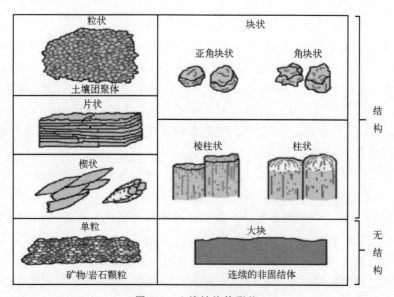

图 3-8　土壤结构体形状

表 3-21 土壤结构形状描述

编码	形状	描述	编码	形状	描述
A	片状	表面平滑	I	团粒状	浑圆多孔
B	鳞片状	表面弯曲	J	屑粒状	多种细小颗粒混杂体
C	棱柱状	边角明显无圆头	K	楔状	类似锥形木楔形状
D	柱状	边角较明显有圆头	L	单粒	无结构单元,颗粒间无黏结性
E	角块状	边角明显,多面体状	M	整块状	无结构单元,连续的非固结体
F	团块状	边角浑圆	N	糊泥状	无结构单元,出现于潜育层中
H	(核)粒状	浑圆少孔			

表 3-22 土壤结构描述

形状大小(指结构单元最小维度的尺度)					
编码	描述	厚度/mm	编码	描述	直径/mm
①片状、鳞片状			④粒状、团粒状、屑粒状		
VF	很薄	<1	VF	很小	<1
FI	薄	1~2	FI	小	1~2
ME	中	2~5	ME	中	2~5
CO	厚	5~10	CO	大	5~10
VC	很厚	≥10	VC	很大	≥10
②柱状、棱柱状、楔状			⑤整块状		
VF	很小	<10	FS		细沉积层理
FI	小	10~20	FMA		风化矿物结晶
ME	中	20~50	发育程度		
CO	大	50~100	编码		描述
VC	很大	≥100	VW		很弱(保留大部分母质特性)
③角块状、团块状、核状			WE		弱(保留部分母质特性)
VF	很小	<5	MO		中(保留少量母质特性)
FI	小	5~10	ST		强(基本没有母质特性)
ME	中	10~20	VS		很强(没有母质特性)
CO	大	20~50			
VC	很大	≥50			

（7）土体内砾石　指土体中能够从土壤分离出的,大于 2mm 的岩石和矿物碎屑（表 3-23）。主要记载砾石的丰度（指每个发生层内所有砾石的体积占相应发生层体积的百分比,可用目测法、砾石重量与密度计算法、体积排水量法等方法估测,单位:%）、重量（指野外利用 5mm 孔径尼龙筛分离的直径大于 5mm 的砾石重量,单位:g）、大小、形状、风化状态等。填报土体内砾石丰度时,用实际估测的砾石体积百分比（%）数值表示,不超过 5% 时,可填 0%、2%、5%；超过 5% 时,以 5% 为等级间隔填报具体数字。

表 3-23　土体内砾石（岩石和矿物碎屑）描述

项目	编码	描述	直径/mm	与地表砾石相当等级
大小	A	很小	＜5	细砾
	B	小	5～20	中砾
	C	中	20～75	粗砾
	D	大	75～250	石块
	E	很大	≥250	巨砾

项目	编码	描述	编码	描述
形状	P	棱角状	SR	次圆状
	SP	次棱角状	R	圆状

项目	编码	描述	说明
风化程度	F	微风化（包括新鲜）	没有或仅有极少的风化特征
	W	中等风化	砾石表面颜色明显变化，原晶体已遭破坏，但部分仍保持新鲜状态，基本保持原岩石强度
	S	强风化	几乎所有抗风化矿物均已改变原有颜色，施加一般压力即可把砾石弄碎
	T	全风化	所有抗风化矿物均已改变原有颜色

（8）结持性　记录土壤结构体在手中挤压时破碎的难易程度。结持性受土壤含水量影响而变化，野外可喷水调节湿度，观察润态条件下的结持性。松散为土壤物质间无黏着性，两指相互挤压后无土壤物质附着在手上。极疏松为在大拇指与食指间施加极轻微压力下即可破碎。疏松为土壤物质有一定的抗压性，在拇指与食指间较易压碎。稍坚实-坚实为土壤物质抗压性中等，在拇指和食指间难压碎，但以全手挤压时可以破碎。很坚实为土壤物质的抗压性极强，只有全手使劲挤压才可破碎。极坚实为在手中无法压碎。

（9）新生体　从成分上包括易溶性盐类、石膏、碳酸钙、二氧化硅、铁锰氧化物、腐殖质等。从形态上分为斑纹、胶膜、粉状结晶、结核、磐层胶结等。斑纹是与土壤基色不同的线状物或斑块状物，一般是由氧化（干态）还原（湿态）交替形成。图 3-9 为铁（锰）斑纹，斑纹定量描述见表 3-24。胶膜指土壤孔隙壁、土壤结构体或矿质颗粒表面，由于土壤某种成分的凝聚或细土物质就地改变排列所形成的膜状物，颜色可因组成成分不同而有棕、黄、灰等颜色（表 3-25、图 3-10）。矿质瘤状结核是在土壤发生过程中形成的

图 3-9　新生体——铁（锰）斑纹（特写照片需配微型标尺作为参照）

粉状、瘤状、管状物等，主要由无机物质的次生晶体、微晶体、无定形结核构成（包括易溶盐、碳酸钙等形成的粉状物质），描述其丰度、种类、大小、形状、硬度、组成物质等项目（图 3-11、表 3-26）。磐层胶结是坚硬的层次，组成磐层的物质湿时具有强烈结持性，在水中 1 小时不分散（表 3-27）。

表 3-24 斑纹定量描述

丰度			组成物质	
编码	描述	面积占比/%	编码	描述
N	无	0	D	铁氧化物
V	很少	<2	E	锰氧化物
F	少	2~5	F	铁锰氧化物
C	中	5~15	B	高岭石
M	多	15~40	C	二氧化硅
A	很多	≥40	OT	其他(需注明)
大小			位置	
编码	描述	直径/mm	编码	描述
V	很小	<2	A	结构体表面
F	小	2~6	B	结构体内
M	中	6~20	C	孔隙周围
C	大	≥20	D	根系周围

表 3-25 胶膜描述

丰度			组成物质	
编码	描述	面积占比/%	编码	描述
N	无	0	C	黏粒
V	很少	<2	CS	黏粒-铁锰氧化物
F	少	2~5	H	腐殖质(有机质)
C	中	5~15	CH	黏粒-腐殖质
M	多	15~40	FM	铁锰氧化物
A	很多	40~80	SIL	粉砂
D	极多	≥80	OT	其他(需注明)
位置			与土壤基质对比度	
编码	描述		编码	描述
P	结构面		F	模糊
PV	垂直结构面		D	明显
PH	水平结构面		P	显著
CF	粗碎块			
LA	薄片层			
VO	孔隙			
NS	无一定位置			

注：对比度说明如下介绍。

模糊：只有用 10 倍的放大镜才能在近处的少数部位看到，与周围物质差异；很小明显：不用放大镜即可看到，与相邻物质在颜色、质地和其他性质上有明显差异；

显著：胶膜与结构体内部颜色有十分明显的差异。

图 3-10　新生体——黏粒胶膜（左）、铁锰胶膜（中、右）

图 3-11　新生体——铁锰结核（左）、砂姜（碳酸钙结核，中）、铁管（右）

表 3-26　矿质瘤状结核描述

丰度			形状	
编码	描述	体积占比/%	编码	描述
N	无	0	R	球形
V	很少	<2	E	管状
F	少	2~5	F	扁平
C	中	5~15	I	不规则
M	多	15~40	A	角块
A	很多	40~80	P	粉状
D	极多	≥80		
种类			硬度	
编码	描述		编码	描述
T	晶体		H	用小刀难以破开
C	结核		S	用小刀易于破开
S	软质分凝物		B	硬软兼有
B	假菌丝体		P	软
L	石灰膜			
N	瘤状物			
R	残留岩屑			

续表

大小			组成物质	
编码	描述	直径/mm	编码	描述
V	很小	<2	CA	碳酸钙(镁)
F	小	2～6	Q	二氧化硅
M	中	6～20	FM	铁锰氧化物
C	大	≥20	GY	石膏

表 3-27　磐层胶结与紧实状况描述

项目	编码	描述	项目	编码	描述
胶结程度	N	无	胶结物质	K	碳酸盐
	Y	紧实但非胶结		Q	二氧化硅
	W	弱胶结		KQ	碳酸盐-二氧化硅
	M	中胶结		F	铁氧化物
	C	强胶结		FM	铁锰氧化物
成因	NA	自然形成		FO	铁锰氧化物-有机质
	MM	机械压实		GY	石膏
	AP	耕犁		C	黏粒
	OT	其他(需注明)		CS	黏粒-铁锰氧化物

（10）滑擦面　指砂姜黑土（变性土）由于2:1胀缩型黏粒矿物含量高，表下层土壤受挤压相对移动过程中由黏粒致密排列而形成的磨光面（不是黏粒胶膜）（表 3-28、图 3-12）。

表 3-28　滑擦面描述

编码	描述	面积占比/%	编码	描述	面积占比/%
N	无	0	M	多	15～50
V	少	<5	A	很多	≥50
C	中	5～15			

图 3-12　滑擦面示例

（11）**侵入体** 一般描述和记录侵入体类型和丰度（表3-29）。

表3-29 土壤侵入体描述

组成物质				丰度		
编码	类型	编码	类型	编码	描述	体积占比/%
CH	草木炭	BF	贝壳	N	无	0
CF	陶瓷碎片	CC	煤渣	V	很少	<2
ID	工业粉尘	WL	废弃液	F	少	2～5
PS	砖、瓦、水泥、钢筋等建筑物碎屑	OT	其他（需注明）	C	中	5～15
				M	多	≥15

（12）**土壤动物** 在描述中，除了描述和记录土壤动物的类型和丰度，同时更要注重观察和描述土壤动物活动对土壤性状、土壤利用的影响，如动物孔穴、蚯蚓粪等数量对根系、适耕性产生的影响（表3-30）。

表3-30 土壤动物描述

种类		丰度		
编码	类型	编码	描述	动物个数
EW	蚯蚓	N	无	0
AT	蚂蚁/白蚁	F	少	<2
FM	田鼠	C	中	3～10
BT	甲虫	M	多	≥10
OT	其他（需注明）			

注：如观察到动物粪便，其丰度描述由观察者决定，编码和描述同动物个数。

（13）**野外速测特征** 石灰反应（盐酸泡沫反应）用于测定石灰性土壤中的碳酸盐含量，用10％稀盐酸滴定。亚铁反应适用于可能具有潜育化过程或特征的土壤类型，野外鉴定还原性土壤中的 Fe^{2+}，加入邻菲咯啉试剂，形成橘红色配合物。土壤碱化反应判别碱化土壤，用酚酞指示剂测定。土壤酸碱反应可利用混合指示剂比色法速测土壤酸碱度（表3-31）。

表3-31 土壤简易化学反应描述

石灰反应			土壤碱化反应		
编码	描述	等级	编码	描述	等级
N	无气泡	无(/)	N	无色	无(/)
SL	有微小气泡，但听不到声音	轻度石灰性（+）	SL	淡红	轻度碱化（+）
MO	有明显气泡，有微弱声音	中度石灰性（++）	MO	红	中度碱化（++）
ST	气泡发生激烈，并能听到声音	强石灰性（+++）	ST	紫红	强度碱化（+++）
EX	气泡发生剧烈，并能听到明显声音	极强石灰性（++++）			

亚铁反应			土壤酸碱反应		
编码	描述	等级	编码	描述	等级
N	无色	无(/)	AC	pH<6.5	酸性
SL	微红或微蓝	轻度(＋)	NE	pH 6.5~7.5	中性
MO	红或蓝	中度(＋＋)	AL	pH>7.5	碱性
ST	深红或深蓝	强度(＋＋＋)			

（二）土体性状

① 有效土层厚度，观察并记录有效土层厚度，单位：cm。

② 土体厚度，观察并记录土体厚度，单位：cm。土体厚度超过120cm时，记录到剖面挖掘的120cm深度，或者记录野外实际观测深度。

（三）地下水出现的深度

挖掘剖面时，观察并记录地下水出现的深度，单位：cm。挖掘剖面时，若观察到地下水出现，地下水深度描述为地下水实际出现时的深度，如60cm；若未观察到地下水出现，地下水深度描述为大于剖面挖掘的深度，如大于150cm。

（四）土壤类型野外判断

本次土壤普查采用中国土壤地理发生分类和中国土壤系统分类两套分类体系并行的方式，外业调查时需判定剖面样点土壤类型。

中国土壤地理发生分类依据《第三次全国土壤普查暂行土壤分类系统（试行）》，鉴定到土种级别（森林土壤可根据实际调查情况，到土属级别）。

中国土壤系统分类依据《中国土壤系统分类检索（第三版）》，检索到亚类级别。

（五）土壤剖面野外评述

对土壤剖面形态学特征、成土环境等观察与描述后，应对所观察的剖面进行综合评述，主要内容分为针对土壤剖面形态的发生学解释与土壤生产性能评述等。

① 土壤剖面形态的发生学解释，也就是针对土壤剖面的形态学特征，分析其与成土环境条件、形成过程之间的关系。例如，剖面中出现铁锈斑纹新生体，说明剖面中具有（或曾经有）水分上下运动的过程，从而出现了氧化还原交替。对于某些野外难以理解的特征，应标注现象、特征与疑问，以便在室内进一步分析时再做判定，并可以通过在线平台进行专家远程咨询。

② 土壤生产性能评述包括记录和评价土壤适耕性、障碍因素与障碍层次、土壤生产力水平及土宜情况，提出土壤利用、改良、修复等建议。

四、剖面土壤样品采集

（一）土壤发生层样品采集

按照剖面发生层顺序，自下而上取样。

每个发生层内部，在水平方向上均匀布设几个采样条带，在垂直方向上每个采样条带需全层采样。

使用竹木质、塑料质、不锈钢质等工具采集土壤样品。剔除明显可见的根系等。

每个发生层采集以风干重计的土壤样品不少于 3kg（建议采集鲜样 5kg）；设为检测平行样的样点，每个发生层采集以风干重计的土壤样品不少于 5kg（建议采集鲜样 8kg）。针对含砾石的剖面土壤采样时，野外需使用 5mm 孔径的尼龙筛分离较大砾石，野外称量并记录较大砾石的重量（g），将过筛后的细土样品（粒径小于 2mm）和较小砾石（粒径 2～5mm）全部装入样品袋，舍弃较大砾石。待样品流转至样品制备实验室风干后，称重并记录全部细土和较小砾石样品重量（g），按土壤样品制备要求，均匀分出需要过孔径 2mm 尼龙筛的样品，称量并记录过筛样品重量（g）、过筛后细土重量（g）、过筛后较小砾石重量（g）。其余风干样品不需研磨和过 2mm 筛，留作土壤样品库样品。

针对含砾石的剖面土壤样品，野外在样品过 5mm 孔径尼龙筛之前，不可舍弃细土样品和砾石。采集的小于 2mm 粒径的细土样品重量以风干重计需不少于 3kg；若设置为检测平行样，以风干重计需不少于 5kg。

当土壤发生层中砾石体积占比超过 75％时，不采集土壤样品。

（二）土壤发生层容重样品采集

用不锈钢环刀（统一用 100cm^3 体积的环刀）采集剖面土壤容重样品。具体操作如下。

① 每个发生层均采集 3 个容重平行样品。

② 每个发生层的 3 个容重平行样的采样位置在该发生层内垂直方向上均匀分布。若发生层较薄，需在发生层内水平方向上均匀分布。

③ 针对 A 层，可垂直于观察面横向打入环刀，也可垂直于地表纵向打入环刀；针对 A 层之下的其他层次，垂直于观察面横向打入环刀。

④ 针对含砾石的土壤，当土体内砾石丰度不超过 20％时，需采集容重样品；当土体内砾石丰度超过 20％时，不采集容重样品。

⑤ 采集过程中，不可压实环刀内的土壤样品，也不可松动环刀内的土壤样品。削平环刀两端的土壤面后，要求环刀内的土壤样品处于原始结构状态，并充满整个环刀。

⑥ 把容重样品从环刀中取出，装入塑料自封袋。每个容重样品，均单独标记入袋。

（三）土壤水稳性大团聚体样品采集

采集耕地和园地样点土壤剖面 A 层（第一个发生层）的土壤水稳性大团聚体样品，以风干重计的采样量不少于 2kg（建议采集鲜样 3.5kg）；设为检测平行样的样点，以风干重计的采样量不少于 4kg（建议采集鲜样 7kg），平均分装成两份，每份 2kg。采集的原状土壤水稳性大团聚体样品需置于不易变形的容器（硬质塑料盒、广口塑料瓶等）内保存和运输。林地和草地剖面样点不采集土壤水稳性大团聚体样品。

（四）纸盒土壤标本采集

剖面样点中属于国家整段土壤标本采集点的，采集纸盒土壤标本一式四份（其中，国家 3 份、省级 1 份），其他剖面样点采集纸盒土壤标本 1 份。

（1）位置选择　按发生层分别选择代表该层特征的部位。若某层具有明显不均质的形态特征时，则需同时选择该层具有不同形态特征的部位。若某发生层较厚时，可在该层垂直向上，按性状分异取至少2个部位，占用2个纸盒格子。若出现基岩，应采集岩石样本放入纸盒最后一格。

（2）标本采集　在选定的部位上按格子大小划出轮廓，削去周围土壤，挖出土块。用小刀切去大于盒中格子体积的土壤，剪除露出的根系，放入盒中的格子内，土块应尽量填满盒中的格子，剥离出自然结构面，并与盒中格子的边沿基本齐平。

纸盒内土块上下方向应与剖面保持一致，土块的展示面与剖面观察面一致。

在盒中格子的侧面注明相应的土壤发生层的层次上下界深度，盒盖上应清晰工整填写样点编号、地点、经纬度、土壤发生分类和系统分类名称、海拔、地形、母质、植被、土层符号、土层深度、采集人及单位、采集日期等信息；纸盒底部外侧利用黑色记号笔清晰工整地标记样点编号。

（五）整段土壤标本采集

挖土壤剖面，用锹、锨、镐、铲等工具在确定的位置挖土坑，为便于实地操作，所挖的土坑尺度应比标准剖面稍大。

修整剖面，先用平头铲将剖面表面略微修平，再用木条尺在表面反复摩擦。有尺痕处即为凸面，应用油灰刀铲去，如此反复，直至剖面表面修平。

修切土柱，用剖面刀在剖面上划出土柱尺寸，用刀切去线外多余土壤，整修出与木盒内部尺寸相同的长方形土柱。在铲挖土柱2个侧面时，要用木条尺反复摩擦，多次修正，直至侧面光滑平整。

框套土柱，将土柱底部挖空，将木框架套入，用大剖面刀削平土柱，盖上后盖并用螺钉固定，同时用一棍杖等物品顶住木盒，使勿倾倒。

分离土柱，自上而下小心在木盒两侧将土柱切出，可以用手锯将土柱从背面锯断。遇到植物根系可用修枝剪去除。当上部的部分土柱与坑壁分离后，即用约10cm宽的布带绕捆木盒和土柱，以防土柱倒塌。当绕捆至土柱大半时，插入铲子或撬棒等，将土柱向后倾倒，抬出土坑，平放地面。

封装与运输，解开布带，去除表面多余土壤。铺上塑料薄膜并将面板盖上，用螺钉固定。在木盒上写明样点编号后，用大块泡沫"布"等包裹木盒。外面用宽布带捆牢，即可运输至室内制作。

注意上述方法在采集多砾石、疏松或湿土时需要小心谨慎操作。

剖面样点中属于国家整段土壤标本采集任务点位的，应同时采集国家整段土壤标本，一式三份。

（六）剖面样点地下水与灌溉水样品采集

盐碱地普查和盐碱土调查区，需要采集剖面样点的浅层地下水及地表灌溉水样品。地下水和灌溉水样品各采集1L，盛装于塑料瓶中。一般应采集清澈的水样。取样前，应先用采集的水样荡洗塑料瓶。取样后，立即将塑料瓶盖紧、密封，写明样点编号、取样日期和时间、水样类型。水样运输过程需低温（4℃）保存。确保采样、保存、运输等过程中，水样不被污染。

（七）剖面土壤样品包装

剖面土壤样品一般可直接装入布袋，含盐量高和渍水样品需先装入塑料自封袋再外套布袋；土壤容重样品可装入塑料自封袋中；土壤水稳性大团聚体样品需装入固定体积的容器中。统一印制或现场打印样品标签，一式两份，附带样品编码、二维码、采样日期等基本信息。样品包装内外各一份样品标签。对于剖面土壤发生层样品，一份标签可贴在样品袋口的硬质塑料基底上，另一份标签先置入微型塑料自封袋中，再装入样品袋内。对于剖面土壤容重样品或剖面土壤水稳性大团聚体样品，一份标签直接贴在塑料自封袋或塑料瓶（盒）的外部，另一份标签先置入微型塑料自封袋中，再装入容器内。

纸盒土壤标本盖上盒盖后，用橡皮筋捆绑，以防盒子松散、标本混撒。纸盒土壤标本正面朝上，单独妥善存放于纸箱或塑料箱等容器内，避免运输过程中造成标本损坏。

剖面土壤标本使用长方体木盒封装。

（八）剖面土壤调查与采样照片采集

需要拍摄的照片类型除景观照和剖面照外，还包括如下类型。

① 技术领队现场工作照。每个样点 1 张，拍摄技术领队现场工作正面照，照片中含采样工具。

② 剖面坑场景照。每个样点 1 张，照片应清晰完整展示挖掘完毕的整个剖面坑、修整好的观察面，以及挖出的堆放在剖面坑两侧的土。

③ 土壤容重样品采集照。每个样点 1 张，首先将不锈钢环刀打到位，若还未从土壤中挖出环刀，此时把环刀托取下，拍摄环刀无刃口端的土壤面状态。

④ 土壤水稳性大团聚体样品采集照。每个样点 1 张，拍摄样品装入容器后的土壤样品状态。

⑤ 纸盒土壤标本采集照。每个样点 1 张，野外利用数码相机拍摄纸盒土壤标本采集后的照片。拍照时，取下纸盒顶盖，展示出土壤标本，并将顶盖与底盒并排摆放整齐，纸盒顶盖完整标记样点编号、采样深度等全部信息，将数码相机镜头垂直纸盒土壤标本进行拍摄。

⑥ 整段土壤标本采集照。适用于国家整段土壤标本采集的样点，每个样点 1 张，野外利用数码相机拍摄整段土壤标本采集后、未安装上盖的照片。照片内容应包含整段土壤标本的全貌、样点编号等信息。

⑦ 剖面形态特征特写照。适用于有明显的新生体、结构体、侵入体或土壤动物活动痕迹等的剖面样点，每个样点 1 张，野外利用数码相机拍摄，且应摆放微型标尺。

⑧ 剖面点所在景观位置断面图照片。手绘出剖面点所在景观位置断面图，拍照或扫描上传土壤普查平台。断面图应反映剖面点所在位置的景观特征（地形、土地利用、母质等）、断面方位、水平距离、剖面点位置、剖面编号等信息（图 3-13、图 3-14）。

⑨ 其他照片。外业调查队认为需要拍摄的其他照片。

（九）剖面土壤样品暂存与流转

土壤样品采集后应及时流转至样品制备实验室，采集后至流转前的暂存期间，应妥善保存于室内。暂存样品的室内环境应通风良好、整洁、无易挥发性化学物质，并避免阳光直射。装有土壤发生层样品的布袋应单层摆放整齐，使样品处于通风状态，避免样品堆叠

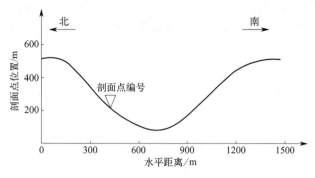

图 3-13　丘陵区断面图示例

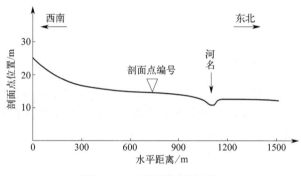

图 3-14　平原区断面图示例

存放，避免土壤霉变、样品间交叉污染及受外界污染等。针对含水量高的土壤发生层样品，外业调查队需先对样品进行风干处理再流转。土壤水稳性大团聚体样品在运输和暂存期间，特别需要避免剧烈震动造成土体机械性破碎，特别需要及时流转至样品制备实验室，以保持田间含水量状态，避免原状土壤样品变干、变硬和破碎，导致制样困难和测定异常；若不能及时流转，外业调查队应及时与样品制备实验室对接，外业调查队在样品制备实验室确认样品状态合格后，在其指导下进行风干处理，再流转。

外业调查队采集纸盒土壤标本后，于室内打开盒盖进行风干。避免纸盒土壤标本霉变、不同发生层样品间交叉污染、不同纸盒标本间交叉污染及外界环境污染等。若外业调查时未进行润态土壤颜色比色，外业调查队需利用纸盒土壤标本进行室内干态和润态比色，补录、上报颜色数据。之后，将风干的纸盒土壤标本流转至省级土壤普查办指定的存储位置，以便完成土壤类型室内鉴定。最后，将纸盒土壤标本流转至国家土壤样品库和省级土壤样品库。

剖面样点中属于国家整段土壤标本采集任务点位的，应同时采集国家整段土壤标本一式三份、纸盒土壤标本一式三份，在标本采集后，整段土壤标本无须加工制作，纸盒土壤标本需经风干处理，然后即可通过公共物流渠道分别流转至 3 家国家土壤标本库建设单位（中国科学院南京土壤研究所、中国农业科学院农业资源与农业区划研究所、全国农业展览馆）。托运时，每个整段土壤标本木盒先用泡沫塑料包裹缠紧，再打制木架或木盒盛装运输，且务必附带标本采集所在剖面样点的编号及相关信息。

盐碱地普查和盐碱土调查剖面样点的水样应及时流转至省级质控实验室，暂存和流转过程中需低温（4℃）保存。

按照耕地和园地剖面土壤样品、林地和草地剖面土壤样品两大类别，分类组批流转。

第六节　外业调查与采样质量控制

外业调查与采样工作的全流程包括内业筹备、外业调查采样、室内样品整理、样品流转等环节，涉及人员和部门多、工作周期长、任务量大、需要相互配合的环节多。因此，需要做好各个关键环节、关键部门的精度核查和普查质量控制工作，主要包括外业调查人员培训与专家技术指导、预设样点定位与信息描述质量控制、样品采集质量控制、样品暂存与流转质量控制、调查数据提交质量控制等五个方面。

一、外业调查人员培训与专家技术指导

土壤普查的质量高低很大程度上取决于土壤普查工作参与者的能力强弱，尤其是一线调查人员的专业知识素养与外业工作应变处置能力水平。在土壤三普试点以及全面普查铺开期间，须对各省（自治区、直辖市）、各县（市、区）土壤调查人员开展持续性、系统性、专业性的技术培训和考核，提升一线调查人员的专业素养和实操能力；国家级和省级专家技术指导组要认真组织开展在线和现场技术指导，确保外业调查采样有序推进。

二、预设样点定位与信息描述质量控制

在前期样点校核基础上，设定预布设样点"电子围栏"范围，外业调查采样队依据局地代表性核查要求，在"电子围栏"内选择代表性的采样中心点。当预设样点未通过局地代表性核查时，须按照要求进行样点现场调整。使用移动终端 APP 完成信息描述与记载工作，完成所有填报数据检查，如填写不合格，不能完成数据提交。

三、样品采集质量控制

地方土壤普查办和外业调查采样队对样品采集质量负责。全国土壤普查办组织抽查土壤样品采集质量。加强内部和外部质量控制，确保表层土壤混合样品、剖面土壤发生层样品、容重样品、水稳性大团聚体样品、整段土壤剖面标本、纸盒土壤标本、浅层地下水和地表灌溉水样品等采集符合普查相关质量要求。

四、样品暂存与流转质量控制

样品采集完成后，应及时流转至样品制备实验室。流转前的暂存期间，确保土壤不损耗、不污染和不被破坏。样品流转时，务必做到"样品有数、无一遗漏、责任到人、遗失可查"。

五、调查数据提交质量控制

外业调查采样队采用日结日清方式完成数据上报前的调查描述信息数据自查，全国土壤普查办和地方各级土壤普查办组织数据审核，严控数据填报质量。

第七节　工作底图制作

遵循土壤普查的全面性、科学性原则，以遥感技术、地理信息系统、全球定位系统等技术手段为支撑，以二普土壤图、国土三调土地利用现状图、DEM 等为基础图件，按照《第三次全国土壤普查技术规程（试行）》要求，统一制作满足普查精度与面积计算统计要求和不同层级使用的土壤三普工作底图。工作底图制作是样点布设的前提条件，工作底图为外业调查指明位置与范围，同时也是成果汇总的基础图件。

一、基础资料准备

（1）土壤图　二普 1∶50000 数字土壤图（细分至土种，部分地区至土属。按照《第三次全国土壤普查暂行土壤分类系统（试行）》，完成土壤类型各级名称的校准。按行政单元下发）。

（2）土地利用现状图　国土三调 1∶10000 土地利用现状图。

（3）行政区划图　2020 年 1∶10000 全国行政区划图（国家、省、县、乡、村界）。

（4）全国地理标志农产品区分布数据　根据各地提供的地理标志农产品区汇总统计表，结合国土三调行政区划图生成。

（5）全国与食物生产有关的林地分布数据　国家林业和草原局提供的经济林分布图。

（6）土地利用类型变更矢量图　2009～2020 年 1∶10000 土地利用类型变更矢量图（含耕地类型变更）。

（7）全国土壤母质图　利用 1∶500000 地质图生成土壤母质图。

（8）DEM 数据　全国 aster gdem V3 数据（空间分辨率 30m，2019 年）。

（9）中高分辨率遥感影像　2～30m 空间分辨率、多光谱、最新时相。

（10）全国土壤污染调查点位图　生态环境部农用地土壤污染状况调查点位。

（11）历年来剖面样点分布图　土壤二普剖面样点分布图、近十多年来的剖面调查样点分布图（注：此图非必备，但如果有，可以提高土壤三普工作效率和价值）。

二、基础数据处理

1. 数据标准化处理

（1）坐标统一　采用共同的数学基础（坐标系统采用"2000 国家大地坐标系"，高程基准采用"1985 国家高程基准"，投影方式采用高斯-克吕格投影。1∶10000、1∶50000、1∶250000 比例尺标准分幅图或数据按 3°分带），统一各类矢量和栅格数据的地理坐标和投影方式。

（2）空间配准　以国土三调土地利用图斑数据和比例尺（1∶10000）为基准，对不同比例尺的基础地图和专题图（二普土壤图、专题图、遥感影像及其他数据）进行空间配准，统一图件比例尺和图斑精度，为实现基础地图和专题图的空间叠加奠定基础。

土地利用图：从国土三调数据的"地类图斑"图层导出普查县的耕园林草盐碱地，作为工作底图制作需要的土地利用现状图。

二普土壤图：对二普土壤图进行地理清查、空间配准与坐标变换处理，并对土壤类型名称校准，作为工作底图制作需要的土壤图。

土壤图配准精度，按照《土壤制图1∶50000和1∶100000土壤图数字化规范》（GB/T 32738—2016）"4.3平面位置精度"的要求进行地理校正。现摘录如下部分。

地物点对最近野外控制点的图上点位中误差不得大于表3-32的规定。

数据难以获取地区（大面积的林地、沙漠、戈壁、沼泽等）地物点对最近野外控制点的图上点位中误差按本标准表3-32相应地形类别放宽0.5倍。

DEM：对aster gdem V3数据进行拼接、裁剪、坐标变换处理，作为工作底图制作需要的DEM。

表3-32　平面位置中误差　　　　　　　　　单位：mm（像元）

比例尺	平地、丘陵	山地、高山地
1∶50000	0.75(9)	1(12)
1∶100000	0.75(9)	1(12)

注：中误差的两倍为其最大误差限；单位mm为等比例尺图面距离，单位像元为分辨率为300dpi时的中误差距离所折算的数值。

2. 空间叠置处理

① 第三次全国土地利用调查的1∶10000土地利用现状图标准化处理。从国土三调数据的"地类图斑"图层导出普查县的耕园林草盐碱地后，将线状地物（公路用地、城镇村道路用地、农村道路、沟渠）融并进耕园林草盐碱地图层中，随后按二级地类对耕园林草盐碱地图层进行合并。

② 二普土壤图标准化处理。进行过地理清查、空间配准与坐标变换处理后的二普土壤图，筛除其中的"河湖库渠""居民地""盐场"等非土壤类型信息，并以国土三调数据中各县的行政区范围对土壤图进行裁剪。

③ 土地利用图与土壤图叠加。叠加经过标准化处理的二普1∶50000土种图（部分地区为土属图）和第三次全国土地利用调查的1∶10000土地利用现状图，形成"土壤类型＋土地利用类型"的叠加图斑（以下简称"叠加图斑"），形成的耕地、园地、林地、草地、盐碱荒地叠加图层作为土壤三普的工作底图，并作为样点预布设、成果汇总的基础。

样点分布图＋遥感影像图＋行政区划图，作为外业调查采样的工作底图。

第八节　表层样点预布设

遵循土壤普查表层样点布设的全面性、科学性、可行性原则，兼顾样点的多目标、多功能性，以地理信息系统、遥感技术等技术手段为支撑，以二普土壤图、国土三调土地利用现状图、DEM 等为基础图件，按照《第三次全国土壤普查技术规程》要求，统筹样点的数量与位置，统一进行表层样点预布设。

一、表层样点预布设基本思路

① 主要考虑土地利用类型、地形地貌（影响表层土壤理化性质的主导因素），兼顾土壤普查中农业的重要性及各地指导农业生产的实际需求。

② 将全国所有普查区域按区域特征、土地利用类型、地形地貌进行分区分类。首先，将普查县按区域分为地理标志农产品区（以下简称"地标区"）与非地标区、牧区与非牧区。其次，按土地利用类型分成耕园地和林草盐碱地两大类。然后，对耕园地按地貌类型分为平地、丘陵山地。最后，将林草地按二级地类分为与食物生产有关区和与食物生产无关区。

③ 耕园林草盐碱地均在土地利用二级地类上布点。

④ 采取不同的布点密度在各种类型区进行布点。耕园地布点密度：丘陵山地＞平地。林草地布点密度：非牧区＞牧区，与食物生产有关区＞与食物生产无关区。

⑤ 为查清全国地理标志农产品区土壤特征，在该区加密样点。

二、表层样点预布设主要原则

（1）分县布样原则 以县级行政区为样点布设基本行政单元，进行表层样点预布设。

（2）全面性原则 遵循在土壤、土地利用类型和空间上全面性布点原则。确保普查县内每一个土种（耕园地）/土属（林草地）与土地利用类型均有表层样点布设，同时样点在空间上呈全覆盖状态，在普查区域内不能存在较大空白区域未布点。

（3）代表性原则 同一区域内土壤与土地利用类型相同时，选面积最大图斑布点。

（4）差异性原则 土地利用类型、地貌类型与区域特征不同，布点密度不同。耕园地布点密度＞林草地布点密度；丘陵山地布点密度＞平地布点密度；地理标志农产品区布点密度＞非地理标志农产品区布点密度。耕地和园地（以下简称"耕园地"）"叠加图斑"按不大于 1km×1km 规划 1 个样点，林地、草地和盐碱地（以下"简称林草盐碱地"）"叠加图斑"按不大于 4km×4km 规划 1 个样点（牧区省林草盐碱地叠加图斑按不大于 6km×6km 规划 1 个样点）。对于地理标志农产品区域的耕园林草地和地形起伏度大的区域耕园林草盐碱地，可根据实际情况加密布点。

三、表层样点预布设技术路线

表层样点预布设分为工作底图制作与表层样点布设两部分。工作底图制作部分需要准备二普土壤图、三调土地利用图、DEM、行政区划图等基础图件，然后对基础数据进行处理。表层样点布设部分首先需要生成布点底图，接着规划样点总数，其次确定样点数量，再次确定样点位置，最后形成布点方案。图 3-15 为表层样点预布设技术路线。

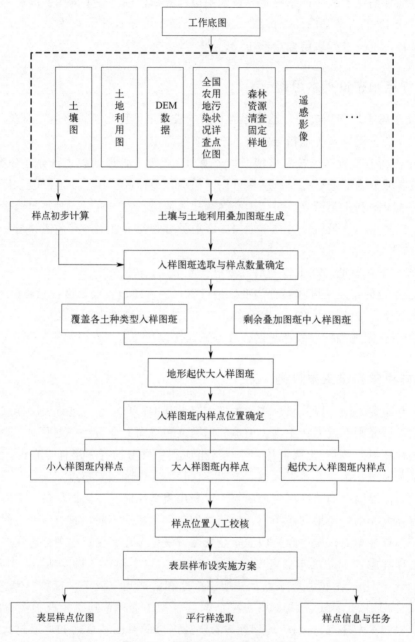

图 3-15　表层样点预布设技术路线

四、表层样点预布设操作步骤

（一）布点底图生成与分区分类处理

布点底图是表层样点布设的基础，所有表层样点均分布在布点底图范围内。

1. 布点底图生成

从普查县 1∶10000 全要素土地利用现状图中提取耕园地、林草盐碱地、线状地物（公路用地、城镇村道路用地、农村道路、沟渠）图层，将线状地物融并到前两个图层，再与经过空间配准标准化处理、统一比例尺（1∶10000）和图斑精度的土壤图叠加，生成叠加图斑。叠加图斑是布点底图生成过程中的重要图层。

2. 布点底图分区

将叠加图斑分为地理标志农产品区（简称地标区）、非地理标志农产品区（简称非地标区）两大类图层，地标区图层按二级地类和土种合并，非地标区耕地按二级地类和土种合并，非地标区园地按二级地类与土种合并，非地标区非牧区省林草盐碱地按一级地类和土属合并，非地标区牧区省与食物生产相关的林草盐碱地按二级地类和土种合并，非地标区牧区省与食物生产无关的林草盐碱地按二级地类和土属合并。对合并后的叠加图斑进行线状地物擦除处理。

3. 布点底图分类

将"1. 布点底图生成""2. 布点底图分区"中生成的地标区与非地标区叠加图斑按照地形地貌特点，分为平地型图斑、丘陵山地型图斑 2 种图斑。将耕园地叠加图斑与 DEM 数据空间套合，统计每个耕园地叠加图斑内的平均坡度（average slope，AS），当 AS≤6°时，为平地型图斑；当 AS>6°时，为丘陵山地型图斑。

4. 布点底图处理

村庄、城镇用地附近不布点处理：从国土三调地类图斑中提取村庄、城镇用地要素，生成缓冲区图层，将耕园地叠加图斑与缓冲区图层空间套合，擦除耕园地叠加图斑中与缓冲区重叠部分，确保村庄、城镇用地附近不布点。

缓冲区范围：40m，包括城镇住宅用地、农村宅基地、特殊用地。

山区林草地样点道路可达处理：从林草地叠加图斑中提取丘陵山地林草地叠加图斑，从国土三调地类图斑中提取道路（公路用地、城镇村道路用地、农村道路）要素，并生成缓冲区图层（缓冲区范围 50～500m）；将缓冲区图层与山区林草地叠加图斑套合，选择与缓冲区有重合的叠加图斑进行布点，确保山区林草地样点道路可达。

5. 图层分类与生成

将经过以上处理的叠加图斑分成 17 个图层，分别在每个图层内布点。17 个图层包括 6 个耕地图层（水田平地、水田丘陵山地、水浇地平地、水浇地丘陵山地、旱地平地、旱地丘陵山地），6 个园地图层（果园平地、果园丘陵山地、茶园平地、茶园丘陵山地、其他园地平地、其他园地丘陵山地），2 个林地图层（乔木林地、竹林地、灌木林地、其他林地图层，及橡胶园地图层），3 个草地图层（天然牧草地、人工牧草地、其他草地与盐碱地）。普查县内地标与非地标区的耕园林草盐碱地均按照上述方式进行分层。

（二）样点总数规划

统计各类型区不同土地利用类型的面积，根据各类型区规划的布样密度，采用面积法确定普查县采样点数量。将普查县各类型区总面积除以相应的规划布样密度，初步确定普查县采样点数量，各类型区规划布样密度见表 3-33 和表 3-34。

表 3-33　非地理标志农产品区规划布样密度

土地利用类型	地形地貌、区域特征与二级地类	布样密度
耕园地	平地	1 个/1km^2
	丘陵山地	1 个/0.5km^2
林地	非牧区省	1 个/16km^2
	牧区省，与食物生产相关	1 个/16km^2
	牧区省，与食物生产无关	1 个/36km^2
草地盐碱地	天然牧草地	1 个/16km^2
	人工牧草地	1 个/4km^2
	牧区省，其他草地盐碱地	1 个/36km^2
	非牧区省，其他草地盐碱地	1 个/16km^2

表 3-34　地理标志农产品区规划布样密度

土地利用类型	地形地貌	布样密度
耕园地	平地	1 个/0.5km^2
	丘陵山地	1 个/0.25km^2
林草地	—	1 个/4km^2～1 个/16km^2

（三）入样图斑选取与样点数量确定

1. 全县范围内遍历土种土地利用类型的入样图斑选取与样点数确定

统计普查县各图层叠加图斑内每种土地利用类型与土壤类型的组合中面积最大的图斑作为入样图斑，确保普查县每种土种（或土属）类型至少能布设 1 个采样点及对应的入样图斑。对选出的入样图斑按面积按由大到小排序，将面积小于 5hm^2（1∶50000 土壤图最小上图面积）的入样图斑剔除。当入样图斑面积大于 5hm^2 而小于等于 1km^2（耕园地平原）或 16km^2（非牧区省林草盐碱地）时，每个图斑内布设 1 个采样点；当耕园地平地型入样图斑面积大于 1km^2 而小于 2km^2 时按 2 个样点布设，林草盐碱地入样图斑面积大于 16km^2 而小于 32km^2 时按 2 个样点布设，以此类推，其他类型图斑同理。详见表 3-35 和表 3-36。

表 3-35　耕园地平地入样图斑内采样点数量布设标准

类别	分类标准	采样点数量
1	5hm^2＜入样图斑面积≤1km^2	1
2	1km^2＜入样图斑面积≤2km^2	2
3	2km^2＜入样图斑面积≤3km^2	3
4	3km^2＜入样图斑面积≤4km^2	4
5	4km^2＜入样图斑面积≤5km^2	5

表 3-36　耕园地丘陵山地入样图斑内采样点数量布设标准

类别	分类标准	采样点数量
1	5hm^2＜入样图斑面积≤0.5km^2	1
2	0.5km^2＜入样图斑面积≤1km^2	2

类别	分类标准	采样点数量
3	$1km^2 <$ 入样图斑面积 $\leqslant 15km^2$	3
4	$15km^2 <$ 入样图斑面积 $\leqslant 20km^2$	4
5	$20km^2 <$ 入样图斑面积 $\leqslant 25km^2$	5

2. 剩余图斑中入样图斑选取与样点数确定

从普查县各类型叠加图斑中，排除上述面积较大的入样图斑即为剩余叠加图斑。剩余图斑内入样图斑选取与样点数量采用两种方法确定：一是面积排序法；二是网格法。

面积排序法具体步骤如下。首先，分别将各类型区剩余叠加图斑按面积由大到小排序；其次，统计面积大于 $1km^2$（耕园地平地）或 $16km^2$（非牧区省林草盐碱地）叠加图斑总面积，根据表 3-35 和表 3-36 中规定布样密度，确定这些面积大的叠加图斑（以下简称"大入样图斑"）内采样点数量，同时这些大入样图斑也被选为入样图斑；最后，确定剩余叠加图斑中面积小于等于 $1km^2$（耕园地平地）或 $16km^2$（林草盐碱地）的所有图斑（以下简称"小入样图斑"）内的总样点数量。小入样图斑样点数量＝普查县初步计算的采样点总量－各土种入样图斑样点数－剩余叠加图斑中大入样图斑样点数；选取小面积叠加图斑中的入样图斑，根据小入样图斑内的采样点数量，按照面积由大到小顺序选取入样图斑。其他类型区同理。

网格法具体步骤如下。首先，将剩余图斑与 $8km \times 8km$（四川）和 $6km \times 6km$（非牧区省）网格叠加，网格起始点相同；其次，选网格内面积最大图斑作为初始入样图斑；最后，根据表 3-35 和表 3-36 中布样密度，确定最终入样图斑内样点数量。将两种方法选取的面积小于 $5hm^2$ 的入样图斑剔除。

（四）样点位置确定

首先，确定小入样图斑内样点位置。小入样图斑只布设 1 个采样点，故选取该图斑的质心点作为外业采样的初始样点位置。利用 GIS 软件提取入样图斑质心点经纬度坐标信息。

其次，确定大入样图斑内样点位置。大入样图斑（面积大的入样图斑），需要利用 $1km \times 1km$（耕园地平地）、$0.707km \times 0.707km$（耕园地丘陵山地）或 $4km \times 4km$（非牧区省林草盐碱、牧区省与食物生产相关林草盐碱地）、$6km \times 6km$（牧区省与食物生产无关林草盐碱地）网格将大入样图斑分解成多个小面积图斑（网格边长是在确定布样密度下，由单个样点对应面积开方得到）。各种尺度网格均以普查县叠加图斑图层西、南至边界作为基准点。统计每个小图斑内的耕园地或林草盐碱地面积，并对这些小面积图斑按面积由大到小排序。根据表 3-35 和表 3-36 中规定的大入样图斑内样点布设数量，选择面积排序靠前的耕园地或林草盐碱地的图斑作为大面积图斑中的入样图斑，并将该图斑的质心点作为该大面积入样图斑的样点位置。

最后，确定查缺补漏样点位置。查缺补漏样点是针对普查县内有较大空白区域未布点而设计的。当某查缺补漏网格（牧区省 $8km \times 8km$，非牧区省 $6km \times 6km$）内没有样点分布时，选取该网格内最大面积图斑作为入样图斑，将该图斑的质心点作为查缺补漏样点位置。

（五）形成表层样点预布设方案

1. 采样点空间分布图生成

根据前面 4 个步骤确定的叠加图斑、入样图斑、采样点数量与空间位置，利用 GIS 软件生成普查县采样点空间分布图，包括普查县采样点数量、位置与空间分布、采样地块边界、面积与空间分布、耕园林草盐碱地的面积与空间分布等。

2. 平行样品点抽选

采用简单随机抽样方式从全县采样点中抽选确定平行样点。先将全县样点按 1 到 n（样点总数）编码，针对平行样的数量生成同等数量的伪随机数，当样点编码与伪随机数相同时，该样点即被选为平行样品点。平行样的抽样比为 1/45，即每 45 个全县样点中抽出 1 个平行样点，不足 45 个样点的部分抽取 1 个。

第九节　剖面样点预布设

一、剖面调查布点的原则

（一）宏观代表性与局地代表性相结合

剖面样点应抓住省域范围土壤类型分布规律（地带性和非地带性分布），抓住典型土壤类型，尽可能覆盖所有主要的成土环境条件，同时布设在典型的景观部位。

（二）体现普查重点和土壤演变

耕园地为重点，兼顾林草盐碱地，同时捕捉土地利用变更等不同动因类别（如水改旱、盐分洗脱、复垦等）土壤类型在时间上的演变。

（三）代表性第一位、空间均衡性第二位

代表性与空间均衡性是权衡关系，在满足代表性的前提下尽可能使剖面样点分布空间相对均衡。

（四）用途导向、可操作及效率

剖面布点要面向外业调查、土壤分类校准、土壤类型制图和土种志编制等用途，同时要具有野外可达性和野外挖掘采样的可操作性和效率。

二、剖面样点预布设总体思路

采用省域统筹布设剖面样点。二普土壤图是对土壤分异的先验认识，以二普土壤图斑为基础，宏观代表性与局地代表性相结合，考虑多尺度的土壤分异规律，布设重点是耕园地，兼顾林草盐碱地，主体上采样典型布点，在土壤类型变化区加点，实现省域剖面样点布设（图 3-16）。

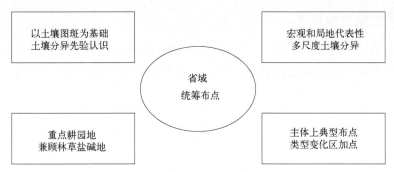

图 3-16　剖面样点预布设的总体思路

三、工作底图的建立

（一）处理土地利用图层

根据剖面布点需要，对国土三调地类图斑进行重新分类整理，分为水田、旱地、园地、草地、林地和不布点区域（河流、居民地、冰川、道路、水库水面、坑塘水面、沟和渠等），利用矢量转栅格工具转换成栅格图层。

（二）处理二普土壤图

有土种图时，建立土类-亚类-土属-土种序号，作为唯一标识；若无土种图，根据土种的概念，利用关键成土因素（母质、地形等）对土属或亚类图斑进行分解，得到"土种"，建立土类-亚类-土属-母质（地形地貌），作为唯一标识。

（三）生成关键成土因素变量

包括高程、坡度、NDVI 标准差、landsat7（B5）、地形地貌和母质等变量，用于识别土种的典型景观部位。

（四）处理地貌类型图

将地貌类型分为两类：一是低起伏区，包括平原（地势起伏度＜30m）、台地（地势起伏度≥30m）、丘陵（地势起伏度＜200m）、海拔≤1000m（低海拔）的区域；二是高起伏区，包括丘陵（地势起伏度＜200m）、海拔＞1000m（中海拔以上）、起伏山地（地势起伏度＞200m）。

（五）制作道路潜在可达性图层

在低起伏区和高起伏区图中，假设低起伏区为道路可达区域，高起伏区为不可达区域。在土地利用类型中，假设耕园地为可达区域，林草地为不可达区域。将以上两个图层进行叠加，如有一方为不可达，则认定为不可达，需要道路作为辅助。设定低起伏区道路周边 1000m 为可达区域。高起伏区道路周边 200m 为可达区域，综合以上信息，形成道路潜在可达性图层。进一步以道路为基准，以 100m 为间隔，依次向外计算道路可达性级别。

四、剖面样点预布设技术流程

剖面样点预布设的技术步骤主要包括估算省域剖面样点数、确定各土种样点数量、筛选土种代表性图斑、识别典型的景观位置和土壤类型变化区补点（图 3-17）。

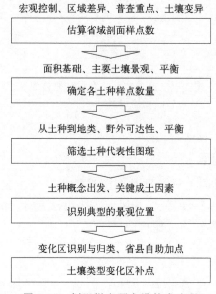

图 3-17　剖面样点预布设技术流程

（一）计算省域样点数量

1. 计算省域剖面样点基数

在全国层面，以全国 6 万个剖面样点的总体控制要求为基数，结合自然重要性（温度带、干湿区、地貌、植被）和农业重要性（粮食产量）区域差异，打分量化。在省域层面，考虑省域内耕园林草地面积（林草地布点密度为耕园地 1/16）和土壤类型复杂度，打分量化。全国各省市剖面样点布设基数的计算公式为：

某省域剖面样点数＝全国剖面样点计划数×（该省自然重要性得分×w_1＋该省农业重要性得分×w_2＋该省有效面积得分×w_3＋该省土壤类型复杂度得分×w_4）

式中，w_1、w_2、w_3 和 w_4 分别为 1/6、1/6、3/6 和 1/6。

2. 征求省域剖面样点数量意见

以省域剖面样点基数为基础参考，进一步征求各省专家和省级土壤普查办意见，从服务于各级土种志撰写的角度出发，确定各省市剖面样点数量及编制的土种志级别。

（二）确定各土种样点数量

1. 计算各土种面积

计算各土种图斑的面积和各土种总面积。对省域内无土种图的区域，一般使用土属图，依据各地景观特征，使用成土母质和地形变量对土属图斑进行分解，得到土种图斑。

2. 根据面积分配样点

将土种按面积由大到小排序，根据样点预布设样点数量和土种数量分配样点。当预布设样点数量≤土种数量时，按土种面积从大到小逐个土种分配 1 个样点，直至分完为止；当预布设样点数量＞土种数量时，按照土种面积从大到小，依次对各土种进行样点分配，往返循环直至样点分配结束。

（三）筛选各土种的代表性图斑

1. 统计各土种图斑的潜在野外可达性级别

根据潜在野外可达性图层，统计各土种图斑（含"土种"图斑）的道路可达性级别，认定其道路可达性的最高级别为该图斑的道路可达性级别。

2. 确定各土种的代表性地类

统计各土种所有图斑中，面积最大的地类作为该土种的最代表地类，面积第二大的地类作为次代表地类，面积第三大的地类作为次代表地类。依此类推，确定各土种的代表性地类列表。

3. 依据代表性地类、图斑面积和潜在野外可达性级别筛选代表性图斑

基于地类代表性级别优先、覆盖不同主要地类的原则，挑选各土种系列图斑中，面积最大、潜在野外可达性级别最高的图斑作为其代表性图斑。若该土种分配 1 个样点，则选择其最代表地类面积最大、潜在野外可达性最高的图斑作为该土种的代表性图斑；若该土种分配样点数量超过 1 个，则依据其代表性地类名单，考虑覆盖不同主要地类的原则，筛选代表性图斑。

（四）识别各土种的典型景观部位

有了各土种代表性图斑之后，通过对图斑内土种的成土环境条件进行属性空间和地理空间数据分析，识别该土种的典型景观部位，确定样点位置。

（1）识别各土种的典型成土环境条件　1/2 在每个土种的所有图斑范围内，对关键成土因素变量进行频率分析，识别其最高频数至最高频数范围对应的数值区间，作为该成土环境的典型环境数值区间。

（2）识别土种的典型景观部位区　在典型环境数值区间将属性空间映射到地理空间上，确定各土种各个关键环境变量的典型地理空间区域，生成多个典型环境条件图层，对这些图层进行空间求交，得到公共的地理范围区，即典型景观部位区。

（3）确定典型样点的初始位置　基于识别的土种典型景观部位区，结合筛选的该土种的代表性图斑，叠加获取该土种代表性图斑的典型景观部位区，选择典型景观部位区中距离图斑几何中心最近的部位，作为该图斑内的初始样点位置。遍历所有土种的所有代表性图斑，完成剖面样点初始位置的确定。

第十节　样点预布设结果的省级校核

一、表层样点预布设结果的省级校核

① 校核国家下发的样点数据完整性。对照样点信息下发清单，检查下发各县的文件数量、

类型与内容是否齐全。打开样点矢量文件，核查样点坐标、属性表和整体空间分布有无异常。

② 校核样点的土地利用类型是否发生变化。土壤三普工作底图中土地利用现状图的时间节点为 2019 年 12 月 31 日，经过 3 年多时间，有些地区的土地利用类型发生变化，如 2019 年之前是耕地，现在变为林地或园地；或者原来是林地现在变为耕地。针对上述情况，需要对照土壤三普工作底图与本地现实土地利用变更信息，校核样点所在入样图斑的土地利用属性，并按照耕园地、林草盐碱地布样密度，重新布设样点。

③ 校核样点的道路可达性。主要针对丘陵山地林草地样点进行道路可达性校核。利用国土三调地类图斑图层、遥感影像判断样点的道路可达性。对于到达困难的样点，需要在对应的入样图斑或与入样图斑土壤、土地利用属性相同的邻近叠加图斑内调整样点位置。若无可达位置，则删除该样点，并在耕园地上新增样点。

④ 校核样点的可用性与持久性。校核表层样点实际位置是否可用于外业调查采样、是否长期可用。利用国土三调地类图斑图层、遥感影像判断样点位置的可用性与持久性，当表层样点落在建设用地、军事用地、自然保护区、城市规划区等实际无法采样或长期来看不可用的位置时，需要将其移动到与原定土地利用类型和土壤类型相同的临近图斑内。

⑤ 校核地理标志农产品区样点数量与样点空间位置合理性。地理标志农产品区（以下简称"地标"）样点根据各省提供地理标志农产品统计表信息布设，各普查县需要根据地标材料与地标产品实际分布情况，逐一校核地标区内加密样点的地标信息是否属实。对于落入地标产品种植范围内的样点，需要校核样点的地标信息是否正确。对于未落入地标产品种植范围内的样点，需要修改相关属性将其转化为非地标样点。随后重新计算该区域内规划样点数量，若实际样点数量与规划样点数量不相等，则需要对样点进行增加或删除操作，使其满足规划样点数量。

⑥ 校核各类型区样点密度是否与布点方案一致。校核各类型区表层样点布点密度是否符合方案要求。普查县各类型区的表层样点布点密度是否因土地利用类型、地形、存在地理标志农产品等情况不同而不同。如果某类型区实际布点密度小于方案要求布点密度，需要在该类型区内新增表层样点，使其满足方案要求。

⑦ 校核普查县域内是否存在较大空白区域未布点。利用国土三调地类图斑图层、遥感影像，校核普查县耕园地范围内是否存在较大区域未布点，如山区沟冲田。若存在，则在其中面积较大的耕园地图斑上新增样点。

⑧ 校核非土壤普查范围内土地利用类型区的布点合理性。校核建设用地集中区是否有样点布设。当表层样点所在位置落在建设用地集中区，且其入样图斑面积较小时（如小于 $0.1km^2$），需要将该样点删除。

⑨ 校核样点是否靠近土壤污染源。当表层样点距离工业用地、采矿用地等疑似土壤污染源较近时，原则上要保留该样点，并与生态环境部已开展的全国土壤污染详查点位衔接，两者的距离较近时（如小于 50m），可选择土壤污染详查点位作为样点位置。

二、剖面样点预布设结果的省级校核

① 检查样点的代表性。主要是检查样点的宏观代表性和局地代表性，宏观代表性主要是室内检查样点是否覆盖了省域内主要成土环境和土壤类型，同时也应当兼顾土壤类型的农业重要性，在地市级行政范围内，每个土种（属）类型至少有 1 个样点，且样点位于

该土壤类型的主要分布区域。局地代表性主要是检查样点所在的景观部位（地形部位、海拔、坡度等）是否是其土壤类型的典型景观部位。

② 检查样点的土地利用情况。主要是检查样点的土地利用方式，样点应尽量远离人为活动频繁地区、城镇道路、沟渠坑塘、污染源等周边区域，进一步判断样点土地利用类型与实际土地利用类型是否一致，若样点位置的土地利用类型发生了变更，且这种变更在土壤图斑内的面积百分比小于50%（非主导），应将样点位置调整到土壤图斑内原土地利用类型上；若土壤图斑内的土地利用类型变更面积大于50%，且引起了土壤类型的变化，则需要将该样点调整至相同土种的次要图斑（面积次要）上。

③ 检查土壤类型改变区样点覆盖并进行必要补点。根据水改旱、旱改水、新增耕地（2000年以来）、土壤改良、土地平整等分布数据，获取变更年限信息，检查下发样点对这些土壤类型改变区的覆盖情况。对于样点覆盖区域不足的，适当补充一定数量的代表性样点。主要从变更方式（例如旱改水）和变更年限（例如20年）两方面综合考虑代表性。

④ 检查样点的野外可达性。基于潜在野外可达性图层、遥感影像、道路网、当地野外土壤调查专家经验或实地查看，确定样点位置是否可以到达。

⑤ 检查样点土壤类型名称正确性，以及是否满足各级（县级、地市级或省级）土种志编制。基于《第三次全国土壤普查暂行土壤分类系统（试行）》，检查土壤类型名称的正确性，对于各级土种志编制，主要检查样点的土壤类型是否包含了该行政区级别内所有主要的土壤类型，若样点数量小于该级别主要土壤类型数量的，应从土壤类型和样点数量两方面进行补充。

第十一节　样点编码及信息与任务赋值

一、样点编码赋值

根据已有的地理空间编码规则定制化土壤样点编码，形成不同层级的网格编码、采集点编码等具备空间地理信息的样点编码。编码方式为县级行政区域代码（采用GB/T 2260—2007《中华人民共和国行政区划代码》，无县级行政区域的采用市级代码）＋土地利用类型4位＋样点类型1位＋序号5位（如00001）＋样品类型1位（一般样品为1，容重样品为2，水稳性大团聚体样品为3）＋样品层次序号（表层样品为0，剖面样品为发生层序号），共18位。每一预设样点，均给予一个编码，该样点编码将作为外业调查采样、内业测试化验、数据汇总分析等普查工作唯一信息溯源码。其编码方法为：

编码第1~6位为县级的全国各地行政区划代码，含前2位的省级编码；

编码第7~10位为土地利用类型，参照国土三调土地利用类型的4位数字编码，即土地利用类型一级分类的2位数字，二级分类的2位数字；

编码第11位为样品类别，表层样为0，剖面样为1；

编码第12~16位为县级样点顺序码，由普查工作平台生成该顺序码；

编码第17位为样品类型，表层土壤样品为1，容重土壤样品为2，水稳性大团聚体样品为 3；

编码第 18 位为样品层次序号，表层土壤样品为 0；剖面土壤样品为发生层由上及下的序号，第一发生层为 1，第二发生层为 2，第三发生层为 3，第四发生层为 4，第五发生层为 5，第六发生层为 6。

样点二维码生成时，需加上样点的土壤类型信息与采样年份。

二、样点信息与任务赋值

（一）样点信息

每一预设样点，均给予一个编码，实行"一点一码"制度。预布设的样点编码包含行政区划代码、土地利用类型样品类别信息。同时，每一预布设样点属性表中还带有土壤类型、土地利用类型、样点类别、行政区划位置、海拔等多个独立属性字段，作为外业样点现场确认与样点调查信息填报的参考。

（二）任务清单赋值

在赋予样点信息的同时，给出该样点的类型（如表层样、剖面样）、现场确认、外业调查、样品流转、测试指标方法等任务清单。

附录 A 成土环境与土壤利用调查及表层土壤
采样信息采集项目清单及填报说明

		信息项		信息填写规则说明
样点基本信息	基本信息	样点编码		系统赋值，统一编码
		行政区划		系统赋值，野外核查。省（自治区、直辖市）—市—区（县、市）—乡（街道、镇）—行政村
		地理坐标		确定采样点位置后，手持终端设备采集
		海拔高度		确定采样点位置后，手持终端设备采集
		采样日期		自动赋值
		天气状况		晴或极少云、部分云、阴、雨、雨夹雪或冰雹、雪
		调查人员及所属单位		现场技术领队姓名、身份证号及其所属单位
		调查机构		调查任务承担机构全称
		样点所在地块的承包经营者		耕地和园地样点所在地块的承包经营者姓名、手机号和身份证号
		县级一线质控人员		每个样点的县级一线质控人员姓名、单位、手机号、身份证号
		国家级和省级专家指导与质控情况	国家级技术指导专家	是否接受了国家级专家的技术指导，若是，需填报在线或现场技术指导专家的姓名、单位、手机号、身份证号。特别说明，有国家级整段土壤标本采集任务的剖面样点，必须有国家级专家进行在线或现场指导
			省级技术指导专家	是否接受了省级专家的技术指导，若是，需填报现场或在线技术指导专家的姓名、单位、手机号、身份证号
			国家级现场质控专家	是否属于国家级现场质控样点，若是，需填报国家级现场抽查样点的专家姓名、单位、手机号、身份证号
			省级现场质控专家	是否属于省级现场质控样点，若是，需填报省级现场抽查样点的专家姓名、单位、手机号、身份证号

信息项				信息填写规则说明
样点基本信息	地表特征	土壤侵蚀	侵蚀程度	无、轻、中、强、剧烈
			侵蚀类型	水蚀、重力侵蚀、风蚀、冻融侵蚀、水蚀与风蚀复合
		基岩出露	丰度	无、少、中、多、很多
			间距	很远、远、中、较近、近
		地表砾石	丰度	无、少、中、多、很多
			大小	细砾石、粗砾石、石块、巨砾
		地表盐斑	丰度	无、低、中、高、极高
			厚度	薄、中、厚、很厚
		地表裂隙	丰度	具体数据信息,单位:条/m²
			宽度	很细、细、中、宽、很宽
		土壤沙化		未沙化、轻度沙化、中度沙化、重度沙化
成土环境信息	地形	大地形		山地、丘陵、平原、高原、盆地
		中地形		冲积平原、海岸(海积)平原、湖积平原、山麓平原、洪积平原、风积平原、沙地、三角洲、低丘、高丘、低山、中山、高山、极高山、黄土高原
		小地形		河间地、沟谷地(含黄土川地)、谷底、干/古河道、阶地、泛滥平原、洪积扇、冲积扇、溶蚀洼地、洼地、河滩/潮滩、潟湖、滩脊、珊瑚礁、火山口、沙丘、纵向沙丘、沙丘间洼地、坡(含黄土梁、峁)、黄土塬、山脊、其他(需注明)
		地形部位		坡顶、坡上、坡中、坡下、坡麓(底部)、高阶地(洪-冲积平原)、低阶地(河流冲积平原)、河漫滩、底部(排水线)、潮上带、潮间带、其他(需注明)
		坡度		具体坡度(°)数值
		坡形		凸坡、凹坡、直坡
		坡向		无、东、东南、南、西南、西、西北、北、东北
	母岩母质	母岩		野外填报和校核
		母质		风积沙、原生黄土、黄土状物质(次生黄土)、残积物、坡残积物、坡积物、洪积物、冲积物、海岸沉积物、湖泊沉积物、河流沉积物、火成碎屑沉积物、冰川沉积物(冰碛物)、冰水沉积物、有机沉积物、崩积物、(古)红黏土、其他(需注明,如上层为河流沉积物,下层为湖泊沉积物的二元母质)
	植被	植被类型		针叶林、针阔混交林、阔叶林、灌丛、荒漠、草原、草丛、草甸、沼泽、高山植被、栽培植被、无植被地段
		植物优势种		自然植被填乔、灌、草的优势种,耕地此处统一填报"农作物"
		植被覆盖度		植被总覆盖度及乔木、灌木、草木植被分项覆盖度(%)
土壤利用信息	土地利用	类型现状		土地利用现状分类的二级类名称
		类型变更		调查2000年至今,是否存在土地利用变更。若存在土地利用变更,填报模式:2000年及对应的二级类;变更年份及对应的二级类;调查年份及对应的二级类。示例:2000年,旱地;2008年,水田;2019年,水浇地(蔬菜地);2023年,水浇地(蔬菜地)

信息项			信息填写规则说明
土地利用	蔬菜种植	设施农业类型	露天蔬菜地、塑料大棚、日光温室、玻璃温室、其他(需注明)
		蔬菜种植年限	连续种植蔬菜的年限,单位:年
	特色农产品		样点所在地块的农产品是否属于全国农产品地理标志登记产品
农田建设	高标准农田		是否是高标准农田
	灌溉条件	灌溉保证率	指预期灌溉用水量在多年灌溉中能够得到充分满足的年数出现的概率,用百分率(%)表示
		灌溉设施配套类型	未配套、局部配套、配套完善。若有配套设施,还需填报灌溉方式,包括不灌溉、土渠输水地面灌溉、渠道防渗输水灌溉、管道输水灌溉中的滴灌(微喷灌、喷灌)、其他(需注明)
	排水条件		充分满足、满足、基本满足、不满足
	道路工程	田间道路类型	机耕路(3~6m)、生产路(<3m)
		路面类型	水泥路、碎石路、三合土路、土路、其他(需注明)
	梯田建设		是否是梯田
土壤利用信息	熟制类型		一年一熟、两年三熟、一年两熟、一年三熟。蔬菜地和临时药材种植地等按当地粮食作物熟制填报
	休耕与撂荒	休耕 类型	样点所在田块近5个熟制年度的休耕情况。无、季节性休耕、全年休耕
		休耕 频次	近5年休耕的累计频次(如一年两熟且全年休耕,则该年度休耕频次为2)
		撂荒 类型	记录样点所在田块近5个熟制年度的撂荒情况。无、季节性撂荒、全年撂荒
		撂荒 频次	近5年撂荒的累计频次(如一年两熟且全年撂荒,则该年度撂荒频次为2)
	耕地利用	轮作制度	样点所在田块近5个熟制年度的主要轮作作物,按自然年内或年际作物的收获时序进行填报,分为第一季、第二季、第三季收获作物类型。蔬菜收获超过三季的按三季填写
		轮作制度变更	近5个熟制年度内(针对二年三熟、一年两熟、一年三熟)或年际间(针对一年一熟)是否存在轮作制度变更,如果有,以上述轮作制度为基准,填报次要轮作作物
		水田稻渔种养结合	针对水田样点,调查近1个熟制年度内是否存在稻渔共作。若存在稻渔共作,需调查稻渔共作制度类型,分为稻-虾共作、稻-鱼蟹共作、其他(需注明);估算样点所在田块内围沟和十字沟的宽度和深度(单位:m)、水面占田块面积的比例(单位:%)
		当季作物	样点所在田块采样时的当季作物类型(指待收获或刚收获的)。针对套种和间种等情况,需分别记录作物类型。注意,中药材要细化到品种,如黄芪;特色农产品要填报作物类型
		产量水平	样点所在田块近1个熟制年度作物产量。分季分作物填报全年的作物产量。单位:kg/亩。需记录作物产量的计产形式,如棉花的籽棉重。针对套种和间种等情况,需分别记录作物的产量

信息项					信息填写规则说明
土壤利用信息	耕地利用	施肥管理	施肥量(针对套种和间种等情况，需分别记录不同作物的肥料用量、肥料施用方式等)	化学氮肥 · 氮肥种类	尿素、碳酸氢铵、硫酸铵、三元复合(混)肥、缓控释肥、其他(需注明)
				化学氮肥 · 实物用量	分季、分作物填报全年实物用量。化学肥料、有机-无机复混肥中的无机肥部分,单位:kg/亩
				化学氮肥 · 有效养分含量	百分比(%)
				化学氮肥 · 氮肥总用量(N)	单位:kg/亩
				化学氮肥 · 基肥和追肥比例	基肥占比、追肥占比,单位:%
				化学磷肥 · 磷肥种类	磷酸一铵、磷酸二铵、过磷酸钙、钙镁磷肥、三元复合(混)肥、其他(需注明)
				化学磷肥 · 实物用量	分季、分作物填报全年实物用量。化学肥料、有机-无机复混肥中的无机肥部分,单位:kg/亩
				化学磷肥 · 有效养分含量	百分比(%)
				化学磷肥 · 磷肥总用量(P_2O_5)	单位:kg/亩
				化学磷肥 · 基肥和追肥比例	基肥占比、追肥占比,单位:%
				化学钾肥 · 钾肥种类	氯化钾、硫酸钾、三元复合(混)肥、其他(需注明)
				化学钾肥 · 实物用量	分季、分作物填报全年实物用量。化学肥料、有机-无机复混肥中的无机肥部分,单位:kg/亩
				化学钾肥 · 有效养分含量	百分比(%)
				化学钾肥 · 钾肥总用量(K_2O)	单位:kg/亩
				化学钾肥 · 基肥和追肥比例	基肥占比、追肥占比,单位:%
				商品有机肥 · 实物用量	分季、分作物填报全年实物用量。有机肥、有机-无机复混肥中的有机肥部分,单位:kg/亩。针对套种和间种等情况,需分别记录不同作物的施肥情况
				商品有机肥 · 有机质含量	百分比(%)
				商品有机肥 · 有机质用量	单位:kg/亩
				土杂肥 · 实物用量	分季、分作物填报用量体积,单位:m^3/亩
				厩肥 · 实物用量	分季、分作物填报用量体积,单位:m^3/亩
			施肥方式		沟施、穴施、撒施、水肥一体化、其他(需注明)
		秸秆还田	还田比例		样点所在田块近1个熟制年度内秸秆还田情况。还田比例分为无(<10%)、少量(10%~40%)、中量(40%~70%)、大量(>70%)。分季、分作物填报
			还田方式		留高茬还田、粉碎翻压还田、地面覆盖还田、堆腐还田、其他(需注明)
			还田年限		近10年实施秸秆还田的年数
		少耕免耕	少耕		近5年实施少耕的季数之和
			免耕		近5年实施免耕的季数之和
		绿肥种植	绿肥品种		豆科绿肥:紫云英、草木樨、苜蓿、苕子、田菁、箭筈豌豆、蚕豆、柱花草、车轴草、紫穗槐、其他(需注明);非豆科绿肥:肥田萝卜、油菜、金光菊、二月兰、其他(需注明),若种植的苜蓿等作物是用作牧草,则不属于绿肥
			种植季节		夏季绿肥、冬季绿肥、多年生绿肥、其他绿肥(需注明)

信息项				信息填写规则说明
土壤利用信息	园地利用	作物类型		具体作物类型,如茶树、柑橘树等。针对果园套种农作物等情况,需填报农作物类型
		林龄		作物生长年龄,单位:年
		产量水平		样点所在田块全年作物产量。单位:kg/亩。野外需记录茶园、枣园、苹果园等样点作物产量的计产形式,如干毛茶、干果、鲜果。针对果园套种、间种农作物等情况,需填报近1年的农作物产量,单位:kg/亩
		施肥管理(针对园地套种和间种农作物等情况,需分别记录不同作物的施肥情况)	化学氮肥 — 氮肥种类	尿素、碳酸氢铵、硫酸铵、三元复合(混)肥、缓控释肥、其他(需注明)
			化学氮肥 — 实物用量	填报全年实物用量。化学肥料、有机-无机复混肥中的无机肥部分,单位:kg/亩
			化学氮肥 — 有效养分含量	百分比(%)
			化学氮肥 — 氮肥总用量(N)	单位:kg/亩
			化学磷肥 — 磷肥种类	磷酸一铵、磷酸二铵、过磷酸钙、钙镁磷肥、三元复合(混)肥、其他(需注明)
			化学磷肥 — 实物用量	填报全年实物用量。化学肥料、有机-无机复混肥中的无机肥部分,单位:kg/亩
			化学磷肥 — 有效养分含量	百分比(%)
			化学磷肥 — 磷肥总用量(P_2O_5)	单位:kg/亩
			化学钾肥 — 钾肥种类	氯化钾、硫酸钾、三元复合(混)肥、其他(需注明)
			化学钾肥 — 实物用量	填报全年实物用量。化学肥料、有机-无机复混肥中的无机肥部分,单位:kg/亩
			化学钾肥 — 有效养分含量	百分比(%)
			化学钾肥 — 钾肥总用量(K_2O)	单位:kg/亩
			商品有机肥 — 实物用量	全年实物用量。有机肥、有机-无机复混肥中的有机肥部分,单位:kg/亩
			商品有机肥 — 有机质含量	百分比(%)
			商品有机肥 — 有机质用量	单位:kg/亩
			土杂肥	分季、分作物填报用量体积,单位:m^3/亩
			厩肥	分季、分作物填报用量体积,单位:m^3/亩
		施肥方式		沟施、穴施、撒施、水肥一体化、其他(需注明)
		绿肥种植	绿肥品种	豆科绿肥:紫云英、草木樨、苜蓿、苕子、田菁、箭舌豌豆、蚕豆、柱花草、车轴草、紫穗槐、其他(需注明);非豆科绿肥:肥田萝卜、油菜、金光菊、二月兰、其他(需注明)
			种植季节	夏季绿肥、冬季绿肥、多年生绿肥、其他绿肥(需注明)

信息项			信息填写规则说明
土壤利用信息	林草地利用	林地类型	生态公益林:防护林、特种用途林;商品林:用材林、经济林和能源林。针对林地套种、间种农作物等情况,需记录农作物类型
		林地林龄	林地乔木生长年龄。单位:年
		林地套作和间作管理	针对林地套种、间种农作物等情况,按照耕地施肥管理和产量水平填报方式,记录近 1 个熟制年度农作物施肥和产量情况
		草地类型	天然草地:温性草原类、高寒草原类、温性荒漠类、高寒荒漠类、暖性灌草丛类、热性灌草丛类、低地草甸类、山地草甸类、高寒草甸类;人工草地:改良草地、栽培草地
表层土壤调查与采样混样点个数			单位:个
表层土壤样点耕作层厚度			单位:cm
含砾石表层土壤混合样品采集		砾石丰度	指野外估测的表层土壤内所有砾石体积占整个表层土壤体积的百分比。单位:%
		砾石重量	指野外分离的粒径大于 5mm 的砾石重量。单位:g
表层土壤调查与采样照片采集		景观照(表层和剖面调查,都需要)	每个样点 4 张,拍摄者应在采样点或剖面附近,拍摄东、南、西、北四个方向的景观照片。为保证照片视觉效果,取景框下沿要接近但避开取土坑。景观照片应着重体现样点地形地貌、植被景观、土地利用类型、地表特征、农田设施等特征,要融合远景、近景
		技术领队现场工作照	每个样点 1 张,拍摄技术领队现场工作正面照,照片中含采样工具
		混样点照	每个混样点 1 张,需定位准确后再拍照。若使用不锈钢锹采样,拍摄时,采样坑需挖掘至规定深度,且已摆好刻度尺(木质、塑料质或不锈钢质刻度尺),针对耕地样点,照片应清晰完整展示耕作层厚度;若使用不锈钢土钻采样,拍摄时,土钻应入土至规定深度
		土壤混合样品采集照	每个样点 1 张,拍摄充分混匀后的土壤样品状态
		土壤容重样品采集照	每个样点 1 张,首先将不锈钢环刀打到位,且还未从土壤中挖出环刀,此时把环刀托取下,拍摄环刀无刃口端的土壤面状态
		土壤水稳性大团聚体样品采集照	适用于采集该样品的样点。每个样点 1 张,拍摄样品装入容器后的土壤样品状态
		其他照片	外业调查队认为需要拍摄的其他照片

附录 B 母质类型的划分

编码	母质类型	定义
AS	风积沙	指由风力将其他成因的砂性堆积物侵蚀、搬运、沉积而成
LO	原生黄土	是干旱、半干旱气候条件下形成的第四纪陆相沉积物,灰黄色、钙质结核、柱状节理、遇水易崩解、具有湿陷性
LOP	黄土状物质(次生黄土)	指原生黄土被流水冲刷、搬运再沉积而成的黄土。具有层理
LI	残积物	指未经外力搬运迁移而残留于原地的风化产物
LG	坡积物	指山坡地区的风化碎屑,经重力作用,加上雨水或融雪水的侵蚀作用,搬运到山坡中、下部的堆积物
MA	洪积物	指由山洪搬运的碎屑物质在山前平原地区沉积而形成的洪水沉积体。通常在近山部分物质较粗,分选较差,随着流水营力变弱,堆积物质也逐渐变细
FL	冲积物	指岩石风化碎屑经河流搬运远沉积而成的沉积物。由于河水多次沉积,往往土层深厚,质地因流水分选作用,而层次明显,沉积物成分比较复杂
PY	海岸沉积物	在海岸地带由碎屑沉积物堆积而成。沉积物由砾石组成的,叫砾滩;由砂组成的,叫沙滩;在波浪的长期作用下,砂粒具有良好的分选性和磨圆度。成分单一,不稳定矿物少,以石英砂最为常见。沙滩表面具有不对称波浪,内部具有交错层理
AL	湖泊沉积物	指沉积物在湖泊中进行的沉积,包括机械的、有机的和化学的沉积。机械沉积的物质来源于河流和击岸浪破坏湖岸的产物,有机沉积有贝壳的堆积、有机淤泥、腐殖质和泥炭等,化学沉积有岩盐、石膏、碳酸钙和沼铁矿等
VA	河流沉积物	地面水流入河流,常常携带陆地表面物质,与水流一起向下游输送。当河流的输沙能力小于其来沙量时,引起泥沙迁移速度下降而停留在河床上或向道两侧,形成了河流沉积物。它包括河槽沉积物、河漫滩沉积物两种基本亚类和其他一些亚类(或过渡类型)
CO	火成碎屑沉积物	由火山碎屑物质堆积而成的岩石碎屑沉积物。其特征介于熔岩与正常沉积岩之间。直径小于 2mm 的叫火山灰,凝固后即为凝灰岩;火山砾较大,火山弹则比火山砾更大,常呈锭子状;火山块为大型角状碎屑,火山喷发时以固态喷出
GT	冰川沉积物(冰碛物)	在冰川堆积作用过程中,所挟带和搬运的碎屑构成的堆积物,称冰川沉积物。它是冰川消融后,以不同形式搬运的物质堆积而成。它实质上是未经其他外力特别是未经冰融水明显改造的沉积物
GF	冰水沉积物	冰川融化形成的水称为冰水,由冰水搬运和堆积的沉积物为冰水沉积物,它具有一定的分选性、磨圆度和层理构造,但又保存着冰川作用的痕迹,如在冰积砾石上有冰擦痕与磨光面等。与一般河流冲积物的区别是,冰水沉积物夹有漂砾和冰碛透镜体
SA	有机沉积物	(古)湖泊中生长的大量植物、藻类在滞水还原环境中分解,并可能和淤泥一起组成富含有机质的沉积物
CD	崩积物	陡峻斜坡上的土石体突然向坡下翻滚坠落所形成的堆积物。产生于土体的"土崩";产生于岩体的称"岩崩";规模巨大的,涉及山体稳定者称"山崩";产生于河、湖岸坡的称"岸崩"。崩落大小不等的土石碎屑物,堆积于坡脚,总称为"崩积物"
QR	(古)红黏土	属第三纪和第四纪沉积物,是古代较湿热的生物气候条件下形成的。由于强烈的风化和淋溶作用,使矿质颗粒遭到强烈的破坏和分解,盐基离子大量淋失而铁锰氧化物相对聚集,故呈暗红色或棕红色
OT	其他	需注明

附录 C　土地利用现状分类（GB/T 21010—2017）

一级类		二级类		含义
编码	名称	编码	名称	
01	耕地			指种植农作物的土地，包括熟地，新开发、复垦、整理地，休闲地（含轮歇地、休耕地）；以种植农作物（含蔬菜）为主，间有零星果树、桑树或其他树木的土地；平均每年能保证收获一季的已垦滩地和海涂。耕地中包括南方宽度＜1.0m，北方宽度＜2.0m 固定的沟、渠、路和地坎（硬）；临时种植药材、草皮、花卉、苗木等的耕地，临时种植果树、茶树和林木且耕作层未破坏的耕地，以及其他临时改变用途的耕地
		0101	水田	指用于种植水稻、莲藕等水生农作物的耕地。包括实行水生、旱生农作物轮种的耕地
		0102	水浇地	指有水源保证和灌溉设施，在一般年景能正常灌溉，种植旱生农作物（含蔬菜）的耕地。包括种植蔬菜的非工厂化的大棚用地
		0103	旱地	指无灌溉设施，主要靠天然降水种植旱生农作物的耕地，包括没有灌溉设施，仅靠引洪淤灌的耕地
02	园地			指种植以采集果、叶、根、茎、汁等为主的集约经营的多年生木本和草本作物，覆盖度≥50％或每亩株数大于合理株数70％的土地。包括用于育苗的土地
		0201	果园	指种植果树的园地
		0202	茶园	指种植茶树的园地
		0203	橡胶园	指种植橡胶树的园地
		0204	其他园地	指种植桑树、可可、咖啡、油棕、胡椒、药材等其他多年生作物的园地
03	林地			指生长乔木、竹类、灌木的土地，及沿海生长红树林的土地。包括迹地，不包括城镇、村庄范围内的绿化林木用地，铁路、公路征地范围内的林木，以及河流、沟渠的护堤林
		0301	乔木林地	指乔木郁闭度≥0.2 的林地，不包括森林沼泽
		0302	竹林地	指生长竹类植物，郁闭度≥0.2 的林地
		0303	红树林地	指沿海生长红树植物的林地
		0304	森林沼泽	以乔木森林植物为优势群落的淡水沼泽
		0305	灌木林地	指灌木覆盖度≥40％的林地。不包括灌丛沼泽
		0306	灌丛沼泽	以灌丛植物为优势群落的淡水沼泽
		0307	其他林地	包括疏林地（指树木郁闭度≥0.1、＜0.2 的林地）、未成林地、迹地、苗圃等林地
04	草地			指以生长草本植物为主的土地
		0401	天然牧草地	指以天然草本植物为主，用于放牧或割草的草地，包括实施禁牧措施的草地，不包括沼泽草地
		0402	沼泽草地	指以天然草本植物为主的沼泽化的低地草甸、高寒草甸
		0403	人工牧草地	人工种植牧草的草地
		0404	其他草地	树木郁闭度＜0.1，表层为土质，不用于放牧的草地

一级类		二级类		含义
编码	名称	编码	名称	
05	商服用地			指主要用于商业、服务业的土地
		0501	零售商业用地	以零售功能为主的商铺、商场、超市、市场，及加油、加气、充换电站等的用地
		0502	批发市场用地	以批发功能为主的市场用地
		0503	餐饮用地	饭店、餐厅、酒吧等用地
		0504	旅馆用地	宾馆、旅馆、招待所、服务型公寓、度假村等用地
		0505	商务金融用地	指商务服务用地，以及经营性的办公场所用地。包括写字楼、商业性办公场所、金融活动场所和企业厂区外独立的办公场所；信息网络服务、信息技术服务、电子商务服务、广告传媒等用地
		0506	娱乐用地	指剧院、音乐厅、电影院、歌舞厅、网吧、影视城、仿古城以及绿地率小于65%的大型游乐等设施用地
		0507	其他商服用地	指零售商业、批发市场、餐饮、旅馆、商务金融、娱乐用地以外的其他商业、服务业用地。包括洗车场、洗染店、照相馆、理发美容店、洗浴场所、赛马场、高尔夫球场、废旧物资回收站、机动车修理点、电子产品和日用产品修理网点、物流营业网点，及居住小区及小区级以下的配套的服务设施等用地
06	工矿仓储用地			指主要用于工业生产、物资存放场所的土地
		0601	工业用地	指工业生产、产品加工制造、机械和设备修理及直接为工业生产等服务的附属设施用地
		0602	采矿用地	指采矿、采石、采砂(沙)场，砖瓦窑等地面生产用地，排土(石)及尾矿堆放地
		0603	盐田	指用于生产盐的土地。包括晒盐场所、盐池及附属设施用地
		0604	仓储用地	指用于物资储备、中转的场所用地。包括物流仓储设施、配送中心、转运中心等
07	住宅用地			指主要用于人们生活居住的房基地及其附属设施的土地
		0701	城镇住宅用地	指城镇用于生活居住的各类房屋用地及其附属设施的土地，不含配套的商业服务设施等的土地
		0702	农村宅基地	指农村用于生活居住的宅基地
08	公共管理与公共服务用地			指用于机关团体、新闻出版、科教文卫、公用设施等的土地
		0801	机关团体用地	指用于党政机关、社会团体、群众自治组织等的土地
		0802	新闻出版用地	指用于广播电台、电视台、电影厂、报社、杂志社、通讯社、出版社等的土地
		0803	教育用地	指各类教育的用地。包括高等院校、中等专业学校、中学、小学、幼儿园及其附属设施用地，聋、哑、盲人学校及工读学校用地，以及为学校配建的独立地段的学生生活用地
		0804	科研用地	指独立的科研、勘察、研发、设计、检验检测、技术推广、环境评估与监测、科普等科研事业单位及其附属设施用地
		0805	医疗卫生用地	指医疗、保健、卫生、防疫、康复和急救设施等用地。包括综合医院、专科医院、社区卫生服务中心等用地；卫生防疫站、专科防治所、检验中心和动物防疫站等用地；对环境有特殊要求的传染病、精神病等专科医院用地；急救中心、血库等用地

一级类		二级类		含义
编码	名称	编码	名称	
08	公共管理与公共服务用地	0806	社会福利用地	指为社会提供福利和慈善服务的设施及其附属设施用地。包括福利院、养老院、孤儿院等用地
		0807	文化设施用地	指图书、展览等公共文化活动设施用地。包括公共图书馆、博物馆、档案馆、科技馆、纪念馆、美术馆和展览馆等设施用地；综合文化活动中心、文化馆、青少年宫、儿童活动中心、老年活动中心等设施用地
		0808	体育用地	指体育场馆和体育训练基地等用地。包括室内外体育运动用地，如体育场馆、游泳场馆、各类球场及其附属的业余体校等用地，溜冰场、跳伞场、摩托车场、射击场、水上运动的陆域部分等用地，以及为体育运动专设的训练基地用地，不包括学校等机构专用的体育设施用地
		0809	公用设施用地	指用于城乡基础设施的用地。包括供水、排水、污水处理、供电、供热、供气、邮政、电信、消防、环卫、公用设施维修等用地
		0810	公园与绿地	指城镇、村庄范围内的公园、动物园、植物园、街心花园、广场等的用地，和用于休憩、美化环境及防护的绿化用地
09	特殊用地			指用于军事设施、涉外、宗教、监教、殡葬、风景名胜等的土地
		0901	军事设施用地	指直接用于军事目的的设施用地
		0902	使领馆用地	指外国政府及国际组织驻华使领馆、办事处等的用地
		0903	监教场所用地	指监狱、看守所、劳改场、戒毒所等的建筑用地
		0904	宗教用地	指专门用于从事宗教活动的庙宇、寺院、道观、教堂等的土地
		0905	殡葬用地	指陵园、墓地、殡葬场所用地
		0906	风景名胜设施用地	指风景名胜景点(包括名胜古迹、旅游景点、革命遗址、自然保护区、森林公园、地质公园、湿地公园等)的管理机构，以及旅游服务设施的建筑用地。景区内的其他用地按现状归入相应地类
10	交通运输用地			指用于运输通行的地面线路、场站等的土地。包括民用机场、汽车客货运场站、港口、码头、地面运输管道和各种道路以及轨道交通用地
		1001	铁路用地	指用于铁道线路及场站的用地。包括征地范围内的路堤、路堑、道沟、桥梁、林木等用地
		1002	轨道交通用地	指用于轻轨、现代有轨电车、单轨等轨道交通用地，以及场站的用地
		1003	公路用地	指用于国道、省道、县道和乡道的用地。包括征地范围内的路堤、路堑、道沟、桥梁、汽车停靠站、林木及直接为其服务的附属用地
		1004	城镇村道路用地	指城镇、村庄范围内公用道路及行道树用地，包括快速路、主干路、次干路、支路、专用人行道和非机动车道，及其交叉口等
		1005	交通服务场站用地	指城镇、村庄范围内交通服务设施用地。包括公交枢纽及其附属设施用地、公路长途客运站、公共交通场站、公共停车场(含设有充电桩的停车场)、停车楼、教练场等用地，不包括交通指挥中心、交通队用地

一级类		二级类		含义
编码	名称	编码	名称	
10	交通运输用地	1006	农村道路	在农村范围内,南方宽度≥1.0m,≤8.0m,北方宽度≥2.0m,≤8.0m,用于村间、田间交通运输,并在国家公路网络体系之外,以服务于农村农业生产为主要用途的道路(含机耕道)
		1007	机场用地	指用于民用机场、军民合用机场的土地
		1008	港口码头用地	指用于人工修建的客运、货运、捕捞及工程、工作船舶停靠的场所及其附属建筑物的土地,不包括常水位以下部分
		1009	管道运输用地	指用于运输煤炭、矿石、石油和天然气等管道及其相应附属设施的地上部分土地
11	水域及水利设施用地			指陆地水域,滩涂、沟渠、沼泽、水工建筑物等用地。不包括滞洪区和已垦滩涂中的耕地、园地、林地、城镇、村庄、道路等用地
		1101	河流水面	指天然形成或人工开挖河流常水位岸线之间的水面。不包括被堤坝拦截后形成的水库区段水面
		1102	湖泊水面	指天然形成的积水区常水位岸线所围成的水面
		1103	水库水面	人工拦截汇聚而成的总设计库容≥10万m³的水库正常蓄水位岸线所围成的水面
		1104	坑塘水面	指人工开挖或天然形成的蓄水量<10万m³的坑塘常水位岸线所围成的水面
		1105	沿海滩涂	指沿海大潮高潮位与低潮位之间的潮浸地带。包括海岛的沿海滩涂,不包括已利用的滩涂
		1106	内陆滩涂	指河流、湖泊常水位至洪水位间的滩地;时令潮、河洪水位以下的滩地,水库、坑塘的正常蓄水位与洪水位间的滩地,包括海岛的内陆滩地,不包括已利用的滩地
		1107	沟渠	指人工修建,南方宽度≥1.0m,北方宽度≥2.0m,用于引、排、灌的渠道,包括渠槽、渠堤、护堤林和小型泵站
		1108	沼泽地	指经常积水或渍水,一般生长湿生植物的土地。包括草本沼泽、苔藓沼泽、内陆盐沼等。不包括森林沼泽、灌丛沼泽和沼泽草地
		1109	水工建筑用地	指人工修建的闸、坝、堤路林、水电厂房、扬水站等常水位岸线以上的建(构)筑物用地
		1110	冰川及永久积雪	指表层被冰雪常年覆盖的土地
12	其他土地			指上述地类以外的其他类型的土地
		1201	空闲地	是指城镇、村庄、工矿范围内尚未使用的土地。包括尚未确定用途的土地
		1202	设施农用地	指直接用于经营性畜禽养殖生产设施及附属设施用地;直接用于作物栽培或水产养殖等农产品生产的设施及附属设施用地;直接用于设施农业项目辅助生产的设施用地;晾晒场、粮食果品烘干设施、粮食和农资临时存放场所、大型农机具临时存放场所等规模化粮食生产所必需的配套设施用地
		1203	田坎	指梯田及梯状坡地耕地中,主要用于拦蓄水和护坡,南方宽度≥1.0m,北方宽度≥2.0m的地坎

续表

一级类		二级类		含义
编码	名称	编码	名称	
12	其他土地	1204	盐碱地	指表层盐碱聚集，生长天然耐盐植物的土地
		1205	沙地	指表层为沙覆盖、基本无植被的土地。不包括滩涂中的沙地
		1206	裸土地	指表层为土质，基本无植被覆盖的土地
		1207	裸岩石砾地	指表层为岩石或石砾，其覆盖面积≥70%的土地

附录 D 土壤样品交接表

样品交接人（签字）				物流信息	物流单号：	联系电话：
样品交接人手机号				交接日期	20＿年＿月＿日	
样品交接人单位						
样品信息	样品类型		样品数量	样品接收时情况	样品和包装情况	
	□耕地□园地□林地□草地				□样品外包装良好	
	□表层土壤混合样品				□样品外包装异常	
	□表层土壤容重样品				□样品状态良好	
	□表层土壤水稳性大团聚体样品				□样品状态异常	
	□剖面土壤发生层样品				□样品重量达到要求	
	□剖面土壤容重样品				□样品重量未达到要求	
	□剖面土壤水稳性大团聚体样品					
	□盐碱地剖面样点水样					
	□剖面土壤纸盒标本					
	□剖面土壤整段标本					
样品接收人（签字）				样品接收时间	20＿年＿月＿日	
样品接收人手机号				样品交接备注		
样品接收人单位						

附录 E 土壤剖面形态调查信息采集项目清单及填报说明

土壤剖面形态特征描述项		描述项规则说明
发生层性状	发生层深度	每个发生层的上界和下界深度，如 0～15cm，15～32cm
	发生层名称	每个发生层的名称，如耕作层、犁底层、水耕氧化还原层（潴育层）、水耕氧化还原层（渗育层）

土壤剖面形态特征描述项			描述项规则说明
发生层符号			每个发生层的符号,如 Ap1、Ap2、Br(潴育层)、Br(渗育层)
	边界	明显度	突变、清晰、渐变、模糊
		过渡形状	平滑、波状、不规则、间断
	颜色	芒塞尔颜色	野外润态比色,或者室内干态、润态比色。格式:浊黄棕色(10YR4/3,干),暗棕色(10YR3/3,润)
	根系	丰度	无、很少、少、中、多
		大小	极细、细、中、粗、很粗
		根系性质	活的或已腐烂的木本或草本植物根系
	质地		砂土、砂壤土、壤土、粉壤土、黏壤土、黏土
发生层性状	结构	形状及大小	片状:很薄、薄、中、厚、很厚
			柱状、棱柱状、楔状:很小、小、中、大、很大
			角块状、团块状、核状:很小、小、中、大、很大
			粒状、团粒状、屑粒状:很小、小、中、大、很大
			单粒状:无结构
			整块状:细沉积层理、风化矿物结晶、其他(需注明)
			糊泥状:无结构
		发育程度	很弱(保留大部分母质特性)、弱(保留部分母质特性)、中(保留少量母质特性)、强(基本没有母质特性)、很强(没有母质特性)
	土内砾石	丰度	指野外估测的土壤发生层内所有砾石体积占整个发生层体积的百分比,不超过 5%时,可填 0%、2%、5%;超过 5%时,以 5%为等级间隔填报具体数字
		重量	指野外分离的粒径大于 5mm 的砾石重量,单位:g
		大小	很小、小、中、大、很大
		形状	棱角状、次棱角状、次圆状、圆状
		风化程度	微风化(包括新鲜)、中等风化、强风化、全风化
	结持性		松散、极疏松、疏松、稍坚实-坚实、很坚实、极坚实
	新生体	斑纹 丰度	无、很少、少、中、多、很多
		大小	很小、小、中、大
		组成物质	铁氧化物、锰氧化物、铁锰氧化物、高岭石、二氧化硅、其他(需注明)
		位置	结构体表面、结构体内、孔隙周围、根系周围
		胶膜 丰度	无、很少、少、中、多、很多、极多

土壤剖面形态特征描述项				描述项规则说明
发生层性状	新生体	胶膜	位置	结构面、垂直结构面、水平结构面、粗碎块、薄片层、孔隙、无一定位置
			组成物质	黏粒、黏粒-铁锰氧化物、腐殖质（有机质）、黏粒-腐殖质、铁锰氧化物、粉砂、其他（需注明）
			与土壤基质对比度	模糊、明显、显著
		矿质瘤状结核	丰度	无、很少、少、中、多、很多、极多
			种类	晶体、结核、软质分凝物、假菌丝体、石灰膜、瘤状物、残留岩屑
			大小	很小、小、中、大
			形状	球形、管状、扁平、不规则、角块、粉状
			硬度	用小刀难以破开、用小刀易于破开、硬软兼有、软
			组成物质	碳酸钙（镁）、二氧化硅、铁锰氧化物、石膏、易溶盐类、其他（需注明）
		磐层胶结	胶结程度	无、紧实但非胶结、弱胶结、中胶结、强胶结
			组成物质	碳酸盐、二氧化硅、碳酸盐-二氧化硅、铁氧化物、铁锰氧化物、铁锰氧化物-有机质、石膏、黏粒、黏粒-铁锰氧化物
			成因或起源	自然形成、机械压实、耕犁、其他（需注明）
	滑擦面	面积		无、少、中、多、很多
	侵入体	种类		草木炭、贝壳、陶瓷碎片、煤渣、工业粉尘、废弃液、砖、瓦、水泥、钢筋等建筑物碎屑、其他（需注明）
		丰度		无、很少、少、中
	土壤动物	种类		蚯蚓、蚂蚁/白蚁、田鼠、甲虫、其他（需注明）
		丰度		无、少、中、多
		影响情况		动物孔穴、蚯蚓粪
	野外速测特征	石灰反应		无、轻度石灰性、中度石灰性、强石灰性、极强石灰性
		亚铁反应		无、轻度、中度、强度
		土壤碱化反应		无、轻度碱化、中度碱化、强度碱化
		土壤酸碱反应		酸性、中性、碱性
土体性状	耕作层厚度			针对耕地样点，单位：cm
	有效土层厚度			根据实际情况记录，单位：cm
	土体厚度			根据实际情况记录，单位：cm

土壤剖面形态特征描述项		描述项规则说明
地下水出现的深度		挖掘剖面时,观察并记录地下水出现的深度,单位:cm。挖掘剖面时,若观察到地下水出现,地下水深度描述为地下水实际出现时的深度,如60cm;若未观察到地下水出现,地下水深度描述为大于剖面挖掘的深度,如大于150cm
土壤剖面野外述评	土壤剖面形态的发生学解释	针对土壤剖面的形态学特征,分析其与成土环境条件、形成过程之间的关系。例如,剖面中出现的铁锈斑纹新生体,说明剖面中具有(或曾经有)水分上下运动的过程,从而出现了氧化还原交替。对于某些野外难以理解的特征,应标注现象、特征与疑问,以便在室内进一步分析时再做判定,并通过在线平台进行专家远程咨询
	土壤剖面的生产性能评述	生产性能评述包括记录和评价土壤适耕性、障碍因素与障碍层次、土壤生产力水平及土宜情况,提出土壤利用、改良、修复等的建议
土壤类型名称	中国土壤地理发生分类名称	鉴定到土种级别,土纲—亚纲—土类—亚类—土属—土种
	中国土壤系统分类名称	检索到亚类级别,土纲—亚纲—土类—亚类
剖面土壤调查采样照片采集	剖面踏勘点景观照	每个剖面点至少 3 个踏勘点,每个踏勘点 4 张。为核实确定土壤类型图斑内主要土壤类型,在图斑内踏勘时,应至少选择 3 个踏勘点,要求所有踏勘点两两之间的间距原则上不低于500m,拍摄每个踏勘点东西南北四个方向的景观照片
	剖面点景观照	每个样点 4 张,拍摄者应在采样点或剖面附近,拍摄东、南、西、北四个方向的景观照片。为保证照片视觉效果,取景框下沿要接近但避开取土坑。景观照片应着重体现样点地形地貌、植被景观、土地利用类型、地表特征、农田设施等特征,要融合远景、近景
	标准剖面照	每个样点 2 张,一种是剖面上方不放置纸盒,另一种是剖面上方放置带样点编号的纸盒。放置纸盒时以剖面或剖面尺为中心,纸盒底部外侧用黑色记号笔清晰标记剖面样点编号
	技术领队现场工作照	每个样点 1 张,拍摄技术领队现场工作正面照,照片中含采样工具
	剖面坑场景照	每个样点 1 张,照片应清晰完整展示挖掘完毕的整个剖面坑、修整好的观察面以及挖出的堆放在剖面坑两侧的土
	土壤容重样品采集照	每个样点 1 张,首先将不锈钢环刀打到位,且还未从土壤中挖出环刀,此时把环刀托取下,拍摄环刀无刃口端的土壤面状态
	土壤水稳性大团聚体样品采集照	每个样点 1 张,拍摄样品装入容器后的土壤样品状态

土壤剖面形态特征描述项		描述项规则说明
剖面土壤调查采样照片采集	纸盒土壤标本采集照	每个样点 1 张,野外利用数码相机拍摄纸盒土壤标本采集完成后的照片。拍照时,取下纸盒顶盖,展示出土壤标本,并将顶盖与底盒并排摆放整齐,纸盒顶盖完整标记样点编号、采样深度等全部信息,将数码相机镜头垂直纸盒土壤标本进行拍摄
	整段土壤标本采集照	适用于国家整段土壤标本采集的样点,每个样点 1 张,野外利用数码相机拍摄整段土壤标本采集后,未安装上盖的照片。照片内容应包含整段土壤标本的全貌、样点编号等信息
	剖面形态特征特写照	适用于有明显的新生体、结构体、侵入体或土壤动物活动痕迹等的剖面样点,每个样点 1 张,野外利用数码相机拍摄,且应摆放微型标尺
	剖面点所在景观位置断面图照片	手绘出剖面点所在景观位置断面图,拍照或扫描上传土壤普查平台。断面图应反映剖面点所在位置的景观特征(地形、土地利用、母质等)、断面方位、水平距离、剖面点位置、剖面编号等信息
	其他照片	外业调查队认为需要拍摄的其他照片

附录 F　土壤主要发生层命名与符号标准

发生层符号		发生层命名	发生学释义
表层类	Oi	枯枝落叶层	未分解的有机土壤物质组成的表层,层中仍以明显的植物碎屑为主
	Oe	半腐有机物质表层	由半腐有机土壤物质组成的表层,层中仍以植物纤维碎屑为主
	Oa	高腐有机物质表层	由高分解的泥炭质有机土壤物质组成的表层,植物碎屑含量极少
	Oo	草毡表层	高寒草甸植被下具高量有机碳有机土壤物质、活根与死根交织缠结的草毡状表层
	Ah	暗沃、暗瘠、淡薄表层	具有不同程度腐殖质累积形成的腐殖质表层,结构良好,颜色较暗
	Ap	耕作层	统一表示受耕作影响的表层
	Ap1	旱地耕作表层或水耕表层	
	Ap2	水稻土的犁底层或旱地受耕作影响的土层	
	Apb	耕作埋藏层	曾经的耕作层,后因故被掩埋,在表下层层段出现颜色深暗、有机质累积的土层
	Aup	灌淤表层或堆垫表层	受人为淤积过程或堆垫过程影响形成的耕作层
	Ac	孔泡结皮层、干旱表层	在干旱水分条件下形成特有的孔泡结皮层

发生层符号		发生层命名	发生学释义
表层类	Ad	片状层	
	K	盐结壳	由大量易溶性盐胶结成灰白色或灰黑色表层结壳
表下层	E	淋溶层、漂白层	由于土层中黏粒和/或游离氧化铁淋失,有时伴有氧化铁就地分凝,形成"颜色主要由砂粉粒的漂白物质所决定"的土层
	Bg	潜育层	长期水分饱和,导致土壤发生强烈还原的土层
	Bh	具有腐殖质特性的表下层	B层中伴有腐殖质淋淀或重力积累特征的土层,结构体内外或孔道可见腐殖质胶膜
	Bk	钙积层、超钙积层	含有含量不同的次生碳酸盐、未胶结的土层,常见各种次生碳酸盐新生体
	Bkm	钙磐(强胶结,手无法掰开)	由碳酸盐胶结或硬结,形成磐状土层,手无法掰开
	Bl	网纹层	发生在亚热带、热带地区第四系红黏土上具有网纹特征的土层
	Bn	碱积层	钠聚集层
	Br	氧化还原层	在潮湿、滞水或人为滞水条件下,受季节性水分饱和,发生土壤氧化、还原交替作用而形成锈纹锈斑、铁锰凝团、结核、斑块或铁磐
	Bs	铁锰淀积层	在非人为影响下的自然土壤(如黄褐土、黄棕壤等)的位于B层上部的铁锰淀积层
	Bt	黏化层	由于黏粒含量明显高于上覆土层的表下层,在土壤孔隙壁、结构体表面常见厚度大于0.5mm的黏粒胶膜
	Btv	具有变性特征的土层	具有变性特征的土层,层内可见密集相交、发亮且有槽痕的划擦面,或自吞特征
表下层	Bw	雏形层	无或基本无物质淀积、无明显黏化但具有结构发育的B层
	Bx	紧实层(弱胶结,手可以掰开)	固态坚硬,但未形成磐状层
	Btx	次生黏化层	发生原位黏化(或次生黏化),黏粒含量明显高于上层的紧实层
	Btm	黏磐(强胶结,手无法掰开)	形成黏粒胶结的磐状层,手掰不开
	By	石膏层、超石膏层	富含不同含量的次生石膏、未胶结和未硬结的土层
	Bym	石膏磐(强胶结,手无法掰开)	由石膏胶结形成的磐状层
	Bz	盐积层、超盐积层	易溶性盐类富集的土层
	Bzm	盐磐(强胶结,手无法掰开)	以氯化钠为主的易溶性盐类胶结或硬结形成的磐状层
	Bφ	磷聚积层	具有富磷特性的土层
	Bφm	磷质硬磐	由磷酸盐和碳酸钙胶结或硬结形成的磐状土层
母质层	C	母质层	岩石风化后的残积物层或经过机械搬运的沉积层,未见任何土壤结构
母岩	R	基岩	形成土壤的基岩

附录 G　规范性引用文件

GB 19377—2003	《天然草地退化、沙化、盐渍化的分级指标》
GB/T 33469—2016	《耕地质量等级》
NY/T 2997—2016	《草地分类》
GB/T 30600—2022	《高标准农田建设　通则》
GB/T 17296—2009	《中国土壤分类与代码》
GB/T 21010—2017	《土地利用现状分类》
GB/T 2260—2007	《中华人民共和国行政区划代码》
GB/T 13989—2012	《国家基本比例尺地形图分幅和编号》
GB/T 20257 系列	国家基本比例尺地图图式（包括 GB/T 20257.1—2017、GB/T 20257.2—2017、GB/T 20257.3—2017、GB/T 20257.4—2017）
GB/T 19231—2003	《土地基本术语》
TD/T 1055—2019	《第三次全国国土调查技术规程》

中国土壤系统分类检索（第三版）. 合肥：中国科学技术大学出版社，2001.

土壤学大辞典. 北京：科学出版社，2013.

野外土壤描述与采样手册. 北京：科学出版社，2022.

附录 H　术语与定义

1. 表层土壤混合样品

指采用梅花法、棋盘法或蛇形法等布设方法，从同一个田块或样地的多个采样点按同一深度、同一重量采集并混合均匀的表层土壤样品。

2. 土壤发生层

指由成土作用形成的，具有发生学特征的土壤剖面层次。能反映土壤形成过程中物质迁移、转化和累积的特点。

3. 土壤剖面

指由与地表大致平行的层次组成的从地表至母质的三维垂直断面。

4. 整段土壤标本

指从野外用木盒等套取并经加工制作而成的保持自然结构形态的原状土柱标本，可反映土壤剖面性状。主要服务于辨识土壤类型、理解土壤形成过程、发现障碍层等科研、教学、科普等任务。

5. 纸盒土壤标本

指土壤剖面调查过程中，从野外采集并保存于纸盒中的一组保持自然结构形态的土壤发生层土块标本，每组土块标本的排列顺序与剖面发生层次序保持一致。主要服务于比土、评土、展示等任务。

6. 土壤新生体

指土壤发生过程中物质淋溶淀积和重新集聚的生成物。

7. 土壤侵入体

指非土壤固有的，而是由外界进入土壤的特殊物质。

8. 耕作层厚度

指经耕种熟化而形成的土壤表土层厚度。

9. 有效土层厚度

指从地表起植物根系垂直延伸到可吸收养分的土层厚度（不含半风化体及粒径大于2mm 的砾石或卵石含量超过 75％的碎石层）。当土体中有障碍层时，为障碍层上界面以上的土层厚度。当土体中既无碎石层也无障碍层时，为母质层上界面以上厚度。

10. 土体厚度

指母岩层以上，由松散土壤物质组成的，包括表土层、心土层、母质层（不含半风化体及粒径大于 2mm 的砾石或卵石含量超过 75％的碎石层）在内的土壤层总厚度。

11. 绿肥作物

指以其新鲜植物体就地翻压或经堆沤后施入土壤作肥料用的栽培植物的总称。

12. 高标准农田

指田块平整、集中连片、设施完善、节水高效、农电配套、宜机作业、土壤肥沃、生态友好、抗灾能力强，与现代农业生产和经营方式相适应的旱涝保收、稳产高产的耕地。

13. 图斑

土地利用类型、土壤类型等某一地块的图形范围，或二类图形叠加形成的图形范围。图斑是土壤普查的基本单元。

14. 土壤表层采样

在土壤表层进行土壤样品采集。对于耕地、林地、草地而言，采样深度为 0～20cm；对于园地，采样深度为 0～40cm。

15. 入样图斑

入样图斑是有采样点分配任务的图斑，是叠加图斑的子集。

16. 宏观代表性

样点分布反映宏观尺度上土壤空间分布规律。

17. 局地代表性

样点应体现局地尺度上典型的土壤类型。

18. 缩略语

① DEM：digital elevation model，数字高程模型。

② GIS：geographic information system，地理信息系统。

③ RS：remote sensing，遥感。

④ GPS：global positioning system，全球定位系统。

第四章

土壤样品制备与检测

第一节　样品制备

一、基本要求

省级第三次全国土壤普查领导小组办公室（以下简称"省级土壤普查办"）根据本区域土壤样品采集数量情况，统筹安排样品制备工作任务，由本区域确定的承担样品制备和检测任务的实验室操作实施。有样品集中制备工作基础的省（区、市）可通过样品制备中心等方式，集中统一制备土壤样品。样品制备与检测应按照制检分离原则，分别由不同单位承担；只能由同一单位承担的，省级土壤普查办应加大质量监督检查力度。

二、制订计划

省级土壤普查办负责制订样品制备计划。应参考 NY/T 1121.1—2006 制订样品制备计划，主要包括任务安排、制样场地、人员配备、制备流程、制备时限、样品流转、质量控制等要求。

承担样品制备任务的实验室应制订年度样品制备实施方案。

三、制备种类

土壤样品制备种类分为表层样品、剖面样品和水稳性大团聚体样品。

四、制样场地

包括风干室和样品制备室。

① 风干室应通风良好、整洁、温湿度适宜，远离易挥发性化学物质、避免阳光直射，其面积应与承接制样任务数量相匹配，高湿地区根据需要安装除湿设施。如受场所限制不能

集中风干，应确保每个分散风干的场所均满足本规范要求，并安排专人负责日常监督管理。

② 样品制备室应通风良好，每个制样工位适当隔离，避免交叉污染；面积不少于 $80m^2$，室内具备互联网络条件，并安装在线全方位监控摄像头，确保每个工位工作可以随时接受远程实时检查。制样过程全程摄像并保存记录不少于 1 年。

五、粗磨制样工具

① 盛放用的木盘、塑料盘、有机玻璃盘、晾土架等。

② 粉碎用的木槌、木铲、木棍，有机玻璃板或硬质木板或无色聚乙烯薄板等。

③ 孔径为 2mm 的尼龙筛。

④ 用静电吸附去除植物残体的器具，如有机玻璃棒、丝绸、静电除杂仪器等。

⑤ 磨口玻璃瓶、聚乙烯塑料瓶等样品分装容器，规格根据样品量而定，可采用不同规格的瓶分装不同粒径的样品。不得使用含有待测组分或对测试有干扰的材料制成的样品瓶或样品袋盛装样品。

⑥ 电子天平（0.1g 或 0.01g）、原始记录表等。

六、外业样品接收

外业调查队指定专人负责流转组批后的表层样品、剖面样品和水稳性大团聚体样品至承担样品制备任务的检测实验室。实验室接收样品时，要指定专人负责样品接收确认，重点检查样品标签、样品状况、样品重量、样品数量、样品包装情况等，样品重量应满足风干后土壤样品库样品和粗磨后留存样品、送检样品等样品重量要求，如发现破损、重量不足、样品信息不全等情况不予接收，并及时报告省级土壤普查办。

七、制备流程

（一）表层样品

1. 风干

在风干室将土样放置于盛样器皿中，除去土壤中混杂的动植物残体等，摊成 2～3cm 的薄层，置于阴凉处自然风干，严禁暴晒或烘烤。风干过程中，应适时翻动，用木槌敲碎（或用两个木铲搓碎）土样，进一步清理土壤中的动植物残体等杂物。翻动过程要注意防止样品间交叉污染。对于黏性土壤，在土壤样品半干时，戴一次性丁腈或聚乙烯等无污染材质手套将大块土捏碎，以免完全干后结成硬块。样品风干后混匀，一部分按照国家级和省级土壤样品库留存量要求，采用四分法分取后装入容器中，流转至土壤样品库保存，剩余样品粗磨制成 2mm 样品，数量要确保样品检测和质控等需要。

2. 粗磨

将样品置于有机玻璃板（或硬质木板或无色聚乙烯薄板）上，用木槌轻轻敲碎，再用木棍或有机玻璃棒进行再次压碎，细小已断的植物须根采用静电吸附的方法清除。将检测样品手工研磨后，过孔径 2mm 尼龙筛，去除 2mm 以上的石砾，大于 2mm 的土团要反复研磨、过筛，直至全部通过。研磨过程中不可随意遗弃样品，应及时填写样品制备原始记录，注意记录用于制备的风干样重量和过筛后的样品重量。

3. 称重

土壤样品应记录风干、粗磨过程中弃去的碎石和石砾等质量，并计算质量百分数。

4. 分装

粗磨后样品充分混匀后进行分装。每个表层样品的送检样品不少于 800g，留存样品不少于 200g。如果送检样品含密码平行样，则不少于 1600g。

（二）剖面样品

参照表层样品风干步骤，剖面样品风干后，一部分样品按照国家级和省级土壤样品库留存量要求，采用四分法分取后装入容器中，流转至土壤样品库保存；剩余样品按照表层样品要求进行粗磨，分层完成相关操作。

每层剖面样品的送检样品不少于 800g，留存样品不少于 200g。如果送检样品含密码平行样，则不少于 1600g。

（三）水稳性大团聚体样品

将野外采集的土壤在湿润状态（不粘手且容易剥开、经接触不变形），沿自然结构轻轻剥成 10～12mm 直径的小土块，弃去根系与植物残渣和杂物。剥样时应沿土壤的自然结构轻轻剥开，避免样品受机械压力而变形。然后，将样品按表层样品制备相关要求风干，风干时应尽可能保持样品形态，严禁压碎或搓碎样品。水稳性大团聚体样品风干后，送检样品不少于 1100g，如果送检样品含密码平行样，则不少于 1600g。

（四）注意事项

① 样品风干、粗磨、分装过程中，样品编码必须始终保持一致。
② 制样所用工具每处理完一个样品后需清洁干净，避免交叉污染。
③ 定期检查样品标签，严防样品标签模糊不清或脱落丢失。
④ 样品制备时应现场填写土壤样品制备记录表（参见附录 B 和附录 C），相关制备信息上报土壤普查工作平台。
⑤ 样品制备过程每个环节均应充分混匀样品，以保证每一份样品都具有代表性。

第二节　样品流转

一、基本要求

省级土壤普查办负责组织样品流转工作。

二、流转样品种类

（一）土壤样品库样品

流转至土壤样品库的样品，用于长期保存。

（二）留存样品

保存在承担样品制备任务的实验室，用于留样抽检不合格时的再次复检等。

（三）送检样品

流转至承担样品检测任务的检测实验室后，由实验室分为预留样品和检测样品。其中，检测样品用于相关指标检测，预留样品用于留样抽检或异常值复检等。

三、流转计划

省级土壤普查办对本区域内样品流转进行统筹，组织省级质量控制实验室制订样品流转计划。样品流转计划应包括样品份数，样品在实验室间流转的各个环节交接时间、地点，质控样品插入要求等内容。

在表层样品、剖面样品流转前，省级质量控制实验室负责加入密码平行样品和质控样品，并进行转码。在水稳性大团聚体样品流转前，省级质量控制实验室负责加入密码平行样品，并进行转码。

四、流转场地

承担制备任务的实验室应向省级质量控制实验室提供相对独立且配备相关设备设施的场地，用于样品转码、组批和流转等。有条件的省级质控实验室也可自行设置专门场地用于样品转码、组批和流转等。

五、样品组批和装运

（一）样品组批

按照耕地园地表层样品、耕地园地剖面样品、林地草地表层样品、林地草地剖面样品和水稳性大团聚体样品，分别组批。

（二）表层样品

省级质量控制实验室按表层样品批次加入密码平行样品和质控样品。依据《第三次全国土壤普查全程质量控制技术规范》要求，原则上按照 50 个样品组成一个批次，样品不足 48 个时，按照实际样品数量组批。每个批次的密码平行样品和质控样品各不少于 1 个。由省级质量控制实验室按样品批次随机插入密码平行样品和质控样品，并做好批次样品转码和信息记录等，土壤样品批次记录表（参见附录 D）签字留存。

负责样品流转的实验室应指定专人，负责在样品装运现场核对样品，并在土壤样品装运记录表（参见附录 E）签字；重点检查样品数量、样品标签、样品重量、样品包装容器、样品目的地、样品应送达时限等，如有破损、撒漏或标签有缺项，应及时补齐、修正后方可装运。

（三）剖面样品

省级质量控制实验室按剖面样品批次加入密码平行样品和质控样品。依据《第三次全国土壤普查全程质量控制技术规范》要求，原则上按照 10 个剖面样点的全部剖面发生层样品组成一个批次；剖面样点量不足 10 个时，按照实际样品数量组批。每个批次的密码平行样品和质控样品各不少于 1 个。其余要求同表层样品。

（四）水稳性大团聚体样品

省级质量控制实验室按水稳性大团聚体样品批次加入密码平行样品。依据《第三次全国土壤普查全程质量控制技术规范》要求，原则上按照 50 个样品组成一个批次，样品不足 49 个时，按照实际样品数量组批。每个批次的密码平行样品不少于 1 个。其余要求同表层样品。

六、样品交接

样品运输过程中应使用样品运输箱，应填写土壤样品装运记录表（参见附录 E），并做好减震隔离，严防样品破损、样品标签丢失或沾污。应保证样品安全和及时送达。

样品流转至指定检测实验室后，送样人和收样人同时清点核实样品，利用手持终端 APP 扫码收样确认、记录交接信息，打印交接记录表（参见附录 A），双方签字并各自留存 1 份。

如发现样品遗失，应及时上报省级土壤普查办，省级土壤普查办组织开展样品重新采集或寄送等工作。

第三节　样品保存

一、基本要求

省级土壤普查办负责组织样品保存工作。保存样品主要包括土壤样品库样品、留存样品、预留样品和剩余样品。

二、土壤样品库样品保存

土壤样品库需保证样品性质安全、样品信息安全、设备运行安全，确保样品信息准确、样品存取位置准确、人为操作准确，做到工作流程便捷、系统操作便捷、信息交流便捷。土壤样品库光照、温度、湿度等应能满足土壤样品长期保存要求。土壤样品库中样品不得擅自使用。保存样品种类、数量和有关要求等，具体按土壤样品库建设规范要求执行。

土壤样品库接收样品后，应及时装入棕色玻璃样品瓶中，做好密封处理，填写样品信息生成标签，标签内容应至少包括样品编号、采样时间、采样地点、经纬度、海拔高度、土壤类型、采样深度、取样人等信息，标签贴在玻璃瓶表面，同时瓶内放置内标签。

三、留存样品保存

承担样品制备任务的实验室负责留存样品保存。实验室样品放于保存室集中造册保存，保存时间不少于 2 年，并根据国务院第三次全国土壤普查领导小组办公室有关要求再处理。实验室保存样品须密封存放，室温保存（或不高于 30℃），保持室内干燥，避免日光、潮湿、高温和酸碱气体等的影响。

四、预留样品保存

承担检测任务的实验室负责预留样品保存。预留样品每份不少于 400g。预留样品须移交本实验室保存室造册保存，保存时间不少于 2 年。保存条件同留存样品要求。

五、剩余样品保存

样品检测完成后，承担检测任务的实验室须保存检测剩余样品，保存时间不少于 1 年。保存条件同留存样品要求。

第四节　样品检测

一、基本要求

省级土壤普查办负责组织样品检测工作。承担检测任务的实验室应在省级质量控制实验室的指导下按照检测任务要求和本技术规范有关规定开展土壤样品检测工作，按时报送检测结果。

二、检测计划

省级土壤普查办负责对本区域内检测工作进行统筹，制订样品检测计划。样品检测计划应明确承担单位、样品细磨、检测指标及方法、结果上报等内容。原则上，土壤容重指标由县级土壤普查办负责，其他指标由承担检测实验室负责。开展盐碱土普查省份的省级质量控制实验室，负责参照本文件及相关标准做好剖面样点地下水与灌溉水样品相关指标检测及结果上报等。

三、样品细磨

将通过 2mm 孔径筛的土样用多点取样法分取约 25g（根据检测指标确定），磨细，使之全部通过 0.25mm 孔径筛，供有机质、碳酸钙、全氮、游离铁等指标检测。

将通过 2mm 孔径筛的土样用多点取样法分取约 25g（根据检测指标确定），用玛瑙研钵或玛瑙球磨机磨细，使之全部通过 0.149mm 孔径筛，供全磷等全量养分、重金属等指标检测。

细磨过程中样品编码必须始终保持一致；制样所用工具每处理完 1 个样品后需清洁干净，避免交叉污染。不同粒径的样品必须自通过 2mm 孔径筛的土样重新取样制备并全部过筛，严禁套筛。样品制备时，应现场填写土壤样品制备记录。

四、检测指标及方法

（一）检测指标

耕地园地、林地草地的表层样品和剖面样品检测指标见附录 F。

（二）检测方法

各项指标检测方法见附录 G。

（三）烘干基换算

烘干基结果换算需测定风干土样水分的含量，每次检测称样量 5.00g，做平行双样检测。

五、结果上报

完成样品检测后，检测员需及时填写原始记录。原始记录以烘干基计，并上报风干土样水分含量。原始记录经三级审核无误后，及时填写检测结果电子数据填报记录表（参见附录 H），并上报至土壤普查工作平台。

第五节　质量控制

实验室应按照《第三次全国土壤普查全程质量控制技术规范》要求，严把样品制备、样品保存、样品流转等环节质量控制，严格执行空白试验、仪器设备定量校准、精密度控制、正确度控制、异常样品复检、检测数据记录与审核等内部质量保证与质量控制措施，配合做好现场监督检查、检测能力评价、留样抽检、飞行检查等外部质量监督检查，确保土壤普查样品检测数据质量。

附录 A　土壤样品交接记录表

样品交接环节：□采样→制备　□制备→检测　□制备→国家级样品库　□制备→省级样品库

序号	样品编号	样品名称	样品类别	样品重量是否符合要求	样品包装容器是否完好	样品标签是否完好整洁	保存方法是否符合要求
		□表层样品 □水稳性大团聚体样品 □剖面样品 □土壤样品库保存样品	□耕地园地 □林地草地	□是　□否	□是　□否	□是　□否	□是　□否
		□表层样品 □水稳性大团聚体样品 □剖面样品 □土壤样品库保存样品	□耕地园地 □林地草地	□是　□否	□是　□否	□是　□否	□是　□否

序号	样品编号	样品名称	样品类别	样品重量是否符合要求	样品包装容器是否完好	样品标签是否完好整洁	保存方法是否符合要求
		□表层样品□水稳性大团聚体样品 □剖面样品□土壤样品库保存样品	□耕地园地 □林地草地	□是　□否	□是　□否	□是　□否	□是　□否

送样单位：　　　　　　　　送样人：　　　　　　　联系方式：

收样单位：　　　　　　　　收样人：　　　　　　　联系方式：

送样日期：　　　年　　月　　日　　　　　　收样日期：　　　年　　月　　日

附录 B　表层样品和土壤剖面样品制备记录表

单位：g（精确到整数）

样品编号	接收样重量(1)	风干过程弃去的碎石和石砾重量(2)	风干样重量(3)	发送国家级土壤样品库样品重量(4)	发送省级土壤样品库样品重量(5)	用于制备的风干样重量(6)	制备过程中弃去的碎石和石砾重量(7)	粗磨过筛后重量(8)	留存样品重量	送检样品重量	损失率/%	碎石和石砾质量百分数/%

制备人：　　　　　　校核人：　　　　　　审核人：

时间：　年　月　日　　时间：　年　月　日　　时间：　　年　月　日

注：1. 此表为承担样品制备任务的检测实验室填写。

2. 损失率(%)＝$[1-\dfrac{(8)}{(6)-(7)}]\times100\%$。

3. 碎石和石砾质量百分数(%)＝$[(2)+(7)]\times100\%/(1)$。

附录 C　土壤水稳性大团聚体样品制备记录表

单位：g（精确到整数）

样品编号	接收鲜样重量(1)	风干样重量	弃去的碎石和石砾重量(2)	碎石和石砾质量百分数/%	送检样品重量

制备人：　　　　　　校核人：　　　　　　审核人：

时间：　年　月　日　　时间：　年　月　日　　时间：　　年　月　日

注：1. 此表为承担样品制备任务的检测实验室填写。

2. 碎石和石砾质量百分数(%)＝$(2)\times100\%/(1)$。

附录 D　土壤样品批次记录表

批次编号	该批次样品编号	样品类别	质控样品编号	密码平行样品编号	密码平行样品对应原样品编号	送检样品编号（转码后样品编号）
		□一般样品　□水稳性大团聚体样品　□剖面样品				
		□一般样品　□水稳性大团聚体样品　□剖面样品				
		□一般样品　□水稳性大团聚体样品　□剖面样品				
		□一般样品　□水稳性大团聚体样品　□剖面样品				
		□一般样品　□水稳性大团聚体样品　□剖面样品				
		□一般样品　□水稳性大团聚体样品　□剖面样品				

注："质控样品编号"和"密码平行样品编号"均为添加样品后现场编码；添加质控样品和密码平行样品后，要完成该批次样品转码，并填入"送检样品编号"一栏。

省级质量控制实验室名称：　　　　　　工作地点(实验室)：

密码平行样品、质控样品添加人：

完成日期：　　年　　月　　日

附录 E　土壤样品装运记录表

样品箱号：　　　　　　　　　　　　　合计样品数量（个）：

送达单位：　　　　　　　　　　　　　送达期限：

批次编号	样品编号	样品数量/个	样品名称	保存方式	有无措施防止沾污	有无措施防止破损
			□一般样品　□水稳性大团聚体样品　□剖面样品	□常温　□避光	□有　□无	□有　□无
			□一般样品　□水稳性大团聚体样品　□剖面样品	□常温　□避光	□有　□无	□有　□无
			□一般样品　□水稳性大团聚体样品　□剖面样品	□常温　□避光	□有　□无	□有　□无
			□一般样品　□水稳性大团聚体样品　□剖面样品	□常温　□避光	□有　□无	□有　□无

批次编号	样品编号	样品数量/个	样品名称		保存方式	有无措施防止沾污	有无措施防止破损
			□一般样品　□水稳性大团聚体样品 □剖面样品		□常温　□避光	□有　□无	□有　□无

注：1. 土壤样品库样品装运记录可参考此表填写，"样品编号"为调查采样队送样的样品编号，不用填写批次编号。

2. 装运送检土壤样品时，"样品编号"为转码后的送检样品编号。

交运单位：　　　　　　　　　核对负责人：　　　　　　　联系方式：

承运单位：　　　　　　　　　运输负责人：　　　　　　　运输车(船)号牌：

交运日期：　　年　　月　　日

附录 F　土壤样品检测指标表

附表 F-1　土壤样品检测指标（耕地园地）

序号	参数	剖面样	表层样	备注
1	土壤容重	√	√	县级土壤普查办负责
2	机械组成	√	√	剖面样品全部检测，表层样品选择50%检测
3	土壤水稳性大团聚体	√	√	剖面样品的第一层样品检测，表层样品选择10%检测
4	pH	√	√	
5	可交换酸度	√		pH＜6的样品检测
6	阳离子交换量	√	√	
7	交换性盐基及盐基总量(交换性钙、交换性镁、交换性钠、交换性钾、盐基总量)	√	√	
8	水溶性盐(水溶性盐总量,电导率,水溶性钠离子、钾离子、钙离子、镁离子、碳酸根、碳酸氢根、硫酸根、氯根)	√	√	全部样品检测水溶性盐总量和电导率,当水溶性盐总量＜10g/kg时,不检测八大离子(水溶性钠离子、钾离子、钙离子、镁离子、碳酸根、碳酸氢根、硫酸根、氯根)
9	有机质	√	√	
10	碳酸钙	√		pH＞7的样品检测
11	全氮	√	√	
12	全磷	√	√	
13	全钾	√	√	
14	全硫	√		
15	全硼	√		
16	全硒	√	√	
17	全铁	√		
18	全锰	√		
19	全铜	√		

序号	参数	剖面样	表层样	备注
20	全锌	√		
21	全钼	√		
22	全铝	√		
23	全硅	√		
24	全钙	√		
25	全镁	√		
26	有效磷	√	√	
27	速效钾	√	√	
28	缓效钾	√	√	
29	有效硫	√	√	
30	有效硅	√	√	水田样品检测
31	有效铁	√	√	
32	有效锰	√	√	
33	有效铜	√	√	
34	有效锌	√	√	
35	有效硼	√	√	
36	有效钼	√	√	
37	游离铁	√		长江以南(除青藏高原)所有剖面样品检测,长江以北(含青藏高原)水田剖面样品检测
38	总汞	√	√	
39	总砷	√	√	
40	总铅	√	√	
41	总镉	√	√	
42	总铬	√	√	
43	总镍	√	√	

注:"√"表示指标要检测。

附表 F-2　土壤样品检测指标（林地草地）

序号	参数	剖面样	表层样	备注
1	土壤容重	√	√	县级土壤普查办负责
2	机械组成	√	√	剖面样品全部检测,表层样品选择 50%检测
3	pH	√	√	
4	可交换酸度	√		pH<6 的样品检测
5	水解性酸度	√		
6	阳离子交换量	√	√	
7	交换性盐基总量	√	√	
8	有机质	√	√	
9	全氮	√	√	

序号	参数	剖面样	表层样	备注
10	全磷	√	√	
11	全钾	√	√	
12	全铁	√		pH＜6 的样品检测
13	全硫	√		
14	有效磷	√	√	
15	速效钾	√	√	
16	碳酸钙	√		pH＞7 的样品检测
17	游离铁	√		长江以南(除青藏高原)所有剖面样品检测

注:"√"表示指标要检测。

附录 G   土壤样品指标检测方法

附表 G-1   土壤样品指标检测方法表

指标	方法	标准或规范	备注
土壤容重	环刀法	《土壤检测 第 4 部分:土壤容重的测定》(NY/T 1121.4—2006)	
机械组成	吸管法	《土壤分析技术规范(第二版)》,5.1 吸管法	
土壤水稳性大团聚体	筛分法	《土壤检测 第 19 部分:土壤水稳性大团聚体组成的测定》(NY/T 1121.19—2008)	
pH	电位法	《土壤检测 第 2 部分:土壤 pH 的测定》(NY/T 1121.2—2006)	
可交换酸度	氯化钾交换-中和滴定法	《土壤分析技术规范(第二版)》,11.2 土壤交换性酸的测定	
阳离子交换量	乙酸铵交换法	《土壤分析技术规范(第二版)》,12.2 乙酸铵交换法	pH≤7.5 的样品
	EDTA-乙酸铵盐交换法	《土壤分析技术规范(第二版)》,12.1 EDTA-乙酸铵盐交换法	pH＞7.5 的样品
交换性盐基及盐基总量(交换性钙、交换性镁、交换性钠、交换性钾、盐基总量)	乙酸铵交换法等	《土壤分析技术规范(第二版)》,13.1 酸性和中性土壤交换性盐基组成的测定(乙酸铵交换法)(交换液中钾、钠、钙、镁离子的测定增加等离子体发射光谱法)	pH≤7.5 的样品
	氯化铵-乙醇交换法等	《石灰性土壤交换性盐基及盐基总量的测定》(NY/T 1615—2008)(交换液中钾、钠、钙、镁离子的测定增加等离子体发射光谱法)	pH＞7.5 的样品

指标	方法	标准或规范	备注
水溶性盐(水溶性盐总量,电导率,水溶性钠离子、钾离子、钙离子、镁离子、碳酸根、碳酸氢根、硫酸根、氯根)	质量法等	《森林土壤水溶性盐分分析》(LY/T 1251—1999)(浸提液中钾、钠、钙、镁离子的测定采用等离子体发射光谱法,硫酸根和氯根的测定增加离子色谱法)	
有机质	重铬酸钾氧化-容量法	《土壤检测 第6部分:土壤有机质的测定》(NY/T 1121.6—2006)	
	元素分析仪法	《土壤中总碳和有机质的测定元素分析仪法》(农业行业标准报批稿)	
碳酸钙	气量法	《土壤分析技术规范(第二版)》,15.1 土壤碳酸盐的测定	
全氮	自动定氮仪法	《土壤检测 第24部分:土壤全氮的测定自动定氮仪法》(NY/T 1121.24—2012)	
全磷	酸消解-电感耦合等离子体发射光谱法	《森林土壤磷的测定》(LY/T 1232—2015)	
全钾	酸消解-电感耦合等离子体发射光谱法	《森林土壤钾的测定》(LY/T 1234—2015)	
全硫	硝酸镁氧化-硫酸钡比浊法	《土壤分析技术规范(第二版)》,16.9 全硫的测定	
	燃烧红外光谱法		
全硼	碱熔-姜黄素-比色法	《土壤分析技术规范(第二版)》,18.1 土壤全硼的测定	
	碱熔-等离子体发射光谱法	《土壤分析技术规范(第二版)》,18.1 土壤全硼的测定	
全硒	酸消解-氢化物发生-原子荧光光谱法	《土壤中全硒的测定》(NY/T 1104—2006)	
全铁	酸消解-电感耦合等离子体发射光谱法	《固体废物 22种金属元素的测定 电感耦合等离子体发射光谱法》(HJ 781—2016)	
全锰	酸消解-电感耦合等离子体发射光谱法	《固体废物 22种金属元素的测定 电感耦合等离子体发射光谱法》(IIJ 781 2016)	
全铜	酸消解-电感耦合等离子体质谱法	《固体废物 金属元素的测定 电感耦合等离子体质谱法》(HJ 766—2015)	
	酸消解-电感耦合等离子体发射光谱法	《固体废物 22种金属元素的测定 电感耦合等离子体发射光谱法》(HJ 781—2016)	
全锌	酸消解-电感耦合等离子体质谱法	《固体废物 金属元素的测定 电感耦合等离子体质谱法》(HJ 766—2015)	

续表

指标	方法	标准或规范	备注
全锌	酸消解-电感耦合等离子体发射光谱法	《固体废物 22 种金属元素的测定 电感耦合等离子体发射光谱法》(HJ 781—2016)	
全钼	酸消解-电感耦合等离子体质谱法	《固体废物 金属元素的测定 电感耦合等离子体质谱法》(HJ 766—2015)	
全铝	酸消解-电感耦合等离子体发射光谱法	《固体废物 22 种金属元素的测定 电感耦合等离子体发射光谱法》(HJ 781—2016)	
全硅	碱熔-电感耦合等离子体发射光谱法	《土壤和沉积物 11 种元素的测定 碱熔-电感耦合等离子体发射光谱法》(HJ 974—2018)	
全钙	酸消解-电感耦合等离子体发射光谱法	《固体废物 22 种金属元素的测定 电感耦合等离子体发射光谱法》(HJ 781—2016)	
全镁	酸消解-电感耦合等离子体发射光谱法	《固体废物 22 种金属元素的测定 电感耦合等离子体发射光谱法》(HJ 781—2016)	
有效磷	氟化铵-盐酸溶液浸提-钼锑抗比色法	《土壤检测 第 7 部分:土壤有效磷的测定》(NY/T 1121.7—2014)	pH<6.5 的样品
	碳酸氢钠浸提-钼锑抗比色法	《土壤检测 第 7 部分:土壤有效磷的测定》(NY/T 1121.7—2014)	pH≥6.5 的样品
速效钾	乙酸铵浸提-火焰光度法	《土壤速效钾和缓效钾含量的测定》(NY/T 889—2004)	前处理统一为 2mm 粒径样品
缓效钾	热硝酸浸提-火焰光度法	《土壤速效钾和缓效钾含量的测定》(NY/T 889—2004)	前处理统一为 2mm 粒径样品
有效硫	磷酸盐-乙酸溶液浸提-电感耦合等离子体发射光谱法	《土壤检测 第 14 部分:土壤有效硫的测定》(NY/T 1121.14—2023)	pH<7.5 的样品
	氯化钙浸提-电感耦合等离子体发射光谱法	《土壤检测 第 14 部分:土壤有效硫的测定》(NY/T 1121.14—2023)	pH≥7.5 的样品
有效硅	柠檬酸浸提-硅钼蓝比色法	《土壤检测 第 15 部分:土壤有效硅的测定》(NY/T 1121.15—2006)	
有效铁	DTPA 浸提-原子吸收分光光度法	《土壤有效态锌、锰、铁、铜含量的测定 二乙三胺五乙酸(DTPA)浸提法》(NY/T 890—2004)	
	DTPA 浸提-电感耦合等离子体发射光谱法	《土壤有效态锌、锰、铁、铜含量的测定 二乙三胺五乙酸(DTPA)浸提法》(NY/T 890—2004)	
有效锰	DTPA 浸提-原子吸收分光光度法	《土壤有效态锌、锰、铁、铜含量的测定 二乙三胺五乙酸(DTPA)浸提法》(NY/T 890—2004)	

指标	方法	标准或规范	备注
有效锰	DTPA 浸提-电感耦合等离子体发射光谱法	《土壤有效态锌、锰、铁、铜含量的测定　二乙三胺五乙酸（DTPA）浸提法》（NY/T 890—2004）	
有效铜	DTPA 浸提-原子吸收分光光度法	《土壤有效态锌、锰、铁、铜含量的测定　二乙三胺五乙酸（DTPA）浸提法》（NY/T 890—2004）	
	DTPA 浸提-电感耦合等离子体发射光谱法	《土壤有效态锌、锰、铁、铜含量的测定　二乙三胺五乙酸（DTPA）浸提法》（NY/T 890—2004）	
有效锌	DTPA 浸提-原子吸收分光光度法	《土壤有效态锌、锰、铁、铜含量的测定　二乙三胺五乙酸（DTPA）浸提法》（NY/T 890—2004）	
	DTPA 浸提-电感耦合等离子体发射光谱法	《土壤有效态锌、锰、铁、铜含量的测定　二乙三胺五乙酸（DTPA）浸提法》（NY/T 890—2004）	
有效硼	沸水提取-电感耦合等离子体发射光谱法		
有效钼	草酸-草酸铵浸提-电感耦合等离子体质谱法	《土壤检测　第 9 部分：土壤有效钼的测定》（NY/T 1121.9—2023）	
游离铁	连二亚硫酸钠-柠檬酸钠-碳酸氢钠浸提-邻菲罗啉比色法	《土壤分析技术规范（第二版）》，19.1 游离铁（Fed）的测定（DCB法）	
总汞	原子荧光法	《土壤质量总汞、总砷、总铅的测定　原子荧光法　第 1 部分：土壤中总汞的测定》（GB/T 221051—2008）	
	催化热解-冷原子吸收分光光度法	《土壤和沉积物　总汞的测定　催化热解-冷原子吸收分光光度法》（HJ 923—2017）	
总砷	原子荧光法	《土壤质量总汞、总砷、总铅的测定　原子荧光法　第 2 部分：土壤中总砷的测定》（GB/T 22105.2—2008）	
总铅	酸消解-电感耦合等离子体质谱法	《固体废物　金属元素的测定　电感耦合等离子体质谱法》（HJ 766—2015）	
总镉	酸消解-电感耦合等离子体质谱法	《固体废物　金属元素的测定　电感耦合等离子体质谱法》（HJ 766—2015）	
总铬	酸消解-电感耦合等离子体质谱法	《固体废物　金属元素的测定　电感耦合等离子体质谱法》（HJ 766—2015）	

续表

指标	方法	标准或规范	备注
总镍	酸消解-电感耦合等离子体质谱法	《固体废物 金属元素的测定 电感耦合等离子体质谱法》(HJ 766—2015)	
水解性酸度	乙酸钠水解-中和滴定法	《森林土壤水解性总酸度的测定》(LY/T 1241—1999)	

附表 G-2 盐碱地剖面样点地下水与灌溉水样品指标检测方法表

指标	方法	标准或规范	备注
pH	电极法	《农田灌溉水质标准》(GB 5084—2021)	
水溶性盐总量	质量法	《农田灌溉水质标准》(GB 5084—2021)与附表 G-1 水溶性盐浸提液水溶性盐总量测定方法一致	
电导率	电极法	与附表 G-1 水溶性盐浸提液电导率测定方法一致	
盐分离子(钠离子、钾离子、钙离子、镁离子、碳酸根、碳酸氢根、硫酸根、氯根)	等离子体发射光谱法等	《农田灌溉水质标准》(GB 5084—2021)与附表 G-1 水溶性盐浸提液离子测定方法一致,钾、钠、钙、镁离子的测定采用等离子体发射光谱法,硫酸根和氯根的测定增加离子色谱法	水溶性盐总量≥1000mg/L 的样品

附录 H 检测结果电子数据填报记录表

附表 H-1 检测结果电子数据填报记录表 (式样)

(1) 土壤容重

检测实验室名称: 联系人: 联系电话:

序号	实验室代码	样品编号	接样日期	报告日期	土壤容重/(g/cm^3)

(2) 机械组成

检测实验室名称: 联系人: 联系电话:

序号	实验室代码	样品编号	接样日期	报告日期	机械组成					土壤质地
					洗矢量/%	0.2~2mm 颗粒含量/%	0.02~0.2mm 颗粒含量/%	0.002~0.02mm 颗粒含量/%	0.002mm 以下颗粒含量/%	

（3）水稳性大团聚体

检测实验室名称：　　　　　联系人：　　　　　联系电话：

序号	实验室代码	样品编号	接样日期	报告日期	各级水稳性大团聚体含量/%						
					＞5mm	3～5mm	2～3mm	1～2mm	0.5～1mm	0.25～0.5mm	水稳性大团聚体总和

（4）pH

检测实验室名称：　　　　　联系人：　　　　　联系电话：

序号	实验室代码	样品编号	接样日期	报告日期	pH	交换性酸度			水解性酸度
						交换性酸总量/[cmol(H^++1/3Al^{3+})/kg]	交换性 H^+/[cmol(H^+)/kg]	交换性Al^{3+}/[cmol(1/3Al^{3+})/kg]	水解性总酸度/([cmol（＋）/kg]

（5）阳离子交换量和交换性盐基及盐基总量

检测实验室名称：　　　　　联系人：　　　　　联系电话：

序号	实验室代码	样品编号	接样日期	报告日期	阳离子交换量		交换性盐基总量		交换性钙	
					含量/[cmol（＋）/kg]	检测方法	含量/[cmol（＋）/kg]	检测方法	含量/[cmol(1/2Ca^{2+})/kg]	检测方法

序号	实验室代码	样品编号	接样日期	报告日期	交换性镁		交换性钠		交换性钾	
					含量/[cmol(1/2Mg^{2+})/kg]	检测方法	含量/[cmol(Na^+)/kg]	检测方法	含量/[cmol(K^+)/kg]	检测方法

（6）水溶性盐总量和电导率

检测实验室名称：　　　　　联系人：　　　　　联系电话：

序号	实验室代码	样品编号	接样日期	报告日期	水溶性盐总量/(g/kg)	电导率/(mS/cm)

（7）水溶性盐分组成-1

检测实验室名称：　　　　联系人：　　　　联系电话：

序号	实验室代码	样品编号	接样日期	报告日期	钠和钾离子		钙和镁离子		氯根	检测方法
					水溶性 Na^+ 含量/[cmol/ (Na^+)/kg]	水溶性 K^+ 含量/[cmol (K^+)/kg]	水溶性 Ca^{2+} 含量/[cmol (1/2Ca^{2+})/kg]	水溶性 Mg^{2+} 含量/[cmol (1/2Mg^{2+})/kg]	水溶性 Cl^- 含量/[cmol (Cl^-)/kg]	

（8）水溶性盐分组成-2

检测实验室名称：　　　　联系人：　　　　联系电话：

序号	实验室代码	样品编号	接样日期	报告日期	碳酸根和碳酸氢根		硫酸根	检测方法	离子总量 /(g/kg)
					水溶性 CO_3^{2-} 含量/[cmol (1/2CO_3^{2-})/kg]	水溶性 HCO_3^- 含量/[cmol (HCO_3^-)/kg]	水溶性 SO_4^{2-} 含量/[cmol(1/2 SO_4^{2-})/kg]		

（9）全量成分-1

检测实验室名称：　　　　联系人：　　　　联系电话：

序号	实验室代码	样品编号	接样日期	报告日期	有机质		全氮/(g/kg)	全磷/(g/kg)	全钾/(g/kg)
					含量/(g/kg)	检测方法			

（10）全量成分-2

检测实验室名称：　　　　联系人：　　　　联系电话：

序号	实验室代码	样品编号	接样日期	报告日期	全硫		全钙/%	全镁/%
					含量/(g/kg)	检测方法		

（11）全量成分-3

检测实验室名称：　　　　联系人：　　　　联系电话：

序号	实验室代码	样品编号	接样日期	报告日期	全铁/%	全锰/(mg/kg)	全铜		全锌		全硼	
							含量/(mg/kg)	检测方法	含量/(mg/kg)	检测方法	含量/(mg/kg)	检测方法

（12）全量成分-4

检测实验室名称：　　　　联系人：　　　　联系电话：

序号	实验室代码	样品编号	接样日期	报告日期	全钼/(mg/kg)	全硒/(mg/kg)	全铝/%	全硅/%

（13）有效态成分-1

检测实验室名称：　　　　联系人：　　　　联系电话：

序号	实验室代码	样品编号	接样日期	报告日期	有效磷		速效钾/(mg/kg)	缓效钾/(mg/kg)	有效硫		有效硅/(mg/kg)
					含量/(mg/kg)	检测方法			含量/(mg/kg)	检测方法	

（14）有效态成分-2

检测实验室名称：　　　　联系人：　　　　联系电话：

序号	实验室代码	样品编号	接样日期	报告日期	有效铁		有效锰		有效铜		有效锌	
					含量/(mg/kg)	检测方法	含量/(mg/kg)	检测方法	含量/(mg/kg)	检测方法	含量/(mg/kg)	检测方法

（15）有效态成分-3

检测实验室名称：　　　　联系人：　　　　联系电话：

序号	实验室代码	样品编号	接样日期	报告日期	有效硼/(mg/kg)	有效钼/(mg/kg)	碳酸钙/(g/kg)	游离铁/(g/kg)

（16）土壤重金属

检测实验室名称：　　　　联系人：　　　　联系电话：

序号	实验室代码	样品编号	接样日期	报告日期	总汞		总砷/(mg/kg)	总铅/(mg/kg)	总镉/(mg/kg)	总铬/(mg/kg)	总镍/(mg/kg)
					含量/(mg/kg)	检测方法					

附表 H-2 盐碱地剖面样点地下水与灌溉水样品指标检测结果电子数据填报记录表

（1）pH、水溶性盐总量和电导率

检测实验室名称： 联系人： 联系电话：

序号	实验室代码	样品编号	接样日期	报告日期	pH	水溶性盐总量/（mg/L）	电导率/（mS/cm）

（2）盐分离子组成记录-1

检测实验室名称： 联系人： 联系电话：

序号	实验室代码	样品编号	接样日期	报告日期	钠和钾离子		钙和镁离子		氯根	检测方法
					Na^+含量/[cmol(Na^+)/L]	K^+含量/[cmol(K^+)/L]	Ca^{2+}含量/[cmol(1/2 Ca^{2+})/L]	Mg^{2+}含量/[cmol(1/2 Mg^{2+})/L]	Cl^-含量/[cmol(Cl^-)/L]	

（3）盐分离子组成记录-2

检测实验室名称： 联系人： 联系电话：

序号	实验室代码	样品编号	接样日期	报告日期	碳酸根和碳酸氢根		硫酸根	检测方法	离子总量/（mg/L）
					水溶性CO_3^{2-}含量/[cmol(1/2 CO_3^{2-})/L]	水溶性HCO_3^-含量/[cmol(HCO_3^-)/L]	水溶性SO_4^{2-}含量/[cmol(1/2 SO_4^{2-})/L]		

附录I 规范性引用文件

NY/T 1121.1—2006《土壤检测 第1部分：土壤样品的采集、处理和贮存》

附录 J 术语和定义

1. 样品制备

实验室对土壤样品的风干、研磨、分装等过程。

2. 样品流转

省级质量控制实验室按样品类型组批，添加质控样品、密码平行样品，转码等，并由承担样品制备任务的实验室发送至承担检测任务实验室的过程。

3. 样品组批

省级质量控制实验室确定批次样品类型、样品数量，并加入密码平行样品和质控样品，形成样品批组的过程。

4. 留存样品

保存在承担样品制备任务的实验室，用于留样抽检不合格时再次复检等的样品。

5. 送检样品

样品经粗磨制备后，流转至承担检测任务的实验室，用于土壤理化性状检测的样品，包括预留样品、检测样品。

6. 预留样品

送检样品中，承担检测任务的实验室分出部分样品，用于留样抽检或异常值复检等。

7. 剩余样品

承担检测任务的实验室完成样品检测后剩余的样品。

第五章

土壤普查全程质量控制

第一节　总体原则

一、方案制订

各省级第三次全国土壤普查领导小组办公室（以下简称"省级土壤普查办"）根据《省级土壤三普实施方案》和《第三次全国土壤普查全程质量控制技术规范》牵头制订《省级土壤三普质量控制实施方案》。县级第三次全国土壤普查领导小组办公室（以下简称为"县级土壤普查办"）根据《省级土壤三普实施方案》《第三次全国土壤普查全程质量控制技术规范》和《省级土壤三普质量控制实施方案》，制订实施《县级质量控制方案》。各任务承担单位根据《第三次全国土壤普查全程质量控制技术规范》和省级、县级土壤普查办质量控制方案，制订实施质量控制方案。

二、工作要求

土壤三普遵循"五靠"质量控制工作要求，即各级土壤普查办通过落实技术规程规范、明确作业人员资质要求、强化专家技术指导、实施工作平台全程管控、加强外部质量监督抽查等，全流程、各环节组织抓好全程质量控制工作。

三、质量控制机制

（一）工作流程

土壤三普实施四级质量控制机制，即单位内部质量保证与质量控制、县级质量监督检查、省级质量监督检查和国家级质量监督检查。其中县级质量监督检查、省级质量监督检查和国家级质量监督检查统称为外部质量监督检查。全程质量控制具体工作流程见图5-1。

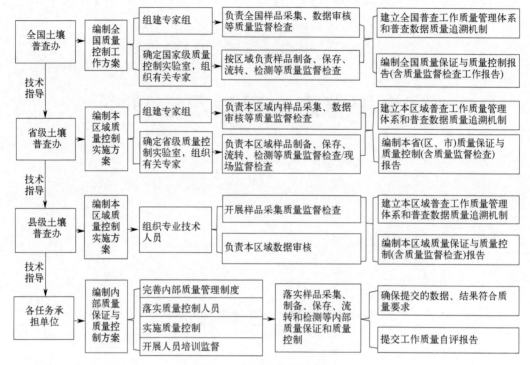

图 5-1　全程质量控制流程

（二）单位内部质量保证与质量控制

样品采集、制备、保存、流转和检测等任务承担单位负责相应环节的内部质量保证与质量控制。按照《第三次全国土壤普查全程质量控制技术规范》，制订单位内部质量保证与质量控制方案、完善内部质量管理制度、落实质量控制人员和资质要求、实施质量控制、开展人员培训监督等。同时，自觉接受县级、省级和国家级外部质量监督检查，从严落实全过程质量控制措施。

（三）县级质量监督检查

县级土壤普查办通过组织专家或专业技术人员，开展县级外业调查采样质量监督检查；组织专家或专业技术人员对于本区域年度内业测试化验数据进行审核。县级质量控制和监督检查工作需自觉接受省级、国家级工作指导和监督检查。

（四）省级质量监督检查

省级土壤普查办通过组建专家组，负责本区域内样品采集、数据审核环节质量控制；确定省级质量控制实验室并组织有关专家，负责本区域样品制备、保存、流转、检测等环节质量控制。省级质量控制和监督检查工作需自觉接受国家级工作指导，同时对县级质量控制和监督检查工作提供指导并进行监督检查。

（五）国家级质量监督检查

国务院第三次全国土壤普查领导小组办公室（以下简称"全国土壤普查办"）通过组建专家组，负责全国样品采集、数据审核环节质量控制；确定国家级质量控制实验室并组织有关专家，负责全国样品制备、保存、流转、检测等环节质量控制。国家级需对县级、省级质量控制和监督检查工作提供指导并进行监督检查。

四、质量控制工作报告

承担土壤三普样品采集、制备、保存、流转、检测等任务有关单位应在完成工作任务时，分别提交工作质量自评报告。县级土壤普查办向省级土壤普查办提交县级质量保证与质量控制报告。省级土壤普查办负责编制省级质量保证与质量控制报告（含省级质量控制实验室质量监督检查工作报告），并及时提交给全国土壤普查办。全国土壤普查办负责编制全国质量保证与质量控制报告（含国家级质量控制实验室质量监督检查工作报告）。

五、监督检查与纠正预防

县级、省级、国家级质量监督检查人员应客观、公正地开展土壤三普质量检查工作，如实记录检查工作情况。对质量检查中发现的不符合要求的情况，应及时向被检查单位和有关责任人员指出，被检查单位和有关责任人员应及时采取纠正和预防控制措施。

第二节　样品采集

一、总体要求

各地根据样品采集实际需要，按照《第三次全国土壤普查土壤外业调查与采样技术规范》要求组建外业调查队。外业调查队严格按照《第三次全国土壤普查土壤外业调查与采样技术规范》《野外土壤描述与采样手册》和《第三次全国土壤普查全程质量控制技术规范》开展外业调查采样工作，并做好内部质量保证与质量控制；县级土壤普查办、省级土壤普查办和全国土壤普查办严格按照《第三次全国土壤普查土壤外业调查与采样技术规范》和《第三次全国土壤普查全程质量控制技术规范》开展外部质量监督检查。

二、内部质量保证与质量控制

（一）内部质量控制关键点

① "电子围栏"应用和采样点位准确定位情况。
② 土壤样品采集、有关指标现场土壤测定等技术规范操作情况。
③ 样点所在地块农户种植制度、农作管理等调查信息准确记载情况。
④ 土壤样品封装、保存、信息上传等规范操作情况。
⑤ 自觉接受县级、省级和国家级外部质量监督检查。

（二）单位及人员资质要求

外业调查队需熟悉土壤采样工作。技术领队需具备土壤学专业背景，负责外业调查采样工作质量；质量检查员负责对外业调查队工作开展质量检查。外业调查队质量检查人员需通过全国土壤普查办或省级土壤普查办统一组织的全程质量控制技术培训，并取得培训合格证，证书与第三次全国土壤普查工作平台（以下简称"工作平台"）关联，建立质量追溯体系。其他人员至少需经内部培训方可上岗，并保留培训记录。

（三）采样质控实施方案

外业调查队根据县级土壤普查办采样计划和质控计划，制订采样质控实施方案，并报县级土壤普查办审核备案。

（四）采样点位

1. 点位确认

① 外业调查队按照外业采样终端设备指示，到达采样点"电子围栏"范围内进行局地代表性核查，确定符合要求后选择合适采样位置采样。

② 若"电子围栏"范围内不具备采样条件，需按照《第三次全国土壤普查土壤外业调查与采样技术规范》调整要求，根据情况选择符合条件替代点，进行样点现场调整和调查采样，并及时提交现场调整原因、现场照片及变更后的点位调查信息等。

③ 剖面样点需按照最大代表性原则和土地利用主导性原则确定。

2. 点位信息

① 按照《第三次全国土壤普查土壤外业调查与采样技术规范》开展采样点成土环境和土壤利用调查，通过外业采样终端设备填报样点基本信息、自然成土环境信息、土壤利用和人为影响情况等，采集上传景观和工作照片。

② 景观照片。拍摄东、南、西、北 4 个方向，着重体现样点地形地貌、植被景观、土地利用类型、地表特征、农田设施等特征，融合近景、远景。

③ 技术领队现场工作照（体现技术领队和采样工具）、混样点照（每个混样点至少 1 张，体现取样深度）、土壤混合样品采集照（体现样品混匀）、容重和水稳性大团聚体样品照片、土壤剖面照片（标准剖面照、局部特写照片等）等采集数量和内容要符合《第三次全国土壤普查土壤外业调查与采样技术规范》要求。

（五）样品采集工作要求

1. 采样工具

配备符合要求的采样工具、包装材料和辅助材料等。采样时，如果使用对待测组分有干扰的采样金属器具，在混合样品之前需将样品与金属器具接触部分进行剥离。

2. 采样要求

按照《第三次全国土壤普查土壤外业调查与采样技术规范》等要求，科学采集符合数量、重量、层次或深度要求的表层土壤样品、剖面土壤样品、水稳性大团聚体样品和水样（盐碱土剖面样点的地下水样和灌溉水样）等。

对照规范，检查样品采集是否符合要求，判断土样是否沾污，检查剖面观察面方向、剖面深度、剖面发生层划分及命名、剖面形态观察与记载、剖面发生层样品采集、剖面纸盒样品采集、整段标本采集等是否符合要求。如发现问题，及时采取补救或更正措施。

3. 样品标识

样品按照土地利用类型（耕地、园地、林地、草地等）和样品类型（表层土壤样品、剖面土壤样品、水稳性大团聚体样品、容重样品等），分类包装组批并明确标识。检查样品标识是否符合要求，标签是否清晰、内外标签是否齐全、内容是否完整。水稳性大团聚体样品、剖面整段土壤标本和纸盒土壤标本样品要在运输过程中保证完整性，避免挤压颠簸造成原状样本破碎。如发现问题，及时采取补救或更正措施。

（六）样品暂存与流转

样品采集后应及时按要求流转至承担样品制备任务的检测实验室。样品采集后、流转前应妥善暂存于室内，保持室内通风良好、整洁、温湿度条件适宜，远离易挥发性化学物质，并避免阳光直射；如果样品含水量高，外业调查队需要对土壤样品进行风干后再流转，避免样品发霉、交叉污染。如果是水稳性大团聚体样品，需按照样品制备有关要求进行简单前处理。

外业调查队要指定专人负责流转组批后的耕地园地表层样品、林地草地表层样品、耕地园地剖面样品、林地草地剖面样品和水稳性大团聚体样品至承担样品制备任务的检测实验室，水样流转至省级质量控制实验室，容重样品由县级土壤普查办安排测试。

（七）质控要求

外业调查队上传的采样信息应经质量检查员100％检查。重点对采样位置偏移"电子围栏"的点位信息开展检查。

质量检查员和县级质控人员检查确认后，通过外业采样终端设备将采样信息统一上传到土壤普查工作平台。

（八）问题与处理

外业调查队发现调查信息填写不准确，应立即修改完善；发现存在采样方法（含密码平行样未按要求取样）、采样深度、采样数量和重量不符合要求，或样品沾污等质量问题的样品，应自觉重新采集发现问题的样品。

三、外部质量监督检查

（一）基本要求

外部质量检查分别由县级、省级、全国土壤普查办组织实施，采取资料检查与现场检查（视频检查）方式开展，由野外工作经验丰富、熟悉土壤学等专业知识的专家或专业技术人员实施。

（二）资料检查

1. 检查重点

资料检查重点对上传到土壤普查工作平台上的样点信息、记录等进行检查。

2. 检查内容

① 采样点位检查 样点符合性、样点位移情况。

② 采样记录和照片检查　记录填写内容的完整性和正确性，景观照片、剖面照片和工作照片等是否齐全清晰等。

③ 采样环节自查情况检查　外业调查队自查确认信息。

3. 检查要求

县级土壤普查办组织专家或专业技术人员对外业调查队上传的文件资料开展100％质量监督检查和审核确认。省级土壤普查办组织专家对县级审核确认的文件资料开展100％质量监督检查和审核确认。全国土壤普查办组织专家对省级审核确认文件资料开展检查，检查量应不低于全国年度采样任务的2‰样点的所有外业调查信息，重点检查位置发生明显偏移"电子围栏"范围采样点的文件资料，以及省级质量监督检查中发现存在问题的采样点资料。

（三）现场检查

1. 检查重点

现场检查采取与专家技术指导服务相结合的方式开展，覆盖外业调查采样全过程。

2. 检查内容

（1）采样点检查　采样点的代表性与符合性、采样位置的正确性等；剖面点位、深度、观察面方向等。

（2）采样方法检查　单点采样、多点混合采样等操作，采样深度、采样工具和辅助材料（避免采样过程交叉污染）等符合性；表层土壤混合样品采集、表层土壤容重样品采集、表层土壤水稳性大团聚体样品采集、剖面发生层样品采集、剖面纸盒标本采集、整段标本采集等操作。

（3）采样记录检查　成土环境和土壤利用调查信息、剖面形态观察与记载信息、样品信息、工作信息等。

（4）样品检查　样品标签、样品重量和数量、样品包装、样品防沾污措施等。

（5）已采样品暂存检查　场所、环境、容器、通风条件、样品状态（是否发霉、交叉污染）等。

（6）样品交接检查　样品交接程序、土壤样品交接记录表填写是否规范、完整等，适用于现场检查过程中外业调查队有开展流转工作的情况。

（7）样品包装及运输检查　土壤样品运输箱、装运记录等，适用于现场检查过程中外业调查队有开展流转工作的情况。

（四）视频检查

如果特殊原因无法实地开展现场检查，则通过视频连线方式进行检查，检查内容与要求同现场检查。

（五）检查要求

县级土壤普查办组织野外工作经验丰富、熟悉土壤学等专业知识的专家或专业技术人员参与现场检查，每个外业调查队至少要有1位专家或专业技术人员全程跟踪开展现场检查工作，现场检查覆盖100％采样点。省级土壤普查办组织专家开展现场检查应不低于本区域内年度采样任务的 5‰样点，覆盖所有实施县市区，每个检查组由省级专家组成员带队，不少于 3 人。全国土壤普查办组织专家开展现场检查不低于全国年度采样任务的 1‰样点，检查工作覆盖所有省（区、市），每个检查组由国家级专家组成员带队，不少于 3 人。

样点抽取要尽可能全覆盖承担所在区域外业采样任务的外业调查队，同时兼顾区域内不同土地利用类型的样点比例，确保抽取样点分布合理；剖面样点要优先选择目标区域内最具代表性的土壤类型开展检查。重点针对文件资料检查时发现严重问题的外业调查队、下级质量监督检查中发现严重问题的外业调查队等开展现场检查。

现场检查要在外业调查采样工作期同步启动实施，特别是省级、全国土壤普查办要将外部质量监督检查、技术指导等工作有机结合，建立"随时发现问题、随时解决问题"的工作机制。

（六）问题发现与处理

对于资料检查中发现的问题，县级专家或专业技术人员审核后通过工作平台反馈给外业调查队，直接修改完善；省级和国家级资料检查中发现问题的点位，经责任专家审核后通过工作平台质量控制模块将检查意见反馈省级土壤普查办，由省级土壤普查办负责组织问题整改。整改后的样点资料需经县级、省级土壤普查办逐级审核后再次上传到工作平台，由责任专家检查确认直至合格。

对于县级、省级、国家级现场检查中发现的问题，应及时向有关责任人指出，并根据问题的严重程度责令其采取适当的纠正和预防措施。对于发现严重问题采样点位，可要求外业调查队重新采样，并更正文件资料信息，同时需要对点位更正信息进行跟踪检查。

对于各级质量监督检查中发现的问题，外业调查队要及时对问题进行整改，并按要求向县级土壤普查办提交工作质量自评报告（含整改说明）。对于发现外业调查队采样工作存在的共性问题，县级、省级土壤普查办应加强人员培训和质量监督检查力度等，建立健全样品采集环节质量监督检查长效机制。

（七）其他要求

样品采集质量监督检查清单见附录 A，专家依托工作平台进行资料检查，利用质量控制 APP 在外业现场开展现场检查（检查记录内置质量控制 APP），检查过程工作平台全程跟踪记录。

第三节　样品制备、保存与流转

一、总体要求

样品制备实验室等单位要严格按照《第三次全国土壤普查土壤样品制备与检测技术规范》和《第三次全国土壤普查全程质量控制技术规范》开展样品制备、保存和流转等工作，开展内部质量保证与质量控制；省级、全国土壤普查办分别组织省级、国家级质量控制实验室等开展外部质量监督检查等。

二、内部质量保证与质量控制

（一）内部质量控制关键点

① 土壤样品接收、制备、保存、流转等技术规范操作情况。

② 工位监控设备安装和正常运行情况。

③ 自觉接受省级和国家级外部质量监督检查。

（二）样品制备

1. 单位及人员资质要求

承担样品制备、检测任务的实验室应具备《第三次全国土壤普查土壤样品制备与检测技术规范》中要求的相关能力和条件。实验室确定若干制样小组，每个制样小组确定 1 名样品制备质量检查员负责样品制备质量检查工作。每个制样小组组长、质量检查员需通过全国土壤普查办或省级土壤普查办统一组织的全程质量控制技术培训，取得培训合格证，证书与工作平台关联，建立质量追溯体系。其他人员至少需经内部培训上岗，并保留培训记录。

2. 制样方案

承担样品制备任务的实验室应按照省级土壤普查办制定的本省（区、市）样品制备计划及时制定本单位年度样品制备实施方案。

3. 制样场地

满足土壤样品制备的场地要求。应分设相应面积的风干室和样品制备室。

风干室应通风良好、整洁、温湿度条件适宜，远离易挥发性化学物质，并避免阳光直射。高湿地区根据需要安装除湿设施。

样品制备室应通风良好，每个制样工位应做适当隔离，避免交叉污染；应具备互联网网络条件，每个工位安装在线全方位监控摄像头，确保每个工位在工作时可以随时接受远程实时检查，样品制备过程全程摄像并保存记录不少于 1 年。

4. 制样工具

应具备足量的符合样品制备要求的工具，应避免使用含有待测组分或对测试有干扰的材料制成的样品制备工具和包装容器。每制备完成一个样品后，应确保设备清洁干净，避免制样过程的交叉污染。

5. 样品接收

实验室接收样品时，要指定专人负责样品接收确认，重点检查样品标签、样品状况、样品重量、样品数量、样品包装情况等，样品重量应满足风干后土壤样品库样品和粗磨后留存样品、送检样品等要求，如发现破损、重量不足、样品信息不全等情况不予接收，并及时报告省级土壤普查办。

6. 制备流程

样品风干、研磨、筛分、混匀、缩分、分装等过程符合技术要求和样品重量要求，制备过程每个环节应充分混匀样品。

7. 有关要求

① 样品风干、粗磨、分装过程中，样品编码必须始终保持一致。

② 制备过程中应保证样品充分混匀，样品全部过筛，损失率不高于10%，并有详细制样记录。

③ 质量检查员可通过实地、在线监控对制样工作进行实时检查，检查样品编码一致、标识清晰、信息完整等情况，制样内部质量检查应覆盖制样全部样品、全周期、全工作过程，同时核查土壤样品制备记录表，做好检查记录。

④ 样品制备信息经质量检查员检查确认后，及时上报工作平台。

（三）样品保存

1. 人员资质

负责土壤三普样品制备、流转、保存和检测的单位应配备样品管理员。样品管理员应经过培训或能力确认，并保留相应的培训和能力确认记录。

2. 样品保存状态和时间

承担样品制备任务的检测实验室，对留存样品进行保存；对流转之前的土壤样品库样品、送检样品进行暂存。其中，土壤样品库样品为风干后原状土壤样品，留存样品和送检样品为风干后粗磨的土壤样品。检测实验室对待测样品进行暂存，对预留样品和剩余样品进行保存。具体按土壤样品库建设规范要求执行。

3. 保存场所

土壤样品保存场所应保持干燥、通风、无阳光直射、无污染。应有环境条件视频监控设备、样品存放区域的空间标识和样品编号的检索引导。

4. 样品管理

样品管理员定期对保存样品（留存样品、预留样品、剩余样品等）的状态（标签清晰、重量和数量、样品粒度、包装容器等）、环境条件和出入库等进行检查并记录，并定期检查暂存样品情况，及时发现问题并采取纠正和预防措施。

（四）样品流转

① 样品制备实验室按照有关样品状态、数量等要求将样品流转到检测实验室、质量控制实验室和土壤样品库等。

② 收样单位（检测实验室、质量控制实验室等）在样品交接过程中，应对接收样品的质量状况进行检查，检查内容主要包括：样品标签、重量、数量、状态、包装容器、样品应送达时限、送样人等。

③ 在样品交接过程中，收样单位如发现送交样品有下列严重质量问题，应拒收样品，并及时通知省级质量控制实验室。a. 样品无编号、编号混乱或有重号。b. 样品在运输过程中受到破损或沾污。c. 样品状态不符合规定要求。d. 样品类型、重量或数量不符合规定要求。

样品经验收合格后，送样人、收样人均在土壤样品交接记录表上（参见《第三次全国土壤普查土壤样品制备与检测技术规范》）签字，双方各执一份。

（五）有关要求

① 在表层样品流转到检测实验室前，省级质量控制实验室负责加入密码平行样品和质控样品，并进行样品转码；在土壤剖面样品流转前，省级质量控制实验室负责加入密码平行样品和质控样品，并进行转码；在水稳性大团聚体样品流转前，省级质量控制实验室负责加入密码平行样品，并进行转码。

② 土壤样品按照耕地园地表层样品、耕地园地剖面样品、林地草地表层样品、林地草地剖面样品和水稳性大团聚体样品，分别组批进行流转。

（六）问题发现与处理

样品制备、保存和流转环节质量保证工作中发现的问题，各单位应及时采取预防和纠正措施，并报省级质量控制实验室。

三、外部质量监督检查

（一）基本要求

在样品制备、保存和流转环节开展质量保证工作基础上，国家级和省级质量控制实验室开展质量监督检查。

（二）样品制备

（1）制样人员资质检查　是否通过专业培训，取得培训合格证。

（2）制样场地检查　监控设备、环境条件、防污染措施是否符合要求。

（3）制样工具检查　磨样设备、样品筛、辅助制样工具等是否符合要求（防污染）、齐全、完好，分装容器材质规格是否满足技术要求，磨样设备是否正常运转和定期维护，制样工具在每个样品制备完成后是否及时清洁。

（4）制样流程检查　样品风干、研磨、筛分、混匀、缩分、分装过程是否规范，通过实地或监控视频检查的方式，不定期检查制样工作质量。

（5）已加工样品检查　样品标签、样品重量和数量、样品粒径、样品包装和暂存是否规范，留存样品保存条件是否规范。

（6）制样原始记录检查　制样实施方案；样品接收记录；监控记录的完整性；样品制备记录表填写内容完整性、准确性、真实性、原始性等。

（7）制样自检信息检查　通过工作平台中提交的制样信息（参见《第三次全国土壤普查土壤样品制备与检测技术规范》样品制备记录表）等进行检查。

（三）样品保存

（1）人员资质　检查样品管理员是否有培训确认记录等。

（2）保存场所和条件　检查样品保存场所是否满足《第三次全国土壤普查土壤样品制备与检测技术规范》相关要求，是否有环境条件监控设备、样品存放区域的空间标识和样品编号的检索引导。

（3）定期检查　应对保存样品的状态、时间、环境条件监控记录和出入库等进行检查。

（4）检查有无纸质样品交接记录，及交接记录的正确性与完整性。

（四）样品流转

（1）样品交接记录表检查　交接内容是否填写完整、规范等。

（2）流转样品中密码平行样品和质控样品添加是否符合要求。

（五）检查要求

省级质量控制实验室监督检查样品制备、保存、流转等数量应分别不少于本区域总样量的 5%，覆盖行政区域内承担任务的检测实验室；国家级质量控制实验室在省级检查的基础上随机抽查。检查工作覆盖样品制备、保存和流转工作周期。对于未能制检分离的单位，要加大质量监督检查力度。必要时，安排专家派驻，对关键过程开展监督检查。

（六）问题发现与处理

对检查中发现的问题，检查人员应及时向有关责任人指出，并根据问题的严重程度要求其采取适当的纠正和预防措施。相关的任务承担单位要及时对问题进行整改，并按要求向县级土壤普查办提交工作质量自评报告（含整改说明）。省级土壤普查办通过加强人员培训、提高检查比例、调取留存样品、重新制备相关样品等方式建立健全样品制备、保存与流转环节质量监督检查长效机制。

（七）其他要求

样品制备、保存与流转质量监督检查清单见附录 B，并需及时按要求上传工作平台质量控制模块。

第四节　样品检测

一、总体要求

检测实验室要严格按照《第三次全国土壤普查土壤样品制备与检测技术规范》和《第三次全国土壤普查全程质量控制技术规范》开展样品检测工作，开展内部质量保证与质量控制。省级、全国土壤普查办分别组织省级、国家级专家组有关专家和质量控制实验室开展外部质量监督检查。

二、内部质量保证与质量控制

（一）内部质量控制关键点

① 仪器设备配备和正常运行情况。

② 检测任务指标、检测技术规范操作情况。

③ 内部质控记录并对异常样品开展复检情况。

④ 自觉接受省级和国家级外部质量监督检查。

（二）单位及人员资质要求

依据《检验检测机构资质认定管理办法》《检验检测机构资质认定能力评价检验检测机构通用要求》《检测和校准实验室能力的通用要求》等，建立并实施质量管理体系，及时发现和预见问题，有针对性地采取纠正和预防措施。同时，所有参与土壤三普任务的检测实验室主要技术负责人、技术骨干、检测人员及质量检查人员（质量控制人员）等均需通过全国土壤普查办或省级土壤普查办统一组织的技术培训，取得培训合格证，证书与工作平台关联，建立质量追溯体系。

（三）样品细磨

样品细磨时，要将样品全部倒出混匀后，再用四分法或多点取样法从过 2mm 孔径筛土样中根据检测参数分取样品量，并根据参数需求使细磨样品分别过 0.25mm、0.149mm 孔径筛。细磨有关环境和操作要求等按照"第三节　样品制备、保存与流转"中相关要求执行，细磨过程不同粒径样品必须从通过 2mm 孔径筛的土样中重新取样制备并全部过筛，严禁套筛；细磨过程样品编码始终保持一致。同时，现场填写制样记录（参见《第三次全国土壤普查土壤样品制备与检测技术规范》样品制备记录表）。

（四）仪器设备和试剂溶液

1. 仪器设备

配备数量充足、技术指标符合检测任务要求且完好的仪器设备设施。对检测结果准确性或有效性有影响，或计量溯源性有要求的仪器设备，投入使用前应计量检定或校准，并保持其在有效期内使用。辅助仪器设备应进行功能核查。

2. 试剂溶液

所用质控样品和化学试剂等应符合相关检测标准要求且在有效期限内。质控样品应能溯源到标准物质（或参比物质）。化学试剂有专人负责，严格按照相关规定加强安全管理。

（五）检测方法的选择与验证

① 检测实验室应根据实际情况选用《第三次全国土壤普查土壤样品制备与检测技术规范》中推荐的检测方法。

② 检测实验室在正式开展土壤三普样品检测任务之前，完成对所选用检测方法的检出限、测定下限、精密度、正确度、线性范围等方法各项特性指标的验证，保存原始数据记录，并形成相关方法验证报告。

（六）空白试验

① 每批次样品（不多于 50 个样品）分析时，应进行空白试验，检测空白样品。对检测方法有规定的，按检测方法的规定进行；对检测方法无规定时，要求每批次样品分析时应至少进行 2 个空白试验。

② 空白试验结果一般应低于方法检出限。若空白试验结果低于方法检出限，则可忽略不计；若空白试验结果略高于方法检出限但比较稳定，可进行多次重复试验，计算空白试验平均值并从样品检测结果中扣除；若空白试验结果明显超过正常值，实验室应查找原

因并采取适当的纠正和预防措施，重新对样品进行检测。

（七）仪器设备定量校准

1. 标准物质

分析仪器校核应首选有证标准物质。没有有证标准物质时，选用参比物质。

2. 校准曲线

采用校准曲线法进行定量分析时，一般应至少使用 5 个浓度梯度的标准溶液（除空白外），覆盖被测样品的浓度范围，且最低点浓度应在接近方法测定下限的水平。检测方法有规定时，按检测方法的规定进行；检测方法无规定时，校准曲线相关系数原则上要求为 $r > 0.999$。

3. 仪器稳定性检查

连续进样分析时，每检测 20 个样品，应测定一次校准曲线中间浓度点，确认分析仪器校准曲线是否发生显著变化。检测方法有规定的，按检测方法的规定进行；检测方法无规定时，相对偏差应控制在 10% 以内，超过此范围时需要查明原因，重新绘制校准曲线，并重新检测该批次全部样品。

（八）精密度控制

① 在每批次分析样品中，随机抽取不低于 5% 的样品进行平行双样分析；当批次样品数<20 时，应随机抽取至少 1 个样品进行平行双样分析。

② 由实验室质量控制人员采取平行双样密码分析等方式开展质量控制。其中，平行双样要与其他样品统一编码。

③ 样品检测项目中平行双样检测精密度允许范围应符合方法要求。对检测方法有规定的，按检测方法的规定进行；对检测方法无规定时，按照表 5-1 要求执行。

④ 平行双样检测合格率要求为 100%。当出现不合格时，应查明产生不合格结果的原因，采取适当的纠正和预防措施，并对该平行双样关联的样品进行重新检测。除此之外，应再增加 5%～15% 的平行双样分析比例并满足检测合格率要求。

表 5-1　土壤样品检测精密度和正确度允许推荐范围

检测项目	含量范围/(mg/kg)	精密度		正确度
		室内相对偏差/%	室间相对偏差/%	相对误差/%
总镉	<0.1	35	40	40
	0.1～0.4	30	35	35
	≥0.4	25	30	30
总汞	<0.1	35	40	40
	0.1～0.4	30	35	35
	≥0.4	25	30	30
总砷	<10	20	30	30
	10～20	15	20	20
	≥20	10	15	15

续表

检测项目	含量范围/(mg/kg)	精密度		正确度
		室内相对偏差/%	室间相对偏差/%	相对误差/%
总铜	<20	20	25	25
	20～30	15	20	20
	≥30	10	15	15
总铅	<20	25	30	30
	20～40	20	25	25
	≥40	15	20	20
总铬	<50	20	25	25
	50～90	15	20	20
	≥90	10	15	15
总锌	<50	20	25	25
	50～90	15	20	20
	≥90	10	15	15
总镍	<20	20	25	25
	20～40	15	20	20
	≥40	10	15	15
其余无机检测项目（以平台上报结果单位进行判定）	<0.1	35	40	40
	0.1～1.0	30	35	35
	1.0～10	20	30	25
	10～100	15	25	20
	100～1000	10	20	15
	≥1000	5	10	10

注：方法中有精密度或正确度规定的，按方法执行；没有规定的，按本表执行。由于试点质量控制数据未出，将来试点数据出来将进一步对本表进行修订。

（九）正确度控制

1. 使用标准物质（或参比物质）

当具备与被测土壤样品基本相同或类似的有证标准物质（或参比物质）时，应在每批次样品分析时同步均匀插入与被测样品含量水平相当的有证标准物质（或参比物质）进行检测。每批样品至少做待测元素含量高、低两组质控样，质控样结果应满足表 5-1 要求。当批次分析样品数<20 时，应至少插入 1 个质控样。

结果判定：若参比物质相对误差在允许范围内，则对该参比物质样品分析测试的正确度控制为合格，否则为不合格；有证标准物质测定结果在标准物质证书给定的认定值和不确定度范围内来判定正确度，一般用可暂时使用标物证书给定的不确定度值乘 3 再除 2 的值（99％置信区间），或使用表 5-1 中规定的相对误差值判定。当出现不合格结果时，应查明其原因，采取适当的纠正和预防措施，并对该标准物质样品及与之关联的送检样品重新进行检测。

2. 绘制质量控制图

① 检测实验室可绘制质量控制图对样品检测过程进行质量监控。

② 正确度控制图可通过多次检测所用质控样品获得的均值（X）与标准偏差（s）进行绘制，即在95%的置信水平，以 X 为中心线、$X \pm 2s$ 为上下警告线、$X \pm 3s$ 为上下控制线绘制。

③ 每批次样品分析所带质控样品的测定值落在中心线附近、上下警告线之内，则表示检测正常，此批次样品检测结果可靠。

④ 如果测定值落在上下控制线之外，表示检测失控，检测结果不可信，应检查原因，采取纠正措施后重新检测；如果出现以下几种情况，表示检测结果虽可接受，但有失控倾向，应予以注意。a. 连续3点中有2点落在中心线同一侧的上下警告线以外；b. 连续5点落在中心线同一侧的1倍标准偏差（s）以外；c. 连续9点或更多点落在中心线同一侧；d. 连续7点递增或递减。

（十）异常样品复检

当平行双样密码分析或标准物质（或参比物质）检测结果不合格时，判断批次样品检测结果异常，需要对实验室精密度和正确度进行检查。对于超出正常值范围的样品应100%进行复检，或采取人员比对、实验室间比对等方式确认检测结果的可靠性。

（十一）检测数据记录与审核

① 检测实验室应保证检测数据的完整性，确保全面、客观地反映检测结果，不得选择性地舍弃数据、人为干预检测结果。

② 检测原始记录应有检测人员、校核人员、审核人员的三级签字。

③ 检测人员负责按照相关要求，如实填写原始记录，并对原始数据和报告数据进行校核。对发现的可疑报告数据，应与样品检测原始记录进行校对。

④ 校核人员负责对该检验项目的原始记录填写的完整性、正确性进行校核，对计算结果进行验算，判定检验结果是否符合技术标准规定的允差范围，并考虑以下因素：分析方法、分析条件、数据的有效位数、数据计算和处理过程、法定计量单位和内部质量控制数据等。

⑤ 审核人员应对最终记录结果进行审核把关，审核数据的准确性、逻辑性、可比性和合理性。

⑥ 检测结果低于方法检出限时，以"未检出"报出，同时给出方法检出限，参加统计时按最低检出限计算。

（十二）检测结果的报出

① 检测实验室每检测完成一批次送检样品，除须按照本实验室质量管理体系要求编制纸质检测报告外，还须按照土壤三普实验室检测数据填报要求，填报样品检测结果及同批次实验室内部质量控制数据，内部质量控制数据填报记录参见附录C。

② 检测实验室应在每批次送检样品检测完成经内部质控审核确认后，通过工作平台上报检测结果与相关报告，提交省级质量控制实验室审核。

③ 各省（区、市）样品检测结果统一由省级质量控制实验室根据密码平行样品和质

控样品检测结果对检测实验室的检测质量进行评价，确认后数据进入工作平台供县级、省级土壤普查办进一步审核。

（十三）实验室内部质量评价

每个检测实验室在完成土壤三普样品检测合同任务时，应对其最终报出的所有样品检测结果的可靠性和合理性进行全面、综合的质量评价，并提交质量评价总结报告。报告包括如下内容。

① 承担的任务基本情况介绍。

② 选用的检测方法以及验证或确认结果。

③ 样品检测精密度控制合格率。

④ 样品检测正确度控制合格率。

⑤ 异常样品复检合格率。

⑥ 保证样品检测质量所采取的各项措施，以及整改措施和结果。

⑦ 总体质量评价（包括数据审核记录、报告及问题整改情况报告等）。

三、外部质量监督检查

（一）基本要求

在检测实验室内部质量保证与质量控制的基础上，由省级质量控制实验室和国家级质量控制实验室具体负责实施。省级土壤普查办组织省级质量控制实验室采取密码平行样、质控样、留样抽检和现场监督检查等方式开展外部质量监督检查，全国土壤普查办组织国家级质量控制实验室采取检测能力评价、留样抽检、飞行检查等方式开展外部质量监督检查。若样品制备与检测由同一单位承担的，省级土壤普查办应加大质控力度。

（二）密码平行样品

密码平行样品随同批次土壤样品流转到检测实验室进行检测。

① 密码平行样品测试结果的精密度以两次检测结果（A 和 B）的相对偏差（RD）表示，满足表 5-1 相对偏差要求。RD 计算公式如下：

$$RD(\%)=|A-B|/(A+B)\times100\%$$

② 实验室内密码平行样品检测质量合格率要求 100%。

③ 当不能达到上述合格率要求时，应采取以下措施：

对密码平行样不合格结果，由省级质量控制实验室通知检测实验室对留样进行复检（批次所有样品的不合格指标）。如复检确认不属于密码平行样品均匀性等引起的检测误差，省级质量控制实验室应要求该实验室对与该密码平行样品一起送检的所有样品进行复检；复检确认属于密码平行样品本身引起的检测误差，只要与该批次送检样品同期实验室内部质控数据及质控样品检测结果均合格，省级质量控制实验室仍可认定该批次样品检测结果合格。必要时，省级质量控制实验室可参与留样复检。

（三）质控样品

质控样品随普查样品一起流转到承担检测任务的实验室，要求实验室与该批次普查样品一起进行检测。

① 质控样品测试结果的正确度以相对误差（RE）表示。将质控样品的检测结果（x）与其给定值（μ）进行比较，计算相对误差，满足表 5-1 相对误差要求。RE 计算公式如下：

$$RE(\%) = |x - \mu| / \mu \times 100\%$$

② 实验室对质控样品检测质量合格率要求 100％。

③ 当不能达到上述合格率要求时，省级质量控制实验室应要求检测实验室查明发生问题的原因，采取适当的纠正和预防措施，必要时向检测实验室提供新的质控样品，并要求其插入已完成但结果不合格的送检批次样品中一起进行复检，直至质控样品复检合格率达到规定要求。

（四）留样抽检

① 在检测实验室开展样品检测过程中，省级质量控制实验室和国家级质量控制实验室按照有关要求同时开展留样抽检，加强质量控制工作。

② 留样抽检要尽可能覆盖年度任务涉及的县（市、区），覆盖主要土壤类型和土地利用类型。省级抽检量不低于本区域检测样品量的 5‰，国家级抽检量不低于检测样品量的 3‰。

③ 检测实验室留样抽检结果的合格率应不低于 80％。

④ 留样抽检不一致，省级或国家级质量控制实验室应从留存样品中再提供一份进行复检。如再次复检结果与初次检测结果一致，但与前次复检结果不一致，省级或国家级质量控制实验室可采用检测实验室的初次检测结果；再次复检结果与前次复检结果一致，但与初次检测结果不一致，省级或国家级质量控制实验室应要求检测实验室对发现问题样品分析批次的所有样品不合格指标进行复检。留样抽检过程精密度和正确度参考表 5-1。

（五）现场监督检查

现场监督检查由省级土壤普查办组织实施，覆盖年度承担任务的检测实验室，对样品制备、保存、流转和检测等核心环节开展检查，重点检查实验室内部质量保证与质量控制方案实施情况、仪器设备、试剂溶液和有关原始记录等。必要时安排专家派驻，全程跟进核心环节。现场监督检查清单参见附录 D。

（六）检测能力评价

全国土壤普查办每年组织开展检测能力评价。通过 3 年检测能力评价，实现对所有检测实验室全覆盖。检测能力评价结果不合格的，通报省级土壤普查办，整改合格之前原则上不再承担土壤三普检测任务。

（七）飞行检查

飞行检查由国家级质量控制实验室组织实施，检查对象包括承担任务的检测实验室和省级质量控制实验室。飞行检查实行专家组长负责制，检查组组长应由取得国家级或省级检验检测机构资质认定评审员或具备资深实验室管理经验的专家担任，检查组成员须具有高级以上技术职称或从事土壤检测或相关业务 5 年以上。飞行检查清单参见附录 D。

（八）实验室外部质量评价

（1）密码平行样品检测结果质量评价 密码平行样品两次测定结果的相对偏差（RD）应满足表 5-1 中室内相对偏差要求。

（2）质控样品检测结果质量评价 质控样品检测结果与给定值的相对误差（RE）应满足表 5-1 的允许值范围。

（3）留样抽检结果质量评价 留样抽检两次测定结果的相对偏差（RE）应满足表 5-1 中实验室室间相对偏差要求。

（4）检查评价（检查报告） 系统梳理外部质量评价发现的问题，提出整改意见建议。

第五节　数据审核

一、总体要求

数据审核主要依托专家审核、会商以及利用数据审查模型等措施开展。数据审核包括县级、省级土壤普查办开展数据审核及全国土壤普查办开展数据监督检查等。其中，县级土壤普查办对经过省级质量控制实验室确认的数据进行完整性、规范性、合理性审查；省级土壤普查办组织专家组，对县级土壤普查办上报数据的规范性、准确性，特别是存疑数据进行检查；全国土壤普查办组织专家组开展国家层面监督检查。

二、人员资质

数据审核需由科研、教学和推广领域多年从事土肥工作或具有高级专业技术职称的专家负责，审核责任专家至少 2 名。从事数据审核的专家要参加国家或省级层面组织的相关培训，掌握数据审核方法及工作要求。

三、审核内容

（一）数据完整性

1. 数据完整性审查

外业调查采样环节，采用"电子围栏"和外业调查采样 APP，对采样位置和填报信息进行管理，确保外业调查信息填报完整。样品检测数据上报环节，通过土壤普查工作平台对上报数据的完整性进行筛查。

2. 文本型数据缺失

（1）外业调查"电子围栏"提醒 通过外业调查采样 APP 对外业调查采样时填报的文本数据缺失进行提醒。

（2）数据库入库提醒 建立数据分级审核机制，通过全程数据可信追溯模块对入库缺失数据进行提醒。

（3）属性提取 根据空间位置信息从工作底图上提取缺失数据。

（4）删除　当缺失值所占的比例较少且无法获取缺失数据时，可以使用删除法，以减少样本数据量来保证数据的完整性。

3. 数值型数据缺失

（1）数据库入库提醒　建立数据分级审核机制，全程数据可信追溯模块对入库缺失数据进行提醒。

（2）均值　根据行政信息提取一定范围（如乡、村）、一定时期或根据空间信息提取一定距离、最近15个点的信息，使用均值（平均值、中位数、众数）来替换缺失值。

（3）删除　当缺失值所占的比例比较小时，可以使用删除法，以减少样本数据量来换取数据的完整性。

（4）属性提取　当缺失值所占的比例较少且复测数据无法获取时，可以进行空间插值的指标，先进行空间插值，再根据空间位置信息提取数据。

（5）不处理缺失值　当缺失值所占的比例比较大时，在数据库中保留缺失值，后期分析时不使用此指标。

4. 图片型数据缺失

（1）外业调查"电子围栏"提醒　通过外业调查采样APP对外业调查采样时拍摄照片的上传进行缺失提醒。

（2）数据库入库提醒　建立数据分级审核机制，全程数据可信追溯模块对入库缺失图片数据进行提醒。

（二）数据规范性

1. 数据规范性审查

采用数据库审查相关模块，对入库数据规范性进行审查。

2. 拼写错误

主要是指在录入数据时，出现错别字、同音字的。如稻写成稻、砂写成沙等，通过数据审查予以校对。

3. 标准不一致

主要是指各项目间填写标准不一致而产生的错误，如土壤类型信息若不一致，要按照《第三次全国土壤普查暂行土壤分类系统（试行）》；项目中行政信息变更造成的不一致等。经纬度按照《第三次全国土壤普查工作底图制作与采样点布设技术规范》《第三次全国土壤普查土壤类型图编制技术规范》等统一点位坐标信息；土地利用方式按照第三次国土调查土地利用信息统一；种植制度按照农业区划信息进行统一。

4. 表现形式不同

主要包括指标名称不一致，如锌与 Zn；单位不一致，如 cmol/kg 与 mg/kg；行政单位名称使用全称与简写，如内蒙古自治区与内蒙古、门源回族自治县与门源县等，按照《第三次全国土壤普查土壤样品制备与检测技术规范》统一指标有效位数、计量单位、修约等。通过工作平台内置数据字典的方式，统一指标名称、单位和相关信息等。

（三）数据准确性

1. 数据准确性审查

系统分析区域数据，明确数据审核原则，综合考虑土壤自然成土环境背景情况，对标密码平行样品和质控样品评价结果，通过阈值分析、关联分析、逻辑分析等方法对数据准确性进行判断。

2. 阈值设定

对入库数据单点、单指标异常值、批量数据合理性等进行审查，对不精确值或错值（指标检测不准确、数据录入错误）进行驳回、处理。

3. 极值法

常用的统计量是均值、标准差、最大值、最小值、分位数等，用来判断变量的取值是否超出了合理的极值范围，是否存在离群值。其中，工作平台内置耕地园地、林地草地检测指标阈值（全国阈值或分级阈值），利用阈值自动对检测数据进行初步审核，并对超出阈值范围数据做出警示标识。

4. 箱型图

利用箱型图对小于 Q1−1.5IQR 或者大于 Q3+1.5IQR（Q1 称为下四分位数，Q3 称为上四分位数，IQR 称为四分位数间距）的异常数据进行筛查。

5. Z 分数

对于服从正态分布的指标数据，使用公式 $Z=(x-\mu)/\delta$（x 是指标值，μ 是平均值，δ 是标准偏差）计算的归一化 Z 分数，通过设定阈值（一般设置为 2.5、3.0 和 3.5）来筛选异常值。

6. 空间分析

利用空间分析（聚类和异常值分析工具）识别具有统计学上的显著性的空间异常值（高值由低值围绕或低值由高值围绕的值）。

7. 关联分析

存在量化关系的指标，通过设定组合阈值来筛选异常值，如碳氮比。

四、问题发现及处理

针对审查中发现的存疑数据等，专家通过数据会商、讨论交流等方式给出处理意见。县级土壤普查办在数据审核过程中，对不合格数据进行驳回，并组织整改；省级专家将审核意见（驳回）反馈省级土壤普查办，省级土壤普查办安排有关县级土壤普查办负责整改工作；国家级专家将审核意见（驳回）反馈全国土壤普查办，全国土壤普查办安排有关省级土壤普查办负责整改工作。

五、有关要求

① 县级土壤普查办负责本区域全部检测数据的审核；省级土壤普查办组建的专家组

负责本区域全部检测数据的审核；全国土壤普查办组建的专家组对各省级土壤普查办上报数据进行质量监督检查，检查比例不少于 2‰。

② 数据审核过程中重点对超出阈值范围的数据、离群值、极端值、异常值或多频数据进行抽取，抽取的数据样点要尽可能覆盖所在区域的所有检测实验室及样点类型。

附录 A　样品采集质量监督检查清单

附表 A-1　资料检查项目清单表

检查项目	规范要求
单位和人员资质	外业调查队及其技术领队和质量检查员等资质情况是否符合《第三次全国土壤普查土壤外业调查与采样技术规范》和土壤普查全程质量控制要求。必要时，核查有关人员参与国家或省级组织的培训情况
点位确认	检查"电子围栏"范围内采样中心点选择是否合理； 预布设点位现场调整是否符合规范要求（针对"电子围栏"外调整点位的情况）
采样信息	检查成土环境和土壤利用信息填报是否规范、合理； 剖面样点还需结合土壤类型判定校核、图斑纯度校核等信息填报是否符合要求； 检查景观照片、工作照片、样品照片、剖面照片等拍摄是否规范，数量是否符合要求；样品重量是否符合要求
一线质控信息	技术领队和质量检查员检查确认情况
采样环节自检	外业调查自查确认信息情况

附表 A-2　现场检查项目清单表

检查项目		规范要求
单位及 人员资质	人员组成	检查外业调查队专业背景是否符合要求；人员组成重点检查 1 名技术领队进行技术和工作质量负责，至少 1 名质量检查员负责内部质量检查的情况
	人员资质	技术领队和质量检查员人员专业背景、培训情况符合《第三次全国土壤普查土壤外业调查与采样技术规范》和土壤普查全程质量控制要求。必要时，核查有关人员参与国家或省级组织的培训情况
采样点位	点位确认	检查"电子围栏"范围内采样中心点选择是否合理
	点位现场调整	预布设点位现场调整是否符合规范要求（针对"电子围栏"外调整点位的情况）
样品采集	采样方法	检查采样工具、辅助工具等是否符合要求； 表层土壤混合样品、土壤容重样品、土壤水稳性大团聚体样品采集方法是否规范； 剖面样点还需检查剖面分层样品、剖面整段样本、剖面纸盒标本、剖面土壤容重样品和土壤水稳性大团聚体样品等采集方法是否规范； 采集样品数量、重量、层次、深度是否符合要求
	采样信息	检查成土环境和土壤利用信息填报是否规范、合理；检查耕层厚度观测和记录是否规范、合理； 检查景观照片、工作照片、样品照片、剖面照片等拍摄是否规范，数量是否符合要求
样品标识	标签与包装	检查是否按照要求分类包装组批并明确标识，内外标签是否齐全清晰，内容是否完整等

检查项目		规范要求
样品暂存与流转	样品保存	采样后样品交接前,应妥善暂存土壤样品。对于表层土壤混合样品,应使土壤处于通风状态,避免土壤发霉;对于水稳性大团聚体样品,需按照样品制备有关要求进行简单前处理
	样品流转	检查是否指定专人负责样品流转,是否按要求分批流转,是否按照要求填写相关记录表等

附录 B 样品制备、保存与流转质量监督检查清单

附表 B-1 样品制备、保存与流转质量监督检查项目清单表

实验室名称(盖章):　　　　　检查日期:　　　年　月　日

环节	检查项目	规范要求	检查结果 (符合、基本符合、不符合)	发现问题
	质量管理	检查单位内部质量保证与质量控制方案及相关质量管理制度是否满足规范要求,是否结合本单位实际具有可操作性; 人员配备及培训、监督等与所承担任务量相符,并满足相关要求		
样品制备	制样单位及人员资质要求	根据样品制备人员清单,检查是否均有全国土壤普查或省级土壤普查办统一组织的内业测试化验和全程质量控制技术培训合格证书和上岗授权记录; 制样小组设置是否合理,每个小组是否均有样品制备质量检查员		
	制样方案	是否按照省级土壤普查办制订的本省(区、市)样品制备计划及时制订本单位年度样品制备实施方案		
	制样场地	风干、制备场所环境条件、防污染措施是否符合要求;样品制备室面积满足要求,制样工位数量是否与所承担任务相匹配,是否适当隔离;在线全方位监控摄像头是否覆盖每个工位的制样环节,存储制样监控视频应满足要求,监控设备运行良好		
	制样工具	磨样设备、样品筛、辅助制样工具等是否齐全、完好、符合要求;样品制备工具和包装容器是否含有待测组分或对测试有干扰的材料制成;制样工具在每个样品制备完成后是否及时清洁		
	样品接收	是否指定专人负责样品接收确认,重点检查样品标签、样品状况、样品重量、样品数量、样品包装情况等;接收样品重量是否满足风干后土壤样品库样品和粗磨后留存样品、送检样品等样品重量要求		
	制备流程	样品风干、研磨、筛分、混匀、缩分、分装等过程是否符合《第三次全国土壤普查土壤样品制备与检测技术规范》制备流程规定,样品编码是否始终保持一致;样品损失率是否满足要求;留存样品、送检样品重量是否满足样品复检需要		
样品保存	人员资质	样品管理员是否经过培训或能力确认,并保留相应的培训和能力确认记录		
	样品保存状态和时间	样品保存是否符合《第三次全国土壤普查土壤样品制备与检测技术规范》有关要求; 留存样品保存时间是否符合要求		
	保存场所	是否保持干燥、通风、无阳光直射、无污染; 是否有环境条件视频监控设备、样品存放区域的空间标识和样品编号的检索引导		
	样品管理	样品管理员是否定期对留存样品、暂存样品进行检查		

环节	检查项目	规范要求	检查结果 (符合、基本 符合、不符合)	发现 问题
样品流转	样品交接	样品制备实验室是否按照有关样品状态、数量等要求将样品流转到检测实验室和土壤样品库; 收样单位在样品交接过程中,是否对接收样品的质量状况进行检查		
	有关要求	土壤样品是否按照土地利用类型(耕地、园地、林地、草地等)和样品类型(表层土壤样品、剖面土壤样品、水稳性大团聚体样品、容重样品等),分类组批进行流转;是否按照样品类型在流转到检测实验室前由质量控制实验室插入相应的质量控制样品		
内部质量保证检查		自查相关记录符合规范要求,内部检查是否覆盖制样全部样品、全周期、全工作过程		

附表 B-2　样品制备、保存与流转质量监督检查材料清单表

序号	内容
1	样品制备实验室经手的所有样品的编号清单概览
2	土壤样品交接记录表
3	样品制备记录表,要求:受监督检查实验室经手的所有第三次全国土壤普查土样
4	土壤样品批次记录表
5	土壤样品装运记录表
6	土壤普查样品入库记录和出库记录,样品保存室视频监控记录(近1年)
7	已制备土壤普查样品照片(包含样品标签、重量、粒径、包装等信息),要求:受监督检查实验室经手的所有第三次全国土壤普查土样,照片或者字迹清晰或者有详细说明
8	样品制备实验室实际使用的样品制备、流转、保存工作程序文档及示意图(word格式)
9	制样小组人员一览表(excel格式),要求:包括姓名、单位、身份证号码、手机号、岗位职责、工作时间和经手样品编号段和制备操作
10	制样人员、制样检查员及样品管理员参加培训、考核的记录和相关盖章证明(PDF格式或者图片格式)
11	制样场地照片或视频,要求:按照时间、地点、样品号段、工作人员名字命名文件夹
12	制样工具照片,要求:实验室名称、工具名称、工具编号
13	体现制样流程工作视频(近1年),要求:按照时间、地点、样品号段、工作人员名字命名文件夹
14	样品保存室照片及实时视频、环境条件控制记录
15	内部质量控制样品一览表,内部质控样品添加、转码一览表,平行双样添加情况表(制备、检测任务均承担的实验室)

附录 C　检测实验室内部质量控制电子数据填报记录

附表 C-1　空白试验记录表

实验室代码	检测日期	样品类型	样品编号	检测项目	分析方法	检出限	空白试验结果	结果评价	检测人员

附表 C-2　平行双样检测结果记录表

实验室代码	检测日期	样品类型	样品编号	检测项目	相对偏差/%	结果评价	检测人员

附表 C-3　平行双样检测合格率记录表

实验室代码	报告日期	样品类型	检测项目	批次样品数	合格样品数	合格率/%

附表 C-4　标准物质检测结果记录表

实验室代码	检测日期	样品类型	检测项目	标准物质编号	标准值及其不确定度	检测结果	相对误差/%	结果评价	检测人员

附表 C-5　正确度控制合格率记录表

实验室代码	报告日期	控制方式	样品类型	检测项目	批次样品数	合格样品数	合格率/%

附表 C-6　异常样品复检记录表

实验室代码	检测日期	样品类型	样品编号	检测项目	检测值 A	检测值 B	相对偏差/%	结果评价	检测人员

附表 C-7　异常样品复检率记录表

实验室代码	报告日期	样品类型	检测项目	批次样品数	异常样品数	复检样品数	合格率/%

附录 D　飞行检查/现场监督检查清单

附表 D-1　飞行检查/现场监督检查项目清单表

实验室名称（盖章）：　　　检查日期：　　年　月　日

序号	检查要素	检查内容	检查结果（符合、基本符合、不符合）	发现问题（包括作为证据的材料名称、清单，以及文件号等）
1	质量管理	依据相关要求,建立并有效运行质量保证体系; 按照第三次全国土壤普查有关技术规范和管理要求,进一步完善内部质量管理制度;应按照《第三次全国土壤普查全程质量控制技术规范》有关要求,制订单位内部质量保证与质量控制方案和计划,涵盖样品制备(细磨)、内部流转、保存、分析测试及报告编制等全流程,并实施全过程质量控制		
2	检测能力	资质认定批准或实验室认可的检测能力应涵盖50%以上第三次全国土壤普查土壤理化性状指标;检测能力与承担任务相匹配,能保证在合同期内完成检测任务;承担的检测任务不得转包和分包		
3	样品细磨	制样工具、制样场所与设施符合《第三次全国土壤普查土壤样品制备与检测技术规范》要求;细磨过程应有视频监控设备,监控范围应能覆盖每个工位的制样环节,监控设备运行良好,监控记录保存完整;样品制备记录表(0.25mm、0.149mm孔径筛)保留完整;样品编码保持不变;严禁套筛		
4	人员	样品制备、样品流转、样品检测、质量控制人员能力和数量满足普查检测任务需要;检测实验室主要技术负责人、技术骨干及质量检查人员等均需通过全国土壤普查办或省级土壤普查办统一组织的集中培训,取得培训结业证书,应掌握相关技术规定和管理要求; 所有参与土壤三普任务的人员需经培训上岗,并保留人员培训和授权上岗记录。有人员监督计划和实施记录		
5	场所环境	实验室场所应与所申请的场所一致;实验室内合理分区,避免交叉污染和相互干扰;样品制备、保存、检测环境应符合场所环境、仪器设备、检测方法等有关要求;对可能影响检测结果质量的环境条件,应进行识别并制成文件,对其实施监控和记录,保证符合相关技术要求		
6	设施设备	应具备第三次全国土壤普查土壤理化性状指标所需仪器设备;开展相应检测指标的仪器设备均应完好,技术指标应符合申请普查样品检测任务要求;仪器设备投入使用前,应采用检定、校准或核查等方式,确认其是否满足检测的要求,并保持其在有效期内进行使用。必要时,应使用校准给出的修正信息,以确保仪器设备满足检测方法的需要;应有仪器设备使用记录。记录应包括使用时间、使用人、样品编号、检测项目和仪器状况等信息;应配备满足普查检测参数需要的质控样品。质控样品由专人保管,贮存场所符合要求,能溯源到标准物质(参比物质),并开展期间核查; 检测过程中使用的标准溶液应能溯源至有证标准物质和/或配制(稀释)记录,并满足方法规定		

序号	检查要素	检查内容	检查结果（符合、基本符合、不符合）	发现问题（包括作为证据的材料名称、清单，以及文件号等）
7	样品管理	样品接收、核查和发放各环节应受控，有专人负责实验室样品外部样品接收和内部流转，有样品接收和内部流转记录；样品标签及其包装应完整无损，样品标签包括但不限于：唯一性标识、状态标识和制样粒径（目数）标识等；样品应规范、有序排列，分区存放，并有明显标志，避免混淆		
8	试剂材料	对检测结果有影响的关键试剂和耗材应经过检查或证实符合有关检测方法中规定的要求后，投入使用，并保存相关记录；试剂耗材由专人负责，保存条件适宜，确保安全使用与管理；有实验用水检查记录，确保水质满足方法要求		
9	检测方法	方法选用《第三次全国土壤普查土壤样品制备与检测技术规范》推荐的检测方法；正式开展土壤三普样品检测任务之前，完成对所选用检测方法的检出限、测定下限、精密度、正确度、线性范围等方法各项特性指标的验证，并形成相关质量记录；检测过程产生的方法偏离（含样品制备）应经技术判断不影响检验检测结果，编制形成作业指导书，被技术负责人批准，并经省级土壤普查办（或省级质量控制实验室）同意才允许发生		
10	空白试验	每批次样品（不多于 50 个样品）分析时，应进行空白试验，检测空白样品。检测方法有规定时，按检测方法的规定进行；检测方法无规定时，要求每批次分析样品应至少 2 个空白试验；空白试验结果一般应低于方法检出限。空白试验结果略高于方法检出限但比较稳定，可进行多次重复试验，计算空白试验平均值并从样品检测结果中扣除；若空白试验结果明显超过正常值，实验室应查找原因并采取适当的纠正和预防措施，重新对样品进行检测		
11	仪器设备定量校核	分析仪器校核应首选有证标准物质。没有有证标准物质时，选用参比物质；采用校准曲线法进行定量分析时，一般至少使用 5 个浓度梯度的标准溶液（除空白外），覆盖被测样品的浓度范围，且最低点浓度应在接近方法测定下限的水平。校准曲线相关系数原则上要求为 $r>0.999$。连续进样分析时，每检测 20 个样品，应测定一次校准曲线中间浓度点，确认分析仪器校准曲线是否发生显著变化。检测方法有规定时，按检测方法的规定进行；检测方法无规定时，相对偏差应控制在 10% 以内，超过此范围时需要查明原因，重新绘制校准曲线，并重新检测该批次全部样品		
12	精密度	每批次分析样品中，随机抽取不低于 5% 的样品进行平行双样分析；当批次样品数<20 时，应随机抽取至少 1 个样品进行平行双样分析；由实验室质量控制人员采取平行双样密码分析等方式开展内部质量控制，并统计精密度合格率情况；样品检测项目平行双样检测精密度允许范围应符合方法要求。检测方法有规定时，按检测方法的规定进行；检测方法无规定时，按照《第三次全国土壤普查全程质量控制技术规范》要求执行		
13	正确度	每批次样品分析时同步均匀插入高、低两组与被测样品含量水平相当的有证标准物质进行检测；质控结果应满足《第三次全国土壤普查全程质量控制技术规范》要求；当批次分析样品数<20 时，应至少插入 1 个质控样；必要时可绘制质量控制图；统计标准物质检测结果和正确度控制合格率		

序号	检查要素	检查内容	检查结果（符合、基本符合、不符合）	发现问题（包括作为证据的材料名称、清单，以及文件号等）
14	异常样品复检	检测数据异常时，要对实验室精密度和正确度进行检查；对于超出正常值范围的样品应100%进行复检，或采取人员比对、实验室间比对等方式确认检测结果的可靠性；保存异常样品复检记录和异常样品复检率记录		
15	数据记录与审核	检测原始记录应有检测人员、校核人员、审核人员的三级签字；应按照第三次全国土壤普查有关要求填报样品检测结果及同批次实验室内部及外部质控数据，并及时提交；应建立检测数据和报告质量审核制度，明确数据审核人员和检测报告的编制、审核及签发人员的职责和工作要求		
16	质量评价报告	应向承担普查任务所在质量控制实验室提交土壤普查工作质量自评估年度报告及总结。内容包括承担的任务基本情况介绍；选用的检测方法，以及验证或确认结果；样品检测精密度控制合格率；样品检测正确度控制合格率；异常样品复检合格率等；为保证样品检测质量所采取的各项措施，以及整改措施和结果；总体质量评价；对省级质量监督检查过程中发现的问题应及时整改，并形成整改报告		
17	档案管理	应及时做好土壤普查相关技术档案管理；保存的技术档案应包括但不限于：土壤普查项目有关检测实验室工作的管理文件、技术规定和标准；方法验证记录、检测原始记录和检测报告；质量控制记录、质量自评估年度报告及总报告		
18	其他要求	检测实验室开展土壤普查样品检测及其数据生成、上报、保管和利用，须遵照土壤普查有关技术规定及管理办法执行；检测实验室及其人员应对在第三次全国土壤普查工作中所知悉的国家秘密、商业秘密和技术秘密负有保密义务，并制订与实施相应的保密措施		

附表 D-2　飞行检查/现场监督检查材料清单表

序号	内容
1	实验室土壤三普内部质量保证与质量控制方案和质量控制计划
2	实验室参与土壤三普工作人员一览表（含人员岗位，备注参加全国或省级土壤普查办组织的培训并取得结业证书的人员）
3	样品制备记录表
4	实验室内部有关土壤三普的人员培训计划及记录
5	实验室内有关土壤三普检测实验室需要控制环境条件的实验室识别及其控制记录
6	实验室内土壤三普检测指标涉及的仪器设备（含检定/校准有效期）和质控样品一览表
7	实验室内土壤三普使用的标准溶液配制、稀释记录
8	实验室土壤三普样品接收登记表
9	样品内部流转记录表
10	关键试剂耗材经过检查或证实符合有关检测方法中规定的要求记录
11	方法验证报告

序号	内容
12	检测原始记录
13	实验室内部质量控制实施记录
14	异常值复验记录
15	质量评价报告（如有）
16	省级质量监督检查整改报告（如有）

附录 E　规范性引用文件

RB/T 214—2017《检验检测机构资质认定能力评价检验检测机构通用要求》

JJF 1001—2011《通用计量术语及定义》

GB/T 27025—2019《检测和校准实验室能力的通用要求》

野外土壤描述与采样手册. 北京：科学出版社，2019.

附录 F　术语和定义

1. 质量保证

为达到土壤普查目标，保证土壤普查数据、文字、图件、数据库、样品库等准确可靠所采取的措施和活动，强调土壤普查过程的全面质量管理。质量保证所确定的质量标准、质量控制活动等，是质量控制活动执行的指导和依据。

2. 质量控制

对土壤普查活动相关产出进行跟踪、记录和评价的活动，以确定被评价对象是否符合土壤普查相关质量标准的要求。质量控制结果会促进后续质量保证标准、控制流程的优化。

3. 正确度

指无穷多次重复测量所得量值的平均值与一个参考量值间的一致程度。

4. 精密度

在规定条件下，对同一或类似被测对象重复测量所得示值或测得值间的一致程度。

5. 系统误差

在重复测量中保持不变或按可预见方式变化的测量误差的分量。

6. 随机误差

在重复测量中按不可预见方式变化的测量误差的分量。

7. 密码平行样品

利用土壤三普指定点位增加采集样品量的方式，将指定点位土壤样品制成平行样品作为外部质量控制样品，用于评价实验室检测的精密度，以控制随机误差。

8. 质控样品

质控样品是一种理化性质和组成足够均匀稳定、已确定定值的标准物质（或参比物质），用于外部质量控制、评价实验室检测的正确度，以控制系统误差。

第六章

土壤普查成果

第一节 第三次土壤普查土壤类型名称校准与完善

一、校准总则、依据与方法

（一）校准总则

1. 高级分类单元尊重历史保持稳定

土类及其以上高级分类，保持与《中国土壤分类与代码》（GB/T 17296—2009）相一致，包括 12 个土纲、30 个亚纲、60 个土类。暂行土壤分类系统也基本按照此原则制定。

2. 重点校核基层分类单元

采取连续命名与地方性简名相结合的方法命名土属和土种等基层分类单元的名称，重点修正二普土壤图中明显的分类错误和不规范命名。原命名与 GB/T 17296—2009 命名一致且无分类学错误的，不作调整；与 GB/T 17296—2009 命名不一致的，原则上保持连续命名或当地命名（即简名）的命名方式。对与二普土壤志中剖面描述对比，确为同一个土种的，原则上采用连续命名，并对应给出其当地命名（简名）。

3. 以剖面描述为依据

原则上以各地各级二普土壤志中土壤剖面发生分层的性状描述为依据，按照基层分类原则，进行土壤名称校准。二普土壤志中无剖面性状描述的土壤名称，由三普专家组讨论研究，制定各级名称的补充和校准。无法判定是否可以归并为独立土种的，原则上给予保留，不强行归并到其他土种中。

4. 应校准尽校准

保留校准前后土壤名称以备查。全国范围内，对现有土壤名称应校准尽校准。校核完成后，给予校核前和校核后的各级土壤分类名称及其对照表，以供各级地方在使用分类单元时参照。

（二）校准依据

GB/T 17296—2009、暂行土壤分类系统是土壤类型名称校准的基本依据。

（三）校准方法

1. 参考资料

校准所需参考资料，主要为土壤二普各级土壤志成果及有关标准、著作。土类、亚类等土壤高级分类和名称校准依据的资料，主要包括《中国土壤》（1998）、省级土壤志和《中国土壤分类系统》（1992），个别高级分类有不一致的地方，以 GB/T 17296—2009 中高级土壤分类为准。土属、土种等土壤基层分类中土属和土种分类和名称校准依据和资料主要包括 GB/T 17296—2009、暂行土壤分类系统、县级土壤志和土种志，以及各市/地区土壤志/土种志。资料中土属名称划分依据如母质、盐分组成等信息不清晰时，则通过查阅土种剖面记载描述，进行判别校准。

此外，农业部门以往工作基础，涉及地、县一级土壤分类单元名称，以及与省级、国家级土壤分类研究的资料作为土壤三普土壤类型单元名称校准的参考。

2. 校准流程和方法

根据本省县级、市/地级、省级土壤/土种志，列出本省县级、市/地级、省级在土壤二普汇总阶段得到的各级土壤分类单元名称。分析在土壤二普的市/地级、省级汇总阶段土壤分类单元更名或修改情况，制订土类和亚类的分类单元更名或修改对照清单，进行高级分类校准。基层分类土属和土种校准原则主要依据暂行土壤分类系统中的划分原则和依据进行规范化。具体做法如下。

（1）资料收集与清单整理　收集本省各级土壤二普土壤图（矢量土壤图）、土壤/土种志，整理县级土壤图和土壤/土种志分类单元名称，形成与本县土壤二普土壤图相对应的本县土壤二普土壤分类单元清单；基于市/地级、省级土壤/土种志，整理市/地级、省级的土壤二普土壤分类系统清单。

（2）高级分类单元梳理　对土壤二普的县级、市/地级、省级土壤分类单元进行对照梳理，并对比 GB/T 17296—2009，查阅《中国土壤》（1998）、土壤二普省级土壤中关于土类亚类名称汇总调整的过程，形成本省土类和亚类单元县级、市/地级、省级、GB/T 17296—2009 的名称对照表。在此基础上，形成本省县级高级土壤分类单元与市/地级、省级、GB/T 17296—2009 分类单元的土壤二普高级分类单元调整对照表。

（3）基层分类单元名称甄别　土壤二普县级土壤基层分类单元土属和土种的校准，主要根据暂行土壤分类系统中土属和土种的划分依据，对土属的母质、质地及其命名中的先后顺序等进行规范化、标准化。县级土壤基层分类单元为当地俗名，其上级单元归属不清的，查阅本县土壤二普土壤/土种志典型剖面描述，判断其归属土壤单元；无法判断的，保留土壤二普原分类单元名称，待土壤三普外业调查时由调查技术单位现场核查。

（4）名称校准　依照本省土壤二普高级分类单元调整对照表，逐县对比校准土壤二普县级土类亚类单元名称；根据暂行土壤分类系统中土属和土种的划分依据，逐县对土属、土种的母质、质地进行规范化、标准化，同时根据暂行土壤分类系统土种命名顺序、字词规范，对土种名称进行规范化。

二、工作组织方式

国务院第三次全国土壤普查领导小组办公室（以下简称"全国土壤普查办"）成立国家级、大区级土壤类型校核技术专家组，技术专家组成员由国家级科研单位和大学中有长期土壤分类或土肥工作经验、参加过土壤二普土壤调查分类工作、有土壤分类理论基础和丰富调查经验的专家组成。国家级和大区级专家组在全国范围内遴选。省级土壤类型校核技术专家组由各省级土壤普查办遴选，技术力量较弱省区的校准工作，可委托全国土壤普查办从技术力量强的同大区其他省协调。

国家级技术专家组在全国土壤普查办领导下负责指南和土壤类型修改方案，形成土壤类型校准稿、修订稿；国家级技术专家组完成的校准稿及校准说明，分发各省；在后期的工作中对分类遗留问题及疑难问题进行解释。

省级土壤类型校核技术专家组根据本规范制订本省补充方案，形成省级修订稿，由大区级和国家级技术专家组审核后形成校准稿。各省在全国暂行土壤分类系统和本省校准修订稿的基础上，制定本省暂行土壤分类系统（到土种）。

三、土壤高级分类名称的校准

（一）对象及范围

土壤高级分类名称校准重点为土类和亚类。土类校准，对土壤二普县级土壤图和土种志中与 GB/T 17296—2009 不一致土类、不规范命名和不规范分类分级进行校准，使其归并至 GB/T 17296—2009 确定的 60 个土类中。亚类校准，对县级土壤图和土种志亚类名的不规范命名、不符合发生学原则或 GB/T 17296—2009 的分类或分级进行校准。

（二）土类的校准

1. 主要原则与校准重点

校准后土类名称与 GB/T 17296—2009 一致，共 60 个土类。

土类校准的重点为，第二次土壤普查的国家和省级汇总并形成国家标准时，部分土类及其下级分类归属发生了变化，而汇总前期已经编写、绘制的县级土壤志和土壤图并未做相应修改（本指南对分类单元称谓的"原"，指土壤二普原亚类、原土类、原分类等），部分县级原土类存在与 GB/T 17296—2009 不一致的情况，主要包括分级调整和土类更名两类。其中，分级调整主要包括 4 个方面。①汇总后，原亚类升级为土类，如安徽、江苏等省份，发育于北亚热带、下蜀黄土母质上，原县级调查划分为黄棕壤土类下黏磐黄棕壤亚类的土壤，改为黄褐土土类。②原土类降级为亚类，如原冲积土土类改为新积土土类下的冲积土亚类，原壤土土类调整为褐土土类下的一个亚类。③个别原土类根据其所处区域不同细化调整为多个土类，如盐碱土或盐土分别划为滨海盐土、草甸盐土、酸性硫酸盐土、漠境盐土和寒原盐土 5 个土类，根据其所在不同区域划分土类和相应亚类。④不规范土类名称，如结合土种志中的剖面性状描述，"山地棕壤"应校准为"棕壤"土类。第二类情况土类更名仅是土类名称变更为国标用名，不作分级调整，主要针对土壤二普初期土类暂定名的统一更改。例如原"高山草甸土"统一改为"草毡土"。

2. 土类校准部分内容及清单对照

附录 A 是土类及相关亚类的划分依据。校准过程中参考了省级土壤或省级土种志中各土类划分的说明，对原分类有调整的土类需根据剖面描述，对照划分依据进行校准。

表 6-1 列出了土类校准中出现的 4 种情况，包括亚类校准为土类、土类校准为亚类、原土类校准为多个土类、土类名称发生变化。

表 6-1 土壤二普全国成果汇总前亚类、土类修正清单对照（部分样例）

土壤二普全国成果汇总前亚类名	校准后土类名	主要条件	涉及区域
棕壤性土 褐土性土	××性土	具有 A－(B)－C 构型	相关省份
	石质土	表土层厚度一般<10cm；A－R 结构，下部为各种形状未风化的母岩层	福建、江西、江苏、安徽、山东等
	粗骨土	表土层 10～30cm，风化/半风化母质层 20～50cm；土体砾石含量>50%（>2mm）；A－C 构型，表土层下部风化/半风化母质	福建、江西、江苏、安徽、山东等

土壤二普全国成果汇总前土类名	校准后亚类名	修正后所属土类名	涉及区域
冲积土	冲积土 潮土相关亚类	新积土 潮土	大部分有河流冲积地区的省
山地棕壤	根据剖面判断为典型棕壤或棕壤性土等	棕壤	相关省份
山地黄棕壤	根据剖面判断为典型黄棕壤或黄棕壤性土等	黄棕壤	相关省份
山地褐土	根据剖面判断为典型褐土或褐土性土等	褐土	相关省份
盐碱土或盐土	滨海盐土	处于滨海平原、河口冲积海积平原、海涂，剖面上下均匀分布氯化物盐类	江苏、浙江、山东、辽宁

（三）亚类的校准

1. 主要原则与校准重点

原则上保持亚类名称与 GB/T 17296—2009 一致，GB/T 17296—2009 共发布亚类 229 个。

经过与相关资料中土壤剖面性状描述对比分析，仍无法归并至 GB/T 17296—2009 亚类名录的，保留原亚类名称。例如，部分省的县级土壤名称中，以母土作为水稻土亚类命名，如"红壤性水稻土""草甸土型水稻土"，在 GB/T 17296—2009 中无该亚类，但剖面分层性状描述无法判断其是否为还原淋溶和氧化淀积作用明显的潴育型；地下水位较高或接地表而还原作用强的潜育型等，可保留原亚类命名，待外业技术组在实地核查确定水型后再确认亚类名称。对于确有其他附加土壤发生过程，而 GB/T 17296—2009 亚类不能包含的，可增加新亚类，同时括号内保留旧名。

校准的其他问题主要包括：①耕种与否不作为亚类划分的依据，如"耕种草甸土"

等，需根据原始土壤剖面描述和亚类划分依据，归于相应亚类；②不规范的亚类分级，不规范分级如"山地棕壤""××母质褐土性土"等，需根据土壤二普资料中土壤剖面描述，归于同土类下相应的亚类；③不规范亚类命名，如"褐土化潮土"，根据 GB/T 17296—2009 和相关省级土壤的记载，应更名为"脱潮土"。

2. 亚类校准部分内容及样例

土壤二普全国成果汇总前亚类名校准的清单对照部分样例见表 6-2。

表 6-2 土壤二普全国成果汇总前亚类名校准的清单对照（部分样例）

土壤二普全国成果汇总前亚类名	校准后亚类名	主要土壤特征	涉及区域
草甸土型水稻土、黑土型水稻土、白浆土型水稻土等	根据剖面性状视水型而定	根据剖面视水型而定	黑龙江、吉林
红壤性水稻土			江西
紫色土型水稻土、冲积性水稻土、黄壤性水稻土、石灰土性水稻土等			四川、重庆
幼年水稻土			山东
耕种××土	相应亚类	根据原始土壤剖面描述，参照亚类划分依据，判断在本土类下相应的亚类	相关省份
山地棕壤		同上	相关省份
土壤二普全国成果汇总前亚类名	校准后亚类名	主要土壤特征	涉及区域
生草棕壤	典型棕壤	开垦耕种后，森林植被改变为生草环境，生草化过程加强，可视为人为的生草过程	内蒙古、辽宁、河北等
草甸棕壤	潮棕壤	土壤下层受潜水作用附加潮化过程，底层出现锈色斑纹的潮化层	内蒙古、辽宁、山东、河北
草甸褐土	潮褐土	土壤下层受地下水毛管作用的影响，心土层下可见明显的锈色斑纹	内蒙古、辽宁、山东、河北
褐土化潮土（褐潮土）	脱潮土	除有潮土的耕作层、氧化还原特征层外，在心土层表现微弱的黏化现象等褐土发育的特征	河北、北京、山东
××母质×性土	×性土（如褐土性土，棕壤性土，红壤性土等）	根据原始土壤剖面描述，参照土属划分依据，判断其下级土属名称	相关省份
淡褐土 碳酸盐褐土	石灰性褐土	通体有石灰反应	山西
沼泽化潮土	湿潮土	河谷平原、滨湖洼地、交接洼地	河北、山东等
黄潮土	典型潮土	黄土性冲积物质	河南、安徽等
准灰棕壤	暗棕壤性土		吉林
脱沼泽草甸土	潜育草甸土		山东
灰（色）草甸土	石灰性草甸土		内蒙古、新疆

四、土壤基层分类名称的校准

（一）对象及范围

GB/T 17296—2009 发布的土属和土种名分别为 638 个和 3244 个。从分县土壤图件与剖面资料提取出具有从属关系的土属、土种名分别为 1 万余个和 6 万余个。根据剖面土体构型和性状描述，重点对上述数万个土属和土种的不规范命名和术语、用字进行规范化。对从土种名称和查阅剖面描述中，仍无法与 GB/T 17296—2009 进行归并的，不强行归并，以保留土壤二普原分类单元名称中包含的土壤特征。通过外业技术人员实地调查，组织专家判断后再确定或修正命名，完善土壤基层分类。

（二）土属的校准

1. 主要原则与校准重点

土属名称校准的重点，是对明显的分类学错误和用语的不规范表达进行修正。以连续命名方式命名的土属名中主要含母质及风化壳类型、质地等方面的信息，例如酸性岩类残坡积棕壤性土、砂底冲积土等，均按照 GB/T 17296—2009 土属的命名规范，规范其母质的正确表述。同时，在农业利用中有明显地域特点、俗定固化的土属，在校准阶段也可予以保留。

土属命名原则上采用 GB/T 17296—2009 土属的命名原则，即采取与亚类连续命名，具体原则是：凡以母质及风化壳类型、质地大类、人为活动及盐分组成划分的土属。注意县级命名中实际含义与 GB/T 17296—2009 相同的土属，应采用 GB/T 17296—2009 名称。如原土属名为"壤质潮土""石灰性壤质灰潮土"，应修正为 GB/T 17296—2009 名称"潮壤土""石灰性灰潮壤土"。

2. 土属校准的部分清单

土壤二普全国成果汇总前土属命名母质、质地、盐分组成等统一用语及释义见表 6-3。

表 6-3　土壤二普全国成果汇总前土属命名母质、质地、盐分组成等统一用语及释义

指标类型	土壤二普全国成果汇总前原母质命名	GB/T 17296—2009 用名	《第三次全国土壤普查暂行土壤分类系统（试行）》释义（同土属划分依据）
母质/风化壳类型（非水稻土）	酸性岩	麻砂质	麻砂质指发育于花岗岩或花岗片麻岩等酸性岩残坡积物母质的土壤
	中/基性岩	暗泥质	暗泥质指发育于玄武岩等中/基性岩残坡积物、火山灰（渣）母质的土壤
	泥质岩	泥质	泥质指发育于片岩、板岩、千枚岩、页岩等泥质岩残坡积物母质的土壤
	碳酸岩类	灰泥质	灰泥质指发育于石灰岩、白云岩等碳酸岩类残坡积物母质的土壤
	红砂岩	红砂质	红砂质指发育于第三纪红砂岩残坡积物母质的土壤
	第四纪红色黏土	红泥质	红泥质指发育于第四纪红色黏土母质的土壤

指标类型	土壤二普全国成果汇总前原母质命名	GB/T 17296—2009用名	《第三次全国土壤普查暂行土壤分类系统（试行）》释义（同土属划分依据）
母质/风化壳类型（非水稻土）	第三纪红色黏土	红土质	红土质指发育于第三纪红色黏土母质的土壤
	硅质岩	硅质	硅质指发育于砂岩、石英岩等硅质岩残坡积物母质的土壤
	砂页岩	砂泥质	砂泥质指发育于砂岩、泥（页）岩等残坡积物母质的土壤
	洪冲积物	泥砂质	泥砂质指发育于洪冲积物、冰川沉积物母质的土壤
	黄土	黄土质	黄土质指发育于黄土及黄土状堆积物母质的土壤
	磷灰岩	磷灰质	磷灰质发育于磷灰岩残坡积物母质的土壤
	紫色砂页岩	紫土质	紫土质发育于紫色砂页岩残坡积物母质的土壤
	风积物	风砂质	风砂质发育于风积砂质母质的土壤
	海积物	涂砂质	涂砂质发育于砂质浅海沉积物母质的土壤
人为活动	砂田	砂田	砂田指在砂田利用条件下发育的土壤
	耕灌/灌耕	耕灌	耕灌指在耕灌利用条件下发育的土壤
水稻土母质类型	河流冲积物	潮泥	潮泥指发育于河流冲积物母质的水稻土
	洪积物	潮泥砂	潮泥砂指发育于洪积物母质的水稻土
	湖相沉积物	湖泥	湖泥指发育于湖相沉积物母质的水稻土
	海相沉积物	涂泥	涂泥指发育于海相沉积物母质的水稻土
	河口相沉积物	淡涂泥	淡涂泥指发育于河口相沉积物母质的水稻土
		涂砂	涂砂指发育于砂质浅海沉积物母质的水稻土
	滨湖相沉积物	潮白土	潮白土指发育于滨湖相沉积物母质的水稻土
	酸性岩残坡积物	麻砂泥	麻砂泥指发育于花岗岩或花岗片麻岩等酸性岩残坡积物母质的水稻土
	砂页岩残坡积物	砂泥	砂泥指发育于砂页岩等残坡积物母质的水稻土
	泥岩类残坡积物	鳝泥	鳝泥指发育于泥岩、页岩、千枚岩等泥质岩残坡积物母质的水稻土
	碳酸岩类残坡积物	灰泥	灰泥指发育于石灰岩、大理岩等碳酸岩类残坡积物母质的水稻土
	紫色砂页岩残坡积物	紫泥	紫泥指发育于紫色砂页岩残坡积物母质的水稻土
	第三纪红砂岩残坡积物	红砂泥	红砂泥指发育于第三纪红砂岩残坡积物母质的水稻土
	第四纪红色黏土母质	红泥	红泥指发育于第四纪红色黏土母质的水稻土
	古老洪冲积物	黄泥	黄泥指发育于山丘坡麓与高阶地古老洪冲积物母质的水稻土
	第四纪上更新世黄土母质	马肝泥	马肝泥指发育于第四纪上更新世黄土母质、富钙黄色黏土母质的水稻土
	中、基性岩残坡积物	暗泥	暗泥指发育于玄武岩等中、基性岩残坡积物母质的水稻土
	黄土状母质	黄土	发育于黄土状母质的水稻土

指标类型	土壤二普全国成果汇总前原母质命名	GB/T 17296—2009用名	《第三次全国土壤普查暂行土壤分类系统（试行）》释义（同土属划分依据）
质地		砾砂	砾砂指土壤质地为多砾质砂土或砂壤土
		砾泥	砾泥指土壤质地为多砾质壤土、黏壤土或黏土
	砂土、砂壤	砂	砂指土壤质地为砂土或砂壤土
	轻壤、中壤	壤	壤指土壤质地为壤土或黏壤土
	重壤、黏土	黏	黏指土壤质地为黏土
		泥	泥指土壤质地为壤土、黏壤土或黏土
盐分	氯化物-硫酸盐	硫酸盐	
	硫酸盐-氯化物	氯化物	
	苏打	苏打	
层位	碱土、白浆土等土类的障碍层层位	浅位、深位	
其他	白干	指剖面中存在白干层的土壤。白干层为灰白色的紧实石灰结磐层	
	表锈	表锈指在水田利用条件下发育的土壤	

（三）土种的校准

1. 主要原则与校准重点

土种校准的主要原则与重点，是对明显的分类学错误和土种名用语、用字的不规范进行修正。

土种主要是对剖面形态特征基本一致的土壤实体的表达。原始土种名既有以当地群众对土壤的形象化命名，如马肝土、上黑河淤土等；亦有以砾石含量、质地等信息的连续土种命名，如少砾质洪淤壤土、轻壤黄土质褐土性土、中度侵蚀轻壤红黄土质褐土性土等。由于两类土种名对了解土壤成土过程和肥力性状均有帮助，土种名校准的重点也是仅对明显的分类学错误和土种名用语的不规范表述进行修正。原土种名称中质地为卡庆斯基制的，校准时可保留；也可根据相关研究，将其修改为相对应的国际制质地名称，但在括号内必须标注原质地名称。

如经分县土种志中剖面性状描述与土种划分依据对比，发现明显的上级分类错误，需按照土类、亚类、土属的划分依据，重新研判修正各级土壤名称作为校准名称。

2. 土种命名原则

校准时土种命名尽量采用连续命名，以保证系统性明确，并统一命名顺序。对土壤二普原土种名为简名的，在不明确含义时，不做连续命名修改，保留原简名。采用连续命名的土种名，对影响较大的当地名称或俗名，需在连续命名后加括号表述。

不同土类的土种命名顺序如下：对于山区土壤，土种命名顺序可参考腐殖质层＋土层＋土属名称，如厚腐薄层灰泥质黑钙土；砾质度＋表层质地＋土层厚度＋质地构型＋土属名称（潮褐土、潮棕壤），如轻砾砂壤中层夹黏潮褐土。对于冲积性土壤，如潮土、草甸土、冲积土亚类等，表层质地＋层位＋夹层＋亚类名称（土属中出现质地的，土种命名不再重复采用土属名称），例如：土种命名为"壤质夹黏石灰性潮土"，不采用以土属名称为后缀如"壤质夹黏石灰性潮壤土"。

（四）命名用字统一

各级土壤类型名称需统一用字和用词。包括：

质地用字：采用"砂""壤""黏"。

术语用字：土壤类型名称出现质地的，均采用上述质地用字，如母质"红色黏土"统一用"黏"字。土类名"风沙土"统一用"沙"字。

五、土壤分类的完善

（一）土壤高级分类的完善

通过本次土壤普查，对土类、亚类可能发生变化的四类地区重点调查和诊断校准：①地下水文条件变化、盐碱条件消失的华北盐渍化土壤区；②耕作方式长期改变的地区，如旱地改水田；③开垦时间较长地区，可能造成土壤类型改变，通过实地调查、剖面诊断其发生发育特征是否变化，如确定变化，根据土类和亚类的划分依据诊断划分；④耕地开发和土地复垦的人工土体重构、表土剥离再利用区域。在外业调查后，经比土评土，确定上述区域的土类及其基层分类。

（二）土壤基层分类的完善

1. 土壤类型变化区土属与土种的完善

对上述土壤类型发生改变的土类与亚类，根据土属与土种的划分依据，划分土属与土种。

2. 基层分类缺失区土种的完善

在土壤二普调查时，土壤分类仅划分到土属甚至亚类一级的地区（主要在农牧、农林交错带），牧区、林区补充为新耕地的，结合本次普查实地诊断校准后，细分到土种，并在后期汇总时更新土壤图，完善土壤基层分类。

3. 新增土种的划分面积

对普查中发现的新土种，建议以满足 1：50000 比例尺，一般上图面积为原则划分：一般上图面积为 $12.5hm^2$（约 200 亩）。

第二节　土壤类型图编制

一、总则

（一）土壤类型制图目的和原则

土壤类型制图的目的是反映土壤发生、发育、演变及其空间分布规律，表征土壤资源的数量和质量，为我国土壤资源可持续利用、保护、管理和相关决策提供科学依据。

土壤类型制图遵循科学性原则。一方面，应在研究土壤及其与成土环境因素之间发生学关系的基础上确定土壤类型分布,相应获得的土壤类型分布也要反映这种发生学关系。另一方面,应反映土壤科学的发展认识成果。40多年来,土壤发生从主要关注自然环境因素到更加强调自然因素和人为活动的共同作用对土壤发育和演变的影响,土壤分类从定性走向定量,土壤制图也从依赖专家经验和手工勾绘走向定量模型和数字化。

土壤类型制图也遵循实用性原则。一方面,制图比例尺的设置要满足不同层次或尺度的应用,但同时考虑成本效益,不盲目追求过大的比例尺。另一方面,制图要面向实际的生产、管理和应用,包括农田管理、种植结构调整、农业生态区划和政策制定等。

(二)土壤类型制图的技术方法

传统调查制图技术是土壤制图的基本方法。它依据土壤发生学理论,依赖大量的调查样本和调查者个人经验知识,手工勾绘土壤边界,编制土壤图。美国等国家土壤普查与我国全国第二次土壤普查均采用这种技术,需要的人力多、成本高、耗时长。

数字土壤调查制图技术是新兴的现代土壤制图方法,仍然依据土壤发生学理论,利用遥感和地理信息系统等现代地理信息技术对成土环境进行定量表征,结合土壤调查采样和数据分析,建立土壤类型及与成土环境之间关系的定量模型,融合土壤调查分类专家的知识,在计算机辅助下进行土壤推测制图,生成土壤类型分布图。

(三)分类、比例尺及坐标系统

1. 土壤分类系统

本次普查采用中国土壤发生分类和中国土壤系统分类两套分类系统进行土壤制图。表6-4列出了采用的土壤分类系统和原则上使用的分类级别。对于中国土壤发生分类,开展县级、地市级、省级和国家级土壤制图。县级土壤制图,分类级别原则上到土种,地市级土壤制图,分类级别原则上也到土种;省级土壤制图,分类级别原则上到土属;国家级土壤制图,分类级别原则上到亚类。对于中国土壤系统分类,仅开展省级和国家级土壤制图,分类级别原则上分别到土族和亚类。

表6-4 土壤分类系统和分类级别

级别	土壤发生分类	土壤系统分类
县级	(原则上)土种	
地市级	(原则上)土种	
省级	(原则上)土属	(原则上)土族
国家	(原则上)亚类	(原则上)亚类

中国土壤发生分类,依据《第三次全国土壤普查暂行土壤分类系统(试行)》。现有国标《中国土壤分类与代码》(GB/T 17296—2009),仅收入了部分土种,存在不完善问题。在普查前期,将组织土壤分类专家对土壤二普全国县级土种进行全面梳理归并和标准化,对同名异土、同土异名等分类问题进行校核修订,得到统一的完备的土壤分类清单,形成《第三次全国土壤普查暂行土壤分类系统(试行)》。

中国土壤系统分类主要依据《中国土壤系统分类检索(第三版)》。

2. 制图比例尺与空间分辨率

表 6-5 列出了本次普查县级、地市级、省级和国家级土壤类型制图采用的制图比例尺和空间分辨率。对面积大的县域和省域可据实际情况采用较小的比例尺和较粗的空间分辨率。县级土壤制图，原则要求成图比例尺为 1:50000，面积超过 4000km² 的县可依据面积大小制作 1:100000～1:200000 土壤类型图。

表 6-5　制图比例尺及空间分辨率

级别	制图比例尺	空间分辨率/m
县级土壤图	（原则上）1:50000	≈30
地市级土壤图	（原则上）1:200000	≈90
省级土壤图	（原则上）1:500000	≈250
国家土壤图	（原则上）1:1000000	≈1000

3. 地理坐标与投影系统

本次普查统一采用 2000 国家大地坐标系。二普土壤图的坐标系是 1954 年北京坐标系，成土环境因素数据大多用的是 WGS-84 坐标系，二者需转为 2000 国家大地坐标系。

本次普查制图最大比例尺是 1:50000，对于这个比例尺，WGS-84 坐标系与 2000 国家大地坐标系近似等同，可直接把 WGS-84 坐标系信息替换为 2000 国家大地坐标系即可，不需要做地理坐标系数学转换。

1954 年北京坐标系的椭球体与 2000 国家大地坐标系有较大差异，需进行地理坐标系数学转换。方法是，从省级以上测绘局获取基准点信息，利用基准点，通过仿射变换求解四参数或七参数，进行地理坐标系之间的转换。

县级 1:50000、地市级 1:250000 和省级 1:500000 土壤图，一般采用等角横切椭圆柱投影，即高斯-克吕格投影，经度 6°分带。国家土壤图，采用正轴双标准纬线割圆锥投影，即阿伯斯（Albers）投影（表 6-6）。

表 6-6　国家土壤制图采用的地图投影参数

项目	数值	项目	数值
中央经线	东经 105°	假东	0m
原点纬度	0°	假北	0m
南标准纬线	北纬 25°	距离单位	m
北标准纬线	北纬 47°		

（四）总体思路框架

本次普查土壤类型图编制的总体思路：以二普土壤图为基础，结合本次新的土壤调查资料、二普土壤图校核和数字高程模型、遥感影像等成土环境因素图层数据，开展制图与更新，继承和发展土壤二普成果，形成本次普查的各级土壤类型图。

二普土壤图，无疑是宝贵的历史财富，代表了 20 世纪 80 年代我国土壤科学和技术发展的最高水平。然而，对于现阶段社会经济建设对土壤信息的应用需求而言，二普土壤图存在 5 个主要问题亟待解决（图 6-1）：第一，约有 200 个县缺失县级土种图；第二，40 多年来许多区域的土壤类型已发生了变化，各种自然和人为因素都可能引起土壤类型的变化，如农田治理工程、土地利用变化、复垦、气候或区域水分条件变化等；第三，二普土壤图某些图斑土壤类型存在错误；第四，同土异名、异土同名，分类标准不一致；第五，图斑边界勾绘偏差和接边偏差。

对于缺失土种图的问题，主要采用数字土壤制图方法解决；对于土壤类型发生改变的问题，主要采用专家知识与土壤图野外路线校核相结合的方法解决；对于分类不一致的问题，通过土壤分类专家对全国县级土种进行梳理和标准化解决；对于土壤类型错误和土壤边界偏差的问题，主要采用土壤图室内、野外校核和数字土壤制图相结合的方法解决。由此，通过纠错、纠偏、补漏、更新和标准化，实现县级土壤图编制。然后，采用制图综合技术和数字土壤制图技术，再生成地市级、省级和国家级土壤图（图6-1）。

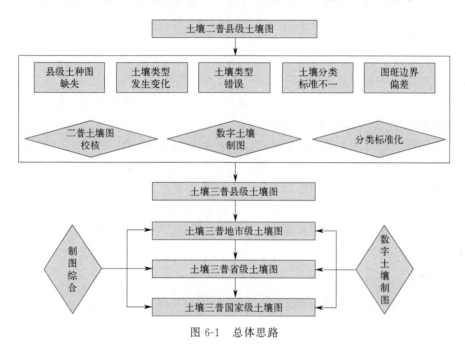

图 6-1　总体思路

（五）组织实施

土壤类型制图工作涉及的外业与内业流程复杂，专业性和综合性强。在国家层面，全国土壤普查办外业工作组会同外业技术组和平台技术组，分区指导省级土壤普查办组织土壤类型鉴定与土壤图编制工作，组织审核土壤类型鉴定和土壤图编制成果。外业技术组负责牵头，主要从第三次全国土壤普查专家技术指导组成员中，遴选实质参加过二普土壤制图的专家和土壤调查制图领域骨干，负责指导、监督和审核验收各省土壤类型图编制工作，组织解决土壤制图中遇到的专业技术问题。

在省级层面，省级土壤普查办组织建立省级专业队伍，负责省级、地市级和县级土壤图编制工作，组织开展基础数据准备、土壤类型鉴定、土壤类型图编制和验收等。县级土壤普查办和土肥等农业相关部门积极配合，包括组织力量收集整理40多年来土地利用变化、土壤改良、土地平整、新增耕地等农田建设方面的数据资料等。对于部分缺少土壤调查与制图方面专业技术人员的省级区域（尤其是西部），可由省级土壤普查办向全国土壤普查办提出申请，协调东部和中部技术力量进行对口支援。

国家级和省级专家都应接受统一的《第三次全国土壤普查土壤类型图编制技术规范》培训。经过系统培训和实操学习后，在统一规范下完成各级土壤类型图编制工作。

土壤类型制图更新工作，与剖面布点、外业调查、土壤分类校准等密切相关和衔接。在组织实施中，一定要坚持剖面布点、外业调查、土壤分类校准与土壤类型制图各项工作全链条统筹考虑，一体实施，防止脱节。

二、数据准备

（一）基础地理数据

基础地理数据包括行政区、居民点、道路、水系等，来源于国土三调数据。

（二）二普土壤图

中国农业科学院农业资源与农业区划研究所、扬州市耕地质量保护站、中国科学院南京土壤研究所以及各省市农业部门等单位，对土壤二普 1∶50000 县级土种图、1∶500000省级土属图和 1∶1000000 国家级亚类图等已做了系统的收集整理和数字化建库工作，为土壤类型制图更新工作提供了图件资料基础。

二普土壤图需要做两个重要的预处理：一是坐标系转换，即对 1954 年北京坐标系的二普土壤图进行地理坐标系数学转换变换，统一采用 2000 国家大地坐标系和 1985 国家高程基准；二是土壤分类校准，即依据《第三次全国土壤普查暂行土壤分类系统（试行）》，对二普土壤图的土壤类型名称进行分类修正，对土壤类型名称相同的相邻图斑进行归并处理。经过坐标系转换和分类修正，形成工作底图，由全国土壤普查办统一发放至各省级土壤普查办确认和使用。

（三）三普土壤剖面点

土壤三普剖面调查数据包括每个剖面样点的坐标位置、成土环境和土壤类型分类信息。土壤类型的鉴定，由各省级土壤普查办组织土壤分类专家，对辖区内各县的调查剖面进行土壤类型鉴定，主要基于野外剖面调查获得的成土环境因素条件描述、剖面性状描述以及发生层次的实验室理化分析数据，分别依据土壤发生分类和土壤系统分类的诊断层和诊断特性标准，进行土壤类型的检索判别。表 6-7 列出了每个土壤剖面的数据信息。

表 6-7　土壤剖面的调查数据信息

坐标位置	成土环境	土壤类型	
经度、纬度、采集地点（省、市、县、乡镇、建制村）等	气候、母岩母质、地形地貌、侵蚀状况、土地利用类型、植被类型、种植制度、施肥管理、农田建设情况等	土壤发生分类：土纲、亚纲、土类、亚类、土属、土种的类型名称	土壤系统分类：土纲、亚纲、土类、亚类、土族的类型名称

（四）二普土壤剖面点

土壤二普完成了大量的土壤剖面调查，在土壤三普中，要把二普土壤剖面样点信息挖掘利用好。许多省份相关单位都整理了本省范围的二普土壤剖面调查点数据。二普土壤剖面点的土壤类型名称，存在同土异名、同名异土等分类问题，须依据《第三次全国土壤普查暂行土壤分类系统（试行）》进行标准化处理。二普土壤剖面点当时还没有使用 GPS

定位，其原始位置描述通常是行政区划（县、乡、村）和方位距离等粗略位置信息；在二普土壤剖面点整理中，往往结合环境因素数据如地形地貌、母质和土地利用等，在影像或地图上大致定义位置，生成二普土壤剖面点的地理坐标，存在位置不确定性。因此，在国家下发样点校核阶段或土壤图野外校核时，土壤调查专家实地检查每个二普土壤剖面点的土壤类型，经过实地检查的二普土壤剖面点，可用于本次土壤图编制。对于可达性较差的山地丘陵等自然林地草地等区域的二普土壤剖面点，熟悉区域土壤景观的土壤调查专家可通过专家经验对剖面点土壤类型进行判别，不需实地检查。二普土壤剖面点数据信息，同表 6-7。

（五）二普土壤表层点/属性图

表层土壤属性在部分情况下一定程度上可辅助区分某些土壤类型，可以利用与土壤分类相关的表层调查数据。土壤三普表层调查数据包括每个表层样点的坐标位置、土壤有机质含量、砾石体积含量、碳酸钙含量、pH、砂粒、粉粒、黏粒含量、质地类型、盐分、碱化度等指标数据，推荐直接使用表层土壤属性数字制图成果。在二普土壤图野外校核中，这些表层土壤属性分布图在一定程度上可辅助区分某些土壤类型；在数字土壤制图中，可作为环境协同变量。

（六）环境要素数据

环境变量的选取原则：基于土壤发生学理论，考虑制图区域的土壤景观特点和成土环境条件，选取与土壤类型形成与演变相关或协同的环境因素变量。成土环境要素数据主要包括气候、母岩母质、地形及成因地貌类型、土地利用现状及变更、土地整理与复垦、土壤改良、植被、水文地质、遥感影像等。省级土壤普查办组织开展相关数据资料的协调调度。土壤类型制图专业队伍，开展数据资料的规范化、标准化整理制备。省级土壤普查办组织市县收集水文地质、40 多年来土地利用变化类型（例如水改旱、旱改水、水改园等）及变化年限、土壤改良、土地平整，以及通过覆土、填埋方式建成的新增耕地的空间分布数据资料。

表 6-8 列出了环境因素变量和数据来源。对土壤发生分类的制图，仅制备县级土壤类型制图更新需要的 30m 分辨率的环境变量图层数据，采用 Geo TIFF 数据格式；在图层制备时，应在空间范围上比实际制图范围（县域行政边界）外扩 5 个像元的距离（即外扩 150m），防止矢栅转换处理后的土壤类型图与实际制图区矢量边界（县域边界）之间有缝隙。对于土壤系统分类的制图，仅制备省级土壤类型制图更新需要的 250m 分辨率的环境变量图层数据，采用 Geo TIFF 数据格式；在图层制备时，应在空间范围上比实际制图范围（省域行政边界）外扩 5 个像元的距离（即外扩 1250m），防止矢栅转换处理后的土壤类型图与实际制图区矢量边界（省域边界）之间有缝隙。

表 6-8　环境因素变量数据和来源

名称	数据描述	来源
气候	近 30 年的年均气温、年降水量、太阳辐射量、蒸散量、相对湿度、≥10℃积温等，1km 分辨率	WorldClim v2 数据；中国气象数据网

名称	数据描述	来源
母质岩性	1∶200000 地质图,矢量图层	全国地质资料馆网
地貌	地貌单元,包括基本地貌类型、形态和成因类型,矢量图层	中国科学院地理科学与资源研究所 1∶1000000 中国地貌图
地形	高程、坡度、坡向、剖面曲率、平面曲率、地形湿度指数、地形部位等	国家基础地理信息中心 1∶250000、1∶50000 数字高程模型(DEM);STRM DEM 90m;ASTERG DEM 30m;ALOS DEM 12m
植被	植被类型、归一化植被指数、比值植被指数、增强植被指数(近 10 年的数据)	中国科学院植物研究所 1∶1000000 中国植被类型图;MODIS 250m、TM/ETM/OLI 30m、Sentinel-2 10m/20m 的植被指数
地下水	地下水埋深、矿化度,1∶250000 比例尺,矢量图层	地矿部门
土地利用	国土二调(2009 年)和国土三调地类(2019 年),矢量图层	自然资源部门
土地平整	土地平整的空间分布,矢量图层	自然资源部门
新增耕地	2000 年以后,复垦、填埋等新增耕地,矢量图层	自然资源部门
高分影像	最新,栅格图层,≤4m 分辨率	高分系列遥感数据
时序影像	1980~2020 年,多光谱(可见光、近红外、热红外)波段及衍生指数,栅格图层,10~30m 分辨率	TM 和 Sentinel 系列等遥感数据
地表动态反馈变量	对平缓地区,推荐基于时序遥感影像计算的反映土壤水热行为、轮作方式等的环境协同变量	MODIS 和 Sentinel 系列等遥感数据

对于地形平缓地区,除了高分辨率数字高程模型之外,还应更多地考虑使用母质和地下水及与其相关的因素变量信息,地貌类型图、地质图、遥感动态观测、与水体距离等环境协同变量。

第三节　土壤类型制图

一、县级土壤类型制图

制图之前,制图者应根据县土种志、土壤图、农业生产和农田建设等资料,了解制图区自然地理和耕作历史与现状,理解主要成土过程、成土因素及其与土壤类型分布之间的发生关系,熟悉土种的分类诊断指标。

(一)有土种图的做法

基本思路:在有土壤二普县级土种图时,主要针对除了县级土种图缺失之外的其他 4 个问题(土壤分类混乱、土壤边界偏差、土壤类型错误和土壤类型发生改变),通过土壤类型与环境因素空间分析、二普土壤图室内校核、土壤类型改变区提取、二普土壤图野外校核、数字土壤制图等技术方法，从不同的角度或方面，室内与野外工作相结合，实现土壤二普县级土壤图的制图更新，技术框架如图 6-2 所示。

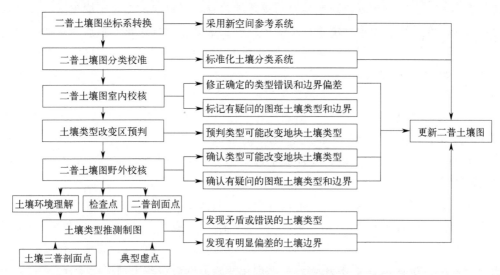

图 6-2 有县级土种图时土壤类型制图更新的技术框架

根据技术框架，二普土壤图坐标系转换，是从空间参考系统上对二普土壤图进行了更新；二普土壤图分类校准，解决了土壤分类的历史遗留问题，从土壤分类系统上对二普土壤图进行了更新。这两个步骤都是国家层面处理完成的，由全国土壤普查办统一发放给各省已经过这两步处理的二普土壤图。因此，接下来分别对二普土壤图室内校核、土壤类型可能改变区提取、二普土壤图野外校核、土壤类型推测制图等步骤进行介绍。

1. 二普土壤图室内校核

以全国土壤普查办下发的经坐标系转换和分类校准后的土壤二普县级土壤图为基础，由土壤制图、土壤调查分类和地理信息技术专家配合，室内对二普土壤图中图斑土壤类型错误和土壤边界偏差两个方面进行检查校准。这些错误或偏差主要来源于土壤二普制图所用基础资料粗略、制图人员专业水平差异、土壤二普分类系统未反馈更新、纸质图局部变形、纸质图数字化错误等。

校核的原则：只对比较肯定是错误的图斑类型和明显的边界偏差进行纠正，而对不确定的尚需野外核查的图斑类型和土壤边界可进行标记。

校核的方法：将土壤图斑边界叠加在新的高分影像（空间分辨率≤4m）、国土三调土地利用现状图、数字高程模型（DEM，空间分辨率≤10m）、母质图上，由土壤调查专家和 GIS 操作员配合，运用土壤类型与成土环境因素的发生学关系原理，进行错误和偏差的判别及图斑修正。

经过室内校核之后，二普土壤图的图斑土壤类型无明显错误，图斑边界无显著偏差或错位，同时标记了不确定的尚需野外核查的图斑类型和土壤边界。

（1）图斑类型室内校核 检查图斑土壤类型名称与成土环境因素（母质、海拔、坡度、地形部位、土地利用等）的一致性，发现并纠正明显错误的土壤类型名称。注意：对于土地利用变化等造成的图斑土壤类型名称与土地利用现状不吻合的情况，例如坡梯田退

183

耕还林、林地开垦为耕地，不属于本步骤室内校核的范围，但可对图斑进行标记。对自然土壤可在土属级别进行检查校核，对农业土壤可在亚类级别进行检查校核。对于常见错误列出检查清单，室内校核者可对照检查清单逐项检查，对错误的图斑土壤类型，可参照区域土壤类型分布规律和附近环境条件相似图斑的土壤类型进行纠正。重点检查如下内容。

① 土壤类型与母质岩性是否吻合，例如冲积母质上是地带性土壤图斑，很可能错了，再如有些区域母质岩性是关键因素，空间叠加母质岩性图就很容易检查土壤类型是否正确。

② 土壤类型与地形是否吻合，例如淹育、渗育、潴育、潜育水稻土发育在不同的地形部位及水文条件上。

③ 对同一土种的所有图斑，检查成土母质是否一致，景观特征、地形部位、水热条件是否相近或相似。

④ 检查土壤类型与土壤属性分布是否吻合，有些土种名称直接表达了土壤有机质含量的高低（例如，油×土/田、乌×土/田、灰×土/田、瘦×土、瘠×土、薄×土）、土壤盐分的相对高低（例如，轻盐×土、中盐×土、重盐×土）或者土壤质地（例如，砂质×土、壤质×土、黏质×土），利用表层样点理化性质可以对这些土种进行检查。

（2）图斑边界室内校核　地形地貌、母质、植被、土地利用等在景观上的明显变异点是确定土壤边界的依据。例如，地形控制着地表水热条件的再分配，影响土壤形成过程，不同土壤类型界线常随地形的变化而变化。水田的边界通常就是水稻土与其他土壤类型的边界，但是土地利用方式之间边界并不一定是土壤类型边界。列出图斑边界室内校核的检查清单，室内校核者可对照检查清单逐项检查，对偏差的土壤边界进行修正。图斑边界的检查主要有：图斑边界在局部地区明显的空间错位；在地形起伏较大的山地丘陵区，土壤边界线与地形地貌的明显变异处是否基本吻合；土壤边界线与母质在景观上的变异是否基本吻合等。

2. 土壤类型可能改变区提取

土壤类型发生改变的原因很多，各种自然和人为成土因素的变化都可能引起土壤类型的变化。其中，最主要的是土地利用根本性改变，例如旱改水、水改旱、退耕还林还草、林草沼泽等自然利用类型改为旱地或水田等，以及农田建设措施，如土壤改良、矿区复垦、坑塘填埋等。其次是气候变化、地下水位下降或自然的土壤发生过程造成关键诊断指标的根本性改变，例如腐殖质积累、脱盐、石灰性等。

以室内校核之后的二普土壤图为基础，结合国土三调土地利用类型图，对第二次土壤普查以来成土环境尤其是土地利用状况发生明显变化导致土壤类型可能改变区域地块（面积 50 亩以上）进行提取，然后在对国家下发的表层或剖面样点的现场校核阶段，通过乡镇和村组支持配合，调查获取各地块的变更年限、种植作物等关键信息，为下一步在二普土壤图野外校核中设计校核路线、判别这些区域的土壤类型改变提供基础。

（1）可能引起土壤类型改变的主要情形　根据县域实际，分析县域内可能引起土壤类型改变的主要情形。不同县域通常会有差异。主要有下列情形：①水田改为旱地、园地、林地、草地；②旱地、林地、草地等改为水田；③覆土、填埋等方式建成的新增耕地；④脱盐和次生盐渍化；⑤潜育化土壤因水分条件变化脱潜；⑥沿海滩涂扩张；⑦表土层因土壤侵蚀导致表土层变薄或表土层消失；⑧其他。

（2）筛选土壤类型可能改变区域地块

① 所用数据　经室内校核后的二普土壤图、国土三调土地利用类型图。如有条件获得国土二调土地利用类型数据，也可以结合起来进行土壤类型可能改变区地块的提取。

② 筛选方法　首先，把国土三调土地利用类型图和二普土壤图进行空间叠加分析，利用 GIS 软件提取符合要求的地块，再进行人工筛选优化地块边界，形成土壤类型可能变更的地块分布图。筛选操作流程包括地块初筛、地块归并、图斑筛选、信息提取 4 个步骤，通过 GIS 软件实现。图 6-3 显示了水改旱地块的筛选操作流程。

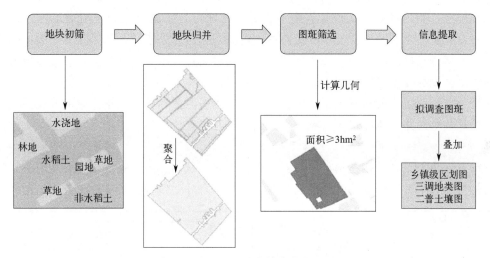

图 6-3　水改旱地块的筛选操作流程

a. 水改旱和旱改水的地块筛选。即二普土壤图上土壤类型为水稻土，国土三调土地利用类型图上土地利用方式为旱地、园地、林地、草地的地块。旱改水地块，即二普土壤图上土壤类型为非水稻土，国土三调土地利用类型图上土地利用方式为水田的地块。当国土三调土地利用图斑与二普土壤图重叠比例超过 50%，按照整图斑提取。将集中连片的相邻图斑做归并处理；对于边界之间存在沟渠路等要素但距离小于 10m 的图斑，使用 GIS 聚合面功能进行归并，勾绘出符合要求的地块边界。然后，通过人工筛选方式将归并后面积大于 50 亩的地类为旱地、果园、茶园、林地、草地等的图斑提取出来。

b. 复垦等新增耕地的地块筛选。根据 2000 年以后新增耕地分布，将集中连片的相邻图斑做归并处理，对边界之间存在沟渠路等要素但距离小于 10m 的图斑，通过 GIS 聚合面功能归并，勾绘出符合要求的地块外边界，再通过人工筛选方式将归并后面积大于 50 亩的地块，作为新增耕地地块。

c. 脱盐、潜育土壤、沿海滩涂的地块筛选。提取二普土壤图上土壤类型为轻度、中度和重度盐土，国土三调土地利用类型图上土地利用方式为耕地的地块，提取二普土壤图上潜育土壤类型图斑，提取出国土三调土地利用类型图上连片面积在 100 亩以上的为沿海滩涂的地块。进行地块归并，在归并后地块中提取连片面积在 100 亩以上的地块，作为脱盐地块、潜育土壤地块和沿海滩涂地块。

对上述筛选出的地块编号，地块原则上不跨乡镇。将地块分别与行政区划、土地利用现状、二普土壤图叠加，提取地块编号、乡镇名称、建制村名称、图斑编号、地类名称、土壤类型、面积等信息，用于对筛选出的地块进行变更年限和种植作物等关键信息调查。

（3）获取区域地块的关键信息　根据筛选得到的地块分布图，在样点校核阶段，对各类地块图斑的变更年限、种植作物、产量、施肥情况等信息进行现场调查，变更年限分为5个时间段，即1~4年、5~9年、10~14年、15~19年、20年及以上。将地块图斑数据转化为kml格式数据，导入手持终端遥感地图或奥维地图，现场调查时导航前往图斑所在位置，在乡镇村组农技人员配合下，进行地块变更信息核查与获取。

3. 二普土壤图野外校核

二普土壤图野外校核的目的：一是对土壤类型可能改变的地块图斑进行土壤类型的野外判别确定，二是对室内粗校检查中不确定、有疑问的图斑类型和土壤边界进行野外核查，三是对粗略定位的二普土壤剖面点的土壤类型进行野外确认，四是让制图者能够从县域全局上理解把握土壤类型与成土环境关系，同时通过打土钻或依靠专家经验快速拾取能代表土壤类型变异全局的检查点。

野外校核队伍中要求有土壤调查分类、土壤制图专家和熟悉当地土壤的专家。

野外校核思路：依托代表性路线，在图斑中心设置检查点，主要对图斑土壤类型进行校核。

需要准备的工具包括土钻、橡皮锤、锹、刀具、试剂、野外速测设备、相机等，需要准备的资料包括县土种志、经校准的二普土壤图、野外路线校核检查点记录表（图6-4）。

编号	经度/(°E)	纬度/(°N)	村镇名	地类
C01	121.114 669	31.561 037	太仓塘桥村	水田-林地
二普土壤类型		水稻土-渗育水稻土-砂夹垅-砂夹垅土		
二普土种名		省级修订土种名		图斑面积/hm²
砂夹垅土		潮灰土		37.55
室内初步预测土种:(夹砂土)				
土钻点经度/(°E)	土钻点纬度/(°N)	实际地类变化模式		
调查日期		校核专家		
野外土种校核结果:				
备注:				

编号	经度/(°E)	纬度/(°N)	村镇名	地类
CN01	121.138 494	31.648 054	太仓时思村	水田
二普土壤类型		水稻土-渗育型水稻土-砂夹垅-砂夹垅土		
二普土种名		省级修订土种名		图斑面积/hm²
垄泥土		垄泥土		27.45
室内初步预测土种:(垄泥土)				
土钻点经度/(°E)	土钻点纬度/(°N)	实际地类模式		
调查日期		校核专家		
野外土种校核结果:				
备注:				

图6-4　土地利用变更区(左)和未变更区(右)检查点的校核

具体方法：根据具体县域的土壤景观空间分异特点，设计至少3条贯穿全域的代表性路线，依托这些路线开展校核，路线要覆盖土壤类型可能改变的区域，穿过各类可能改变区（例如水改旱、旱改水、新增耕地、脱盐区等）的代表性图斑（例如，水田改茶园＋变更时长10~14年）中心、室内校核有疑问的图斑、二普土壤剖面点所在区域。沿路线设置系列检查点（图斑中心）。通过打钻或专家经验现场判别土种类型，GPS记录检查点的经纬度坐标、景观部位和土壤利用情况等信息。

通过土壤图野外路线校核工作，核实土地利用变更等地块图斑的土壤类型变化情况，核实室内粗校中有疑问的图斑土壤类型和图斑边界，野外确认坐标定义后二普土壤剖面点的土壤类型（如有），拾取代表县域全局土壤类型与成土环境关系的检查点，这些检查点可用于土壤类型建模制图。

4. 土壤类型推测制图

（1）拾取土壤类型典型虚点　在土壤类型没有改变的区域，若剖面调查样点和检查点数量少分布局限，建模样点不足时，可以从二普土壤图上拾取土壤类型典型点（虚点，非实际调查观测点）作为补充性样本点。生成土壤类型典型虚点的方法有两个。

方法一：熟悉县域土壤景观的调查专家，结合二普土壤图和高分遥感影像等，直接在影像图上标出某土种的典型位置点位，作为该土种的典型虚点，典型虚点数量可以多个。

方法二：对二普土壤图上每个土种的所有图斑区域进行关键成土因素变量（如高程、坡度、母质等）的数据频率分布分析，得到每个关键环境协同变量的典型数值区间，映射到地理空间，得到每个环境协同变量的典型区域分布范围图层，空间求交，得到该土种的典型环境条件分布区或多个斑块，提取斑块中心点位置作为该土种的典型虚点。

（2）准备环境协同变量　成土环境变量是土壤推测制图的抓手。母质岩性、地貌类型、高程、坡度、坡向、坡位、平面曲率、剖面曲率、地形湿度指数、遥感光谱、植被指数、轮作方式、40多年来土地利用变化及变化年限、土壤改良、土地平整、复垦等图层数据。对于地形起伏较小的平缓地区，关键是环境变量的使用，应挖掘与土壤类型变异空间协同的环境变量，使用高分辨率（≤10m）数字高程模型、地貌类型、地质图、遥感影像及衍生变量（波段、指数、地表动态反馈变量）、与水体距离等。另外，可以对表层调查样点进行简单空间插值后生成表层关键土壤属性图层（如土壤有机质含量、质地、pH、碳酸钙含量等）作为协同变量使用。注意：在准备环境协同变量方面，一定要结合地方土壤分布与成土因素的发生关系，挖掘利用有效的地域性的环境协同变量。

（3）土壤类型建模制图　基于土壤样点和成土环境变量数据，建立土壤类型与环境条件的定量模型，进行土壤类型空间推测，识别各土种在县域内的空间分布及土种之间的边界。土壤样点主要包括土壤三普剖面样点、二普土壤剖面点、二普土壤图野外校核检查点、土壤类型典型虚点。

土壤类型制图推荐采用随机森林模型，随机森林可理解为由多个分类决策树组成的模型，亦可选择使用相似推测模型。使用提供的R代码（熟悉代码人员）或界面化易操作的软件工具（不熟悉代码人员），建立随机森林模型，确定模型参数，生成栅格格式的县域土种空间分布图和不确定性分布图。采用3×3平滑窗口对土种分布栅格图层进行平滑滤波处理，去除那些与周围土壤类型不同、面积微小的、无意义的独立像元或多个聚合像元，突出土壤类型变异规律，净化图面。用GIS软件的矢栅转换工具Raster to Polygon，将平滑之后的栅格图层转为多边形矢量图层，得到土种类型图斑图，根据最小上图图斑面积，把小于最小图斑面积的图斑合并到相邻图斑或多个小图斑合并为一个较大图斑，再用平滑工具Simplify Polygon、Smooth Polygon、Simplify Line等，对多边形图斑边界线进行简化与平滑，同时消除矢量化产生的细碎图斑（与邻近面积大的图斑合并），生成基于土壤推测制图的土种分布图和不确定性分布图。

5. 形成土壤三普土壤图

① 通过上述土壤图野外路线校核工作，获得了土壤类型改变区代表性图斑的土壤类型变化情况，经过归纳整理，形成县域内土地利用变更等原因导致土壤类型变化的知识规

则，根据这些知识规则对土壤类型改变区进行图斑类型和边界更新。

② 通过上述土壤类型推测制图，得到土种分布图及其不确定性分布图。依据推测制图精度和不确定性，选出土壤推测制图结果中不确定性较小（即推测较为可信）的图斑，在 GIS 软件中空间叠加在经室内校核的二普土壤图上。若与二普土壤图图斑的土壤类型或边界不一致，结合专家研判，对二普土壤图上相应图斑进行修改和替换，完成土壤类型未改变区的制图更新。

③ 将土壤类型改变区更新图斑与土壤类型未改变区更新图斑在 GIS 软件工具中进行合并和融合，生成土壤三普土壤类型图。

原则上，1∶50000 县级土壤图的最小上图单元控制在图上 $0.5cm^2$，实地面积 $125hm^2$（187.5 亩），注意具体执行中要考虑区域土壤景观实际灵活处理。例如，我国西南的云贵川渝地区多为丘陵山地，耕地多呈不连续小片分散分布在河谷地带，最小上图单元面积可以更小。

（二）无土种图的做法

1. 基本思路

在缺失县级土种图时，采用数字土壤调查制图技术，建立土种类型与成土环境因素之间的定量关系，识别土种分布边界，生成土种分布图。无土种图的县域，通常有较为粗略的土属图。对于数字制图，土属图可作为一个分区变量，在各区内进行土种空间预测，识别土种边界，亦可将土属图作为一个类型变量，参与建模制图。

可用于制图建模的样点包括两个方面。

（1）本县域 本次剖面调查点、土壤类型未变化区域的二普土壤剖面点、土壤类型典型虚点。

（2）土壤景观相似的邻近县域 本次剖面调查点、检查点、土壤类型未变化区域的二普土壤剖面点和土壤类型典型虚点。

2. 技术步骤

① 查询县土种志、土壤图、农业生产和农田建设资料等，了解制图区自然地理和耕作历史与现状，理解主要成土过程及其与土壤类型之间的发生关系，熟悉土种的分类诊断指标和成土环境条件。

② 准备环境因素变量。母质岩性、地貌类型、高程、坡度、坡向、坡位、平面曲率、剖面曲率、地形湿度指数、遥感光谱、植被指数、轮作方式、40 多年来土地利用变化及变化年限、土壤改良、土地平整、复垦等图层数据。对于地形起伏较小的平缓地区，关键是环境变量的使用，应挖掘与土壤类型变异空间协同的环境变量，使用高分辨率（≤10m）数字高程模型、地貌类型地质图、遥感影像及衍生变量（波段、指数、地表动态反馈变量）、与水体距离等。

③ 准备土壤样点，包括本县域和邻近县域的剖面调查样点、检查点、土壤类型未变化区域的二普土壤剖面点和土壤类型典型虚点。

④ 根据土属类型对县域进行分区，对于每个分区，基于样点建立土壤类型与地形、母质、植被、土地利用、遥感光谱等环境变量之间的随机森林分类模型或相似推测模型；若样点数量较少，不宜分区时，则把土属类型分布图作为一个类型变量，直接参与建模；然后把环境变量作为模型输入，生成土种空间分布图（栅格格式）。

⑤ 采用 3×3 平滑窗口对土种分布栅格图层进行平滑滤波处理，去除那些与周围土壤类型不同、面积微小的、无意义的独立像元或多个聚合像元，突出土壤类型变异规律，净化图面。用 GIS 软件的矢栅转换工具 Raster to Polygon，将平滑之后的栅格图层转为多边

形矢量图层，再用平滑工具 Simplify Polygon、Smooth Polygon、Simplify Line 等，对多边形图斑边界线进行简化与平滑，同时消除矢量化产生的细碎图斑（与邻近面积大的图斑合并）。最终生成的土种分布图，原则上最小上图单元控制在图上 0.5cm^2，实地面积 12.5hm^2（1875 亩），具体执行中要考虑区域土壤景观实际灵活处理。例如，我国西南的云贵川渝地区多为丘陵山地，耕地多呈不连续小片分散分布在河谷地带，最小上图单元面积可以更小。

二、地市级土壤类型制图

采用制图综合技术，对县级土种分布图进行制图综合，生成地市级土种分布图。

制图综合要遵循以下原则：一是各图斑中的制图单元要正确反映实地的土壤类型和组合土壤类型；二是图斑结构、形状和组合要正确反映土壤分布规律和区域分布特点；三是保持各类土壤面积的对比关系和图形特征。制图综合方法主要包括内容综合、图斑取舍、图斑合并、轮廓简化和成分组合等，使用 GIS 软件工具操作实现。

基本技术流程如图 6-5 所示。主要步骤如下。

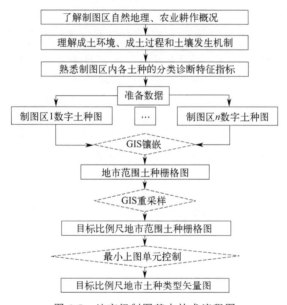

图 6-5　地市级制图基本技术流程图

① 查询地市级土种志和土壤图等资料，了解自然地理概况和农业耕作历史与现状，认真研究土壤类型及其特征，研究各种土壤类型形成与地貌、地质、植被和农业生产利用的关系，了解制图区域土壤空间分布特点。

② 使用 GIS 软件镶嵌工具 Mosaic to New Raster，将一个地级市内所有新生成的县级土种图栅格图层合并为一个图层，数据文件使用 Geo TIFF 格式。

③ 使用重采样工具 Resample，采用 Majority 算法，将该地市土种分布栅格图层从 30m 重采样为 90m 分辨率。

④ 采用 3×3 平滑窗口对土种栅格图层进行平滑滤波处理，去除那些与周围土壤类型不同、面积微小的、无意义的独立像元或多个聚合像元，以突出土壤类型变异规律，净化图面，增强易读性。

⑤ 使用矢栅转换工具 Raster to Polygon，将平滑之后的土种栅格图层转为多边形矢量图层，矢量图层文件用 shapefile 格式；再使用平滑工具 Simplify Polygon、Smooth

Polygon、Simplify Line 等，对图斑边界线简化平滑处理，消除矢量化产生的细碎图斑（与邻近面积大的图斑合并），原则上最小上图单元控制在图上 $0.4cm^2$，实地面积 $252hm^2$（3780 亩）。

第四节 土壤图件设计制作

图件是土壤普查的重要成果。在编制单位、图名、普查时间等制图内容，文字内容、位置、字体大小等方面，各地方必须采用全国统一方案，形成风格一致的土壤类型专题图集。

编制内容主要包括：图名、编制单位、制图单位及制图人员、制图时间、土壤调查时间、绘图单位及绘图人员、地图投影、比例尺。其他说明包括地理要素所采用的地形图比例尺和时间。这些内容在图廓外的位置应平衡美观。

在遵循地图通用国家标准的基础上，应主题突出、清晰易读、美观大方，有助于认识各类土壤分布及其与成土环境之间的关系以及进行面积量算统计，保证成图质量。

一、基础地理要素

地理底图是专业地图的骨架，根据专题图特点，对地理要素进行必要选取，保留具有体现土壤类型或属性特征的要素，舍去干扰专题特征的地理内容，有利于突出土壤专业内容。基础地理要素包括地形、水系、居民点、交通线和境界线等。一般而言，大比例尺土壤图的背景要素表示详细些，小比例尺应概略些，专题内容详细程度大时背景要素要相对减少，减轻土壤图的负载量，参照《第三次全国国土调查技术规程》（TD/T 1055—2019）进行背景要素符号样式的设计和绘制。公共地理信息通用地图符号等参照相应国家标准制作。

（一）地形

1∶50000 县级土壤图，用等高线详细反映制图区域的地形特点，其等高距由地貌类型和等高线疏密程度而定，一般平原 20～50m，丘陵 50～100m，山区 100～200m。1∶500000 省级土壤图和 1∶1000000 国家土壤图上，类型数量多，图斑密度大，不用等高线表示地形背景，而用山线区分山地土壤，在山脉表面注记山峰符号、山头名称及海拔高度，参考《基础地理信息 1∶10000 地形要素数据规范》（GB/T 33462—2016）进行要素规范化。

（二）水系

适当选取以反映河网密度和结构。包括河流（常年河、时令河、消失河等）、湖泊、水库、坎儿井、水渠、运河、咸水湖。湖泊、水库、水渠应尽可能在土壤图上标识。在1∶500000 省级土壤图上，河流应表示到二、三级支流，对再次一级支流根据河网密度的差异确定取舍程度。在 1∶1000000 国家土壤图上，应表示大型流域水系的干流和二级支流。

（三）居民地 (点)

根据比例尺，选择相应行政级别的居民地或居民点上图。小比例尺图，原则上选取县以上级别居民地/点；中等比例尺原则上可选择到乡镇级；大比例尺，可选择到村级，并根据居民地密度适当取舍。

（四）道路

1：50000 县级土壤图上，应表示全部道路；在 1：500000 省级土壤图和 1：1000000 国家土壤图上，应表示全部铁路和主要公路。

（五）境界线

参照自然资源部地图技术审查中心提供的标准地图，正确表示县界、市界、省界、国界，反映土壤的行政归属，便于统计不同行政区域土壤资源情况，指导农业生产和宏观决策。国界的表示涉及国家领土主权，应清楚表示敏感地区和海洋岛屿的归属。

二、制图单元

土壤图中土壤类型由界线表示，土壤类型制图单元，表示图斑内容的单位，亦称上图单元，以土壤分类系统的各级分类单元为基础。土壤制图单元按内容分为土壤单元图斑和土壤复合图斑，土壤单元图斑由一种土壤分类单元构成，土壤复合图斑由两种或两种以上土壤分类单元构成。

非土壤制图单元为由非土壤形成物组成的土壤图斑内容，如建成区、冰川、雪被、盐壳、盐积平原等特殊土地单元。制图符号按国家基本比例尺地图图式国家标准 GB/T 20257.1—2017、GB/T 20257.2—2017、GB/T 20257.3—2017、GB/T 20257.4—2017 进行符号化。

三、色标使用原则

土壤类型图色彩设计的原则如下：

① 反映土壤类型的分类分级系统和制图区域土壤类型的空间分异规律。用色调之间的差异表现高级土壤类型分布差异；基层土壤分类单元按照面积大小，由深至浅分配色调下的色标。

② 突出主题内容。制图区域宜用明色相，邻区用浅灰色相，以邻区底色为背景衬托制图区域。

③ 模仿自然色。反映土壤类型本身的颜色，如土壤发生分类的红壤，土壤系统分类的富铁土和铁铝土等。

④ 尽量使用习惯色。有些土壤有长久以来的习惯用色，如盐土用紫色、水稻土用蓝色、潜育土用深蓝色，在色彩定义中应尽可能使用。

⑤ 高寒地区土壤。以地势和气温设计颜色，一般用冷色。

这些原则只是给出各种土壤类型的基本色相，在具体设计色样时，应适当调整，达到和谐美观的效果。按照国标《土壤制图 1：25000　1：50000　1：100000 中国土壤图用色和图例规范》（GB/T 36501—2018）进行规范化。

四、注记

（一）注记内容

① 土壤类型标记根据图幅内容，按照分类层次进行标记。高级分类单元标记土壤类型按照对应分类系统检索表进行标注。基层分类单位按照各制图区域亚类编号后用顺序号续编。县级土壤标记不宜跨越 4 个及以上分类层级，对过于复杂的分类层次的标记，可根据分类层级按照编码顺序号编码。顺序号可采用罗马数据、阿拉伯数字和小写字母分别标记，用下划线分割，并在图例中对顺序号进行说明。对于图斑较小的，采用引线标记；

面积分布范围过大的制图单元，可以进行多次标记。

　　② 建成区所在市（地）、县（区）、乡（镇）政府驻地名称。

　　③ 铁路站场、民用机场、港口码头、公路与铁路（及其不同方向的通达地名）名称。

　　④ 重大水利设施名称。

　　⑤ 河流、湖泊、水库、干渠、海域的名称。

　　⑥ 国家公园、自然保护区、自然公园的名称。

　　⑦ 其他重要地物名称。

（二）注记文字

同一图形文件内注记文字种类以不超过 4 种为宜，汉字应使用简化字，按国务院颁布的有关标准执行。同类型注记的字体、大小应保持一致。底图要素中的注记文字宜以灰色、白色为主，并应与必选要素、可选要素的注记文字在颜色、大小等方面有明显区别。

　　（1）汉字　优先采用宋体，可选用黑体、楷体、仿宋、隶书。

　　（2）英文和数字　优先采用 Times New Roman，可选用 Arial Black。

（三）注记字向

居民点名称、自然地理要素名称、说明注记及字母、数字注记，字向一般为正向，字头朝北图廓。

（四）注记排列

按照实际情况分别采用水平字列、垂直字列、雁行字列和屈曲字列。

　　（1）水平字列　由左至右，个字中心的连线成一直线，且平行于南图廓。

　　（2）垂直字列　由上至下，个字中心的连线成一直线，且垂直于南图廓。

　　（3）雁行字列　各字中心的连线成一直线，且斜交于南图廓。当与南图廓成 45°和 45°以下倾斜时，由左至右注记；成 45°以上倾斜时，由上至下注记。

　　（4）屈曲字列　各字侧边垂直或平行于线状地物，依线状的弯曲排成字列。

五、图例制作

不同比例尺，图例内容不同。1∶50000 县级土壤图，要用土壤类型代码、分类名称、颜色和几何图形表示制图单元；还要包括地形、地下水位、农业利用等内容，不仅反映土壤类型分布规律，还反映与土壤形成分布有关的自然因素和农业利用状况。1∶500000 省级土壤图和 1∶1000000 国家土壤图，图例较为简单，只标出制图单位的符号或颜色、土壤名称和使用的土壤分类系统等，可用颜色和数字表明主要土壤类型。图例编排顺序，应按照分类系统中各级土壤类型的检索顺序排布。

六、图面配置

图面配置包括主图内容、图名、图例、比例尺、编图单位、人员、时间、地图投影、专题内容与背景要素关系、图廓设计等。

主图应占有突出位置和较大的图面空间，增强主图区域的视觉对比度，主图方向一般为上北下南。图名应体现专题的区域和主题信息，如蒙城县土种分布图等，多位于图幅上方中央，以横排为主。图例集中放在一起，以正确表示土壤类型分布规律和图幅内容清晰为前提，按土壤分类系统各类型检索顺序布置。

制图时间和单位等文字说明，一般在图幅右下方或外图廓的右下方。比例尺一般在图名或图例的下方，形式可以是直线或数字等。

图廓多以直线表示，一般内细外粗常有经纬度坐标注记。

第五节　图件验证评价与质量控制

一、验证评价

（一）县级土壤图验证评价

第三方土壤调查专家（要求：未参与验证区域的制图工作），采用野外路线踏勘验证方法，对县级土壤图制图结果，在土种级别上，进行精度验证。主要步骤如下。

① 根据制图区域土壤景观分异特点，设计 3 条野外踏勘路线（可以是 S 形或 Z 形的曲线），要求路线纵贯全域，沿路线土壤景观有明显梯度变化。

② 从每条路线穿过的土壤图斑中随机选取 10 个图斑，3 条路线一共选出 30 个图斑。

③ 将选取的验证图斑显示在手持终端的卫星影像或奥维地图影像上，到达图斑内之后在图斑内开车或走走观察，结合影像信息，先识别图斑内主要景观环境；然后在典型景观部位，专家通过打土钻判别土壤类型，该土壤类型视为图斑的主要土壤类型；若与制图结果的土壤类型相同，认为该图斑的制图结果是正确的。

④ 计算制图正确的验证图斑数量与验证图斑总数量（30）的比值，即为县级土壤图制图的准确度。例如，30 个验证图斑中，有 25 个图斑主要土壤类型是制图结果的土壤类型，那么县级土壤图的准确度就认为是 83%。同时，采用会议评审或通信评审方式，邀请土壤地理与土壤制图领域的专家（至少包括 1 名县级土壤专家），从土壤类型正确性、土壤边界表达、县域土壤分布规律特点体现程度等多个方面，对县级土壤图编制质量进行打分评价。

此外，对于无土壤二普县级土壤图的制图结果，除了野外路线踏勘验证之外，增加基于样点的交叉验证，由编制该土壤图的制图专家操作。样点包括本次剖面调查样点、经过校核的二普土壤剖面样点等用于县级土壤制图的样点。当样点数量较少时（≤50），采用留一交叉验证方法；当样点数量较多时（>50），采用十折交叉验证方法。根据样点位置上土壤类型的预测值和观测值，建立混淆矩阵，计算生产者精度、用户精度、总精度和 Kappa 系数等误差指标。

（二）地市级土壤图验证评价

第三方土壤调查专家，基于地级市内所有县域的县级野外路线踏勘验证图斑，在土种级别上，对地市级土壤图进行精度验证评价。计算制图正确的验证图斑数量与验证图斑总数量的比值，即是地市级土壤图制图的准确度。

同时，采用会议评审或通信评审方式，邀请土壤地理与土壤制图领域的专家（至少包括 1 名地市级土壤专家），从土壤类型正确性、土壤边界表达、地市土壤分布规律特点体现程度等多个方面，对地市级土壤图编制质量进行打分评价。

二、质量控制

土壤制图的质量与许多因素有关，包括制图者的工作态度、对制图区土壤时空变异的认识水平、土壤景观特点、样点数量与分布、环境变量、模型算法、空间尺度等。贯彻土壤类型图编制全程质量控制的原则,发现不符合质量要求的一律返工。采用多层检查验收制度进行质量控制。

第一层,省级制图人员自检。制图人员须详细记录整个制图过程中所有环节工作,对各环节处理是否符合技术规程规范的原则和要求进行随时自我检查,发现问题和不足,及时改进,以高度的责任感,努力提高制图质量,精益求精。

第二层,全国土壤普查办和各省土壤普查办均须组织相关专家对土壤类型图编制工作进行抽查性监督检查和指导,并提交监督检查报告。主要检查项目见表6-9。

表6-9 土壤类型图编制质量检查项

序号	质量检查项	检查内容
1	制图人员	是否省级土壤制图专业队伍;是否培训后持证上岗;对制图区土壤景观关系是否熟悉,对土壤类型变异是否有深入理解;制图工作态度是否端正认真
2	制图过程	检查制图过程中各个环节的处理记录,是否按照统一的技术规程规范原则和要求开展工作
3	比例尺/分辨率	土壤类型图编制成果的比例尺和分辨率是否符合技术规范的原则和要求
4	坐标系和投影	是否符合技术规范的规定
5	土壤类型分布	土壤类型分布是否与地貌、水文、植被、土地利用等空间变异相符,是否正确反映制图区土壤空间分布规律和特点
6	土壤类型名称	土壤类型名称的正确性以及与土壤分类系统的一致性
7	土壤图斑检查	最小上图单元面积是否符合比例尺原则要求,以及图斑聚合效果和图斑边界简化与平滑
8	数据缺失情况	是否有栅格像元空洞或图斑缺失遗漏的情况
9	制图结果验证	制图结果验证方法是否符合规范要求,路线设计与验证图斑选取是否合理,验证准确度是否达到质控要求
10	土壤边界偏差	土壤边界是否有明显偏差,不同图幅之间土壤图斑是否无缝拼接
11	图件制作	图件各项内容的设计与表达是否统一、符合规范,是否具有科学性和实用性

第三层,各省土壤普查办组织对本省的县级、地市级和省级土壤图编制成果的审查验收,检查土壤图编制成果是否达到质量要求。验收专家须包含1/3来自省外的国家级土壤调查与制图专家,审查验收工作须在全国土壤普查办参与和监督下完成。审查验收合格,才能签字通过。原则上,野外路线踏勘验证准确度,90%以上为通过,80%以上为基本通过,低于80%为修改后再评审;土壤地理专家综合质量打分,90分以上为通过,80分以上为基本通过,低于80分为修改后再评审。

对于制图准确度较差、质量评价较低的工作,应积极研讨改进途径,直至达到质控线。若制图各环节都已尽力做到最好仍不能达到质控线,应提交详细原因分析报告,并由分区负责专家对制图过程和结果进行审核确认。

<h1 align="center">第六节 成果清单及形成方法</h1>

第三次全国土壤普查(以下简称"土壤三普")是一项重要的国情国力调查,将为土

壤科学分类、规划利用、改良培肥、保护管理等提供科学支撑，为经济社会生态建设重大政策制定提供决策依据。普查成果的形成是实现普查目标的标志，是完成普查任务质量的反映。按照《第三次全国土壤普查工作方案》（农建发〔2022〕1 号）要求，土壤三普主要成果将包括数据成果、数字化图件成果、文字成果、数据库成果和样品库成果。从不同层级，分为国家级、省级、地市级、县级系列成果，前三类成果各层级都应提交，后两类成果，原则上国家和省两级必须完成。

一、数据与数据库成果

（一）基础数据

1. 成果类型

基础数据指用于支撑土壤三普工作开展所需要的各类数据，主要包括土地利用现状图、土壤图、地形图、遥感影像等，通过省级部门积累、协调等方式获取。属土壤三普规定成果，各县均应形成基础数据。

2. 形成方法

（1）工作组织　由县级、市级、省级土壤普查办分级分类统筹组织，分别与本级农业农村部门、自然资源部门等协商获取相关数据，按县级行政区组织形成基础数据。

（2）数据获取　县级土壤普查办根据工作开展需要，可从各级土壤普查办获取基础数据。主要分类数据如下：

——基础地理数据。包括行政区、居民点、道路、水系、数字高程模型（DEM）等。

——历史土壤调查数据。包括土壤二普县级土种志剖面数据、土壤二普县级土壤图、分类校核更新后的土壤二普县级土壤图、土壤二普县级土壤志、测土配方施肥数据等。

——土地利用类型数据。包括国土三调地类图斑数据、国土三调土地利用变更调查数据等。

（3）数据检查　县级土壤普查办负责数据检查。采用人机交互检查等方式，质检人员按照检查规则，重点检查数据完整性、数据规范性等，形成数据检查报告。

（4）数据存储　经过检查后的数据，由县级土壤普查办指定相关部门存储在安全保密环境中。

（二）过程数据

1. 成果类型

过程数据指在土壤三普工作开展过程中形成的各类数据，包括样点数据、调查采样数据、样品流转数据、检测分析数据等，通过土壤三普工作平台云端同步等方式获取。属土壤三普规定成果，各县均应形成过程数据。结构化数据采用 mdb 格式或 gdb 格式；非结构数据以文件形式进行组织，照片采用 jpg 格式、视频采用 mp4 格式。

2. 形成方法

（1）工作组织　通过全国土壤普查办统一开发的土壤三普信息化工作平台采集和管理的表层、剖面等数据，包括调查采样、样品制备、检测分析、样品流转、质量控制等各环节的数据；还包括土壤生物调查等调查任务的专题数据。

（2）数据采集　通过土壤三普信息化工作平台（包括桌面端管理与调度系统、调查采样 APP、样品流转 APP、质量控制 APP）采集的各类文字型、图片型及数值型数据。主要分类数据如下：

——调查采样数据：调查点位位置、成土环境信息、立地条件调查信息、剖面形态学信息、采样信息等。

——样品制备数据：样品类型、样品重量、制备机构、制备时间等。

——检测分析数据：土壤物理性状、土壤化学性状、土壤环境性状、土壤生物性状等。

——样品流转数据：样品装运、样品装运清单、样品接收、样品接收清单等。

——质量控制数据：质控样品编号、质控参数、质控时间等。

（3）数据管理　县级土壤普查办负责通过土壤三普信息化工作平台管理本县数据，并进行数据审核等管理工作。

（4）数据存储　经过质控和审核后的数据，由云上平台同步到各省，各县级土壤普查办从本省土壤普查办获取各类过程数据，获取数据后按不同类型进行分类存储；有土壤生物调查任务的县，按专题进行数据存储。数据由县级土壤普查办指定相关部门存储在安全保密环境中。

（三）成果数据

1. 成果类型

成果数据指基于基础数据和过程数据，按照相关方法形成的各类图件和报告等数据，包括土壤类型图、专题图、专题数据集、成果报告等，由各级成果编制形成。属土壤三普规定成果，各县均应形成成果数据。

2. 形成方法

（1）工作组织　由县级土壤普查办组织收集形成数字化图件、文字报告等过程中产生的中间数据，以及最终的数字化图件成果和文字报告成果。

（2）数据获取　各成果制作单位将所负责县的成果数据提交至县级土壤普查办。主要分类数据如下：

——专题数据集。包括形成成果中的各类图层、处理的数据等。

——最终成果数据。包括图件、文字报告等。

（3）数据检查　县级土壤普查办负责数据检查。采用人机交互检查等方式，质检人员按照检查规则，重点检查数据完整性、数据规范性、数据准确性、图形精度、空间拓扑等，形成数据检查报告。

（4）数据存储　经过检查后的数据，由县级土壤普查办指定相关部门存储在安全保密环境中。

（四）数据库

1. 成果类型

土壤三普数据库是指集成基础数据、过程数据和成果数据，按照数据结构来组织、存储和管理数据的仓库，属土壤三普县级自选成果。

2. 形成方法

（1）工作组织　依据《土壤普查数据库规范（试行）》，根据本县数据存储和数据应用的实际需求构建数据库，用于统一管理基础数据、过程数据和成果数据，便于数据浏览、数据查询和数据管理。本部分成果为可选项，各县级部门可根据本县的实际情况建立数据库，形成数据库成果。

（2）数据库构建　在全面取得本县土壤三普各类数据（基础数据、过程数据、成果数据）的基础上，从数据组织管理、数据结构定义等方面构建数据库。在数据库构建过程中，各县除了将《土壤普查数据库规范（试行）》中规定的数据表设计到本县数据库中之外，可根据本县工作开展的需要设计本县个性化数据表。

（3）数据清洗入库　建立不同类别土壤三普数据目录，将基础数据、过程数据和成果数据进行数据清洗后入库。

（4）数据库管理　利用数据库管理工具，实现数据浏览、数据查询、数据统计分析等管理功能。

（5）数据库应用　根据不同应用主题，构建数据分析模型，开发数据成果应用系统，进行数据深度应用。

二、数字化图件成果

（一）土壤类型图

1. 成果类型

属土壤三普规定成果，各县均应形成土壤类型图。

2. 形成方法

（1）工作组织　由省级土壤普查办统筹组织土壤类型制图专业队伍，对各县级土壤类型图进行更新性制图，按县形成三普土壤类型图。

（2）比例尺　原则要求成图比例尺为 1∶50000、上图单元到土种。面积超过 4000km^2 的县可依据面积大小制作 1∶100000～1∶200000 土壤类型图。

（3）基础数据　土壤类型图制作需要用到"数据与数据库"成果中的下列基础数据（数据与数据库部分对其内容、格式、比例尺/分辨率/时相等做明确要求）：

——基础地理数据。包括行政区、居民点、道路、水系等。

——历史土壤调查数据。包括土壤二普县级土种志剖面数据、土壤二普县级土壤图、土壤二普县级土种志或土壤志及土壤普查报告。

——土壤三普数据。包括土壤剖面数据、土壤表层数据。

——成土环境数据。包括母岩母质、地形地貌（DEM，分辨率≤30m）、土地利用现状（2019 年国土三调）、土地整理与复垦、新增耕地、植被、水文地质、高分遥感影像（分辨率≤4m）和多光谱遥感数据（分辨率 10～30m）等。

（4）土壤二普土壤类型图坐标系转换和分类更新　对土壤二普土壤类型图（通常为 1954 北京坐标系）进行地理坐标系转换，统一采用 2000 国家大地坐标系和 1985 国家高程基准；依据土壤三普暂行土壤分类方案和全国土壤分类校核结果，统一对土壤二普县级土壤类型图进行分类修正。经过坐标系转换和分类修正，形成工作底图，由全国土壤普查办统一发放各省级土壤普查办确认和使用。

（5）土壤二普土壤类型图室内粗校　以分类和坐标系更新后的土壤二普县级土壤类型图为基础土壤底图，室内将土壤图斑边界叠加在三调地类、新的高分影像、DEM、等高线、母质图上，一是检查图斑土壤类型名称与成土环境因素（地形部位、母质、土地利用等）或与土壤分类有关的关键土壤性质（如有详细空间分布数据条件，如盐分等）的一致性，发现明显的土壤类型名称错误；二是检查土壤边界与环境因素梯度变化的一致性（主要适用地形起伏较大区域），发现与自然地物明显不符的图斑边界。与附近环境条件相似图斑比较，进行土壤类型名称和图斑边界的粗略修正，待野外进行检查确认。

（6）土壤类型可能改变区域识别　使用国土三调土地利用类型图和二普土壤类型图两个图件进行空间叠加分析，利用 GIS 软件识别符合要求的地块。例如水改旱的地块，即提取土壤二普图上土壤类型为水稻土，三调图上土地利用方式为旱地、园地、林地、草地的地块；旱改水的地块，即提取土壤二普图上土壤类型为非水稻土，三调图上土地利用方式为水田的地块。对于土地利用变化的地块和新增耕地地块等，将集中连片的相邻图斑做归并处理，归并面积大于 50 亩的图斑，作为土壤类型可能改变区域。

（7）土壤二普土壤类型图野外校核　校核队伍中要求有土壤调查、土壤制图和县里熟悉土壤情况的专家。方法是，根据县域土壤空间分异特点，设计至少 3 条代表性野外校核路线，依托这些路线开展校核，路线要覆盖空间相邻土壤类型之间的过渡区域、土壤类型可能变化的区域（例如旱改水、水改旱、复垦、脱盐等）、室内粗校有疑问的图斑；沿路线设置系列勘验点（图斑中心），每个土种至少 5 个勘验点；通过打钻、自然断面或专家经验等方法现场判别土种类型，记录勘验点的经纬度坐标、景观部位和土壤利用情况等关键信息。

（8）专家经验典型点拾取　在土壤类型没有改变的区域，若建模样点不足，可以拾取专家经验典型点作为补充性样本。第一个方法是，熟悉县域土壤景观的调查专家，结合土壤二普土壤类型图、土地利用现状图、DEM 和高分遥感影像等，直接在影像图上标出某土种的典型位置点位，一个土种至少 3 个典型点；第二个方法是，通过利用关键成土因素图层数据对每个土种的土壤二普图斑进行空间分析，识别每个土种的典型环境条件，映射到图上得到典型样点。这种专家经验典型样点并非野外实际观测点，是虚点。

（9）土壤类型推测制图　基于土壤样点和成土环境变量数据，建立土壤类型与环境条件的定量模型，进行土壤类型空间推测，识别各土种在县域内的空间分布及土种之间的边界。土壤样点主要包括土壤三普剖面样点、土壤二普土壤图野外校核勘察点、专家经验典型点。若有土壤类型未改变区的土壤二普剖面样点，坐标位置可能偏差较大，应野外确认过再使用。试点县类型制图推荐采用随机森林模型，若有其他准确度更高的模型也可以使用。生成的栅格格式的县域土种类型空间分布图和不确定性分布图，在 GIS 软件中进行矢量栅格转换，得到土种类型图斑图，根据最小上图图斑面积，把小于最小图斑面积的图斑合并到相邻图斑或多个小图斑合并为一个较大图斑，对图斑边界线进行简化与平滑处理，生成土壤推测制图得到的土种类型分布图。

（10）更新土壤二普土壤类型图　把土壤推测制图得到的土种类型分布图和不确定性分布图，与基础土壤底图（即分类和坐标系更新后的土壤二普县级土壤类型图）在 GIS 软件中进行空间叠加，依据推测制图模型精度和推测结果不确定性，确定需要更新的土壤类型名称和图斑边界，并与 1∶10000 土地利用现状图进行叠加分析，避免同一田块（丘陵岗地顺坡田块除外）跨不同土壤类型，最后对基础土壤底图上相应图斑的土壤类型和土壤边界进行修改，实现土壤二普土壤类型图更新，形成土壤三普县级土壤类型图。

（11）其他要求　具体技术实现方法和图面、坐标等格式要求参见《土壤类型图编制技术规范（试行）》、相关专业技术文献资料和全国土壤普查办通知要求。试点期间鼓励各地在上述形成方法基础上，因地制宜探索和优化土壤类型制图方法。

（二）土壤属性图

1. 成果类型

土壤属性图是包括表层土壤基础理化性状、养分属性，深层有效土层厚度等土壤质量要素的图，属土壤三普规定成果，各县均应形成土壤属性图。

2. 形成方法

（1）工作组织　由省级土壤普查办组织土壤制图专业队伍，对各县土壤属性图进行制图，形成土壤三普县级土壤属性图。各地市级土壤普查办负责组织土壤学专家对辖区内县域土壤属性制图过程与结果进行一致性、可比性协调。

（2）比例尺　原则上，县级形成空间分辨率 10m 土壤属性图（相当于 1∶50000），西部地区（西藏、新疆、青海、内蒙古、甘肃林牧区），可制作空间分辨率 30～50m 土壤属性图（相当于 1∶100000～1∶200000）。

（3）制图清单　基于表层土壤理化指标，制作县级表层土壤属性图清单如下：

表层土壤属性图。

必选：①土壤有机质含量图，②酸碱度图，③质地图：包括质地分级图（以外业调查6 个质地分级制图）、砂粒含量图、粉粒含量图、黏粒含量图，④土壤阳离子交换量图（CEC），⑤土壤全氮含量图，⑥土壤全磷含量图，⑦土壤全钾含量图，⑧土壤有效磷含量图，⑨土壤速效钾含量图，⑩耕地耕层厚度图。

可选：①土壤容重图，②土壤有效硫含量图，③土壤有效铁含量图，④土壤有效锰含量图，⑤土壤有效铜含量图，⑥土壤有效锌含量图，⑦土壤有效硼含量图，⑧土壤有效钼含量图，⑨砾石含量图，⑩土壤交换性盐基总量图，⑪其他土壤微量元素（如硒、重金属）含量图。

土体关键属性图。

可选：①有效土层厚度图，②0～100cm 土壤有机碳储量图。

（4）基础数据　土壤属性图制作需要下列基础数据：

——基础地理数据。土壤三普统一行政界，另需可公开的居民点、道路、水系。

——历史数据。分类校核修正后的土壤类型图（土壤工作底图）。

——历史剖面数据。土体关键属性图，土壤二普县级土壤/土种志，《中国土系志》等。

——土壤三普数据。土壤表层测试化验数据、土壤剖面分层测试化验数据。

——环境数据。数字高程模型（DEM，空间分辨率 10～15m，西藏、新疆、青海、内蒙古、甘肃林牧区优于 30m）、土地利用现状图（三调）、母岩母质（或土壤图替代）

情况、遥感影像（空间分辨率10～30m）及时序遥感影像等。栅格数据空间分辨率原则上不低于（2）中成图比例尺要求。

（5）地形分区　基于DEM，判断平原、丘陵山地等地形分区。

（6）模型优选　对表层土壤理化属性图，分析地形、人为（土地利用）、母质（背景环境）等区域主控因子，根据本县主体地形分区，采用土壤三普土壤属性制图规范推荐的空间插值方法或机器学习等1～2个模型进行预制图；通过模型精度检验，确定较优模型方法进行制图。

对土体关键属性，基于土壤三普剖面分层数据、县级土壤类型图、环境数据、历史剖面数据，并结合表层土壤数据，通过构建基于景观模糊推理模型，结合土种/土壤图填充方法进行制图。

（7）图件编制　根据属性制图成果图进行电子或纸质地图编制，相关技术要求，参见《土壤属性图与专题图编制技术规范（试行）》及全国土壤普查办通知，统一图名、分级图例、测试方法、调查时间、制图单位以及基础地理信息标识。

各属性含量分级由全国土壤普查办统一划定，省级分级可在国家分级范围内做更细划分，但不得跨级。

（三）土壤农业利用适宜性评价图

1. 成果类型
土壤三普规定成果，各县均需形成土壤农业利用适宜类别分布图。

2. 形成方法
（1）工作组织　由省级土壤普查办统筹、县级土壤普查办组织农业专家及制图专业队伍，对本县土壤农业利用适宜性进行评价制图，按县级行政区形成土壤农业利用适宜性评价图。

（2）比例尺　原则要求比例尺1：50000、上图单元到土种。县域面积超过4000km^{2}的县可依据面积大小制作1：100000～1：200000土壤农业利用适宜性评价图。

（3）基础数据　土壤农业利用适宜性评价图制作需要用到"数据与数据库"成果中的下列基础数据（数据与数据库部分对其内容、格式、比例尺/分辨率/时相等做明确要求）：

——基础地理数据。包括行政区、居民点、道路、水系等。

——土壤三普数据。包括县级土壤类型图、土壤表层数据、土壤剖面数据、土壤立地条件调查数据、土壤物理数据、环境性状数据等。

——其他数据。包括气候资料、地形资料、水文资料等。

（4）土壤农业利用适宜类评价制图　土壤农业利用适宜类评价制图队伍以最新县级土壤三普土壤类型图为底图，收集整理气候资料、地形资料、水文资料及土壤三普剖面数据、立地条件调查数据、物理数据及环境性状数据等，选取坡度、土层厚度、土壤质地、砾石含量、土壤侵蚀、水资源与排水条件、土壤盐碱化、土壤重金属污染、地表岩石露头度等因素，并根据因素限制分级指标体系进行限制因素分级，根据最强限制等级的限制因素的个数进行限制因素评级，并划分适宜类别，形成县级土壤三普土壤农业利用适宜类别分布图。

（5）其他要求　具体技术实现方法和图面、坐标等格式要求参见《第三次全国土壤普查土壤农业利用适宜性评价技术规范（试行）》、相关专业技术文献资料和全国土壤普查办通知要求。

（四）耕地质量等级图

1. 成果类型

土壤三普规定成果，各县均需要形成耕地质量等级图。

2. 形成方法

（1）工作组织　由省级土壤普查办统筹、县级土壤普查办组织专业队伍，对本县土壤农业利用适宜性评价出的宜耕地类质量等级进行评价制图，按县级行政区形成三普耕地质量等级图。

（2）比例尺　原则要求比例尺 1：50000，上图单元到耕地地块。县域面积超过 $4000km^2$ 的县可依据面积大小制作 1：100000～1：200000 耕地质量等级图。

（3）基础数据　耕地质量等级图制作需要用到"数据与数据库"成果中的下列基础数据（数据与数据库部分对其内容、格式、比例尺/分辨率/时相等做明确要求）：

——基础地理数据。包括行政区、土地利用类型、居民点、道路、水系等。

——土壤三普数据。包括土壤三普土壤类型图、土壤表层数据、土壤剖面数据、土壤立地条件调查数据、土壤理化数据、环境和生物性状数据等。

——其他数据。包括母岩母质、地形地貌、土地利用现状及变更等。

（4）耕地质量等级制图　形成现状耕地质量等级图和宜开垦耕地质量等级图。耕地质量等级评价制图队伍利用土壤农业利用适宜性评价宜耕地类图、第三次国土调查土地利用现状图、最新土壤三普土壤类型图和行政区划图叠加形成的图斑作为评价单元，采用空间插值、以点代面、地理加权回归、机器学习、属性提取、数据关联、3D分析等技术方法获取耕地质量指标，应用区域评价模型，计算耕地质量综合指数，划分等级，形成县级土壤三普耕地质量等级图。

（5）其他要求　具体技术实现方法和图面、坐标等格式要求参见《第三次全国土壤普查耕地质量等级评价技术规程（试行）》、相关专业技术文献资料和全国土壤普查办通知要求。

（五）县级土壤采样点分布图

1. 成果类型

县级土壤采样点分布图是用于指导土壤三普外业调查采样使用的样点点位图，主要包括表层与剖面样点及耕园林草盐碱地的空间分布、各级行政区划界线、居民地、主要河流、道路等基础地理信息。样点信息通过全国土壤普查办下发，其他信息通过省级部门积累、协调等方式获取。属土壤三普规定成果，各县均应形成土壤采样点分布图。

2. 形成方法

（1）工作组织　由县级土壤普查办组织专业队伍，对县级土壤表层和剖面样点进行空间制图，形成县级土壤采样点分布图。

（2）比例尺　原则上，县级形成 1：50000 土壤采样点分布图，西部面积超过 $4000km^2$ 的县可依据面积大小制作 1：100000～1：200000 土壤采样点分布图。

（3）最小上图图斑面积　根据制图比例尺，选取 $5hm^2$ 作为最小上图图斑面积。

（4）制图内容　县级土壤采样点分布包括表层和剖面样点位与入样图斑空间分布、耕园林草盐碱地空间分布、样点经纬度、土壤类型、土地利用类型、行政区划位置（县乡村三级）、地形类型、坡度级别、海拔、样点类型（表层样、剖面样、平行样、留样抽检样、水稳样）、样点编码等。

（5）基础数据收集与处理

——基础地理数据。1:10000 全国行政区划图（国家、省、县、乡界，2019 年），另需可公开的居民点、道路、水系用于地图编制。

——土壤图。土壤二普 1:50000 高精度数字土壤图。

——土地利用现状图。国土三调 1:10000 地类图斑图层（2019 年）。

——DEM 数据。全国 ASTER GDEM v3 数据（空间分辨率 30m，2019 年）。

——水文地质图。1:250000 水文地质图。

——土地利用类型变更矢量图。2009～2020 年 1:10000 土地利用类型变更矢量图（含耕地类型变更）。以国土三调土地利用现状图的数学基础为基准，统一各类矢量和栅格数据的地理坐标和投影方式。

（6）绘制县级土壤采样点分布图　采样点为全国土壤普查办下发并经省级校核调整确认后的点位；采样点空间与属性信息依据《第三次全国土壤普查工作底图制作与采样点布设技术规范（试行）》中赋予的样点经纬度、样点类型等信息。县级土壤采样点分布图主要包括 3 个图层信息：样点点位、行政界线和土地利用现状。

（7）其他要求　图件采用 CGCS2000 坐标与投影系统，县（市、区）界线以三调数据为基础。基础地理信息来源、图面材料、投影符合国家规定。图廓信息包括两部分内容：一是基本要素，如图名、地图投影、比例尺、指北针；二是编制信息，如编制单位、制图单位及制图人员、时间等。图名为"××（县、区）土壤采样点分布图"，字体采用宋体，加粗，居中显示，置于图廓外，图名底部距外图廓的间距约为 1/3 字高。

（六）地理标志农产品区域分布图

1. 成果类型

属土壤三普自选成果，各县结合地理标志农产品的产业基础与发展需求，与土壤（特殊）要素的相关性，试点县可以编制出地理标志农产品区域分布（规划）图。

2. 形成方法

（1）工作组织　对有地理标志农产品的地区，由县级土壤普查办组织专业队伍，编制县级地理标志农产品区域分布图。

（2）比例尺　原则上，根据地理标志农产品面积和集聚度，县级编制 1:50000 地理标志区域分布图，东部部分地区可编制 1:10000 地理标志农产品区域分布图。

（3）基础数据　地理标志农产品区域分布图制作需要用到"数据与数据库"成果中的下列基础数据：

收集整理县域土壤二普 1:50000 土壤图、1:10000 土地利用现状图、土壤三普成土环境与土壤利用调查数据，土壤表层、剖面样品测试化验获得的物理、化学特色指标数据，特色农产品等资料，并进行数据异常值的校核与删除。

——基础地理数据。包括县域 1:50000 土壤图、1:10000 土地利用现状图、行政区、居民点、道路、水系等。

——土壤三普数据。土壤三普成土环境与土壤利用调查数据；土壤表层、剖面样品测试化验获得的物理、化学相关指标数据，特色农产品产量品质等资料，如土壤富硒锌、砂质等。

（4）图件编制　根据土壤测试结果和特色农产品产量品质特性等资料，拟定符合特色农产品生产的土壤、气候特征指标，结合土地利用现状图，通过匹配性对比分析与空间插值等方法，绘制特色农产品种植适宜区域范围图，有条件的地区给出地理标志农产品的适宜性等级。

（5）其他要求　图件采用 CGCS2000 坐标系统，县（市、区）界线以国土三调数据为基础。基础地理信息来源、图面材料投影符合国家规定。

（七）土壤酸化分布图

1. 成果类型

属土壤三普区域性可选成果，涉及土壤酸化的县域应形成土壤酸化分布图。与土壤属性图里的酸碱度图不同，是与土壤二普（20 世纪 80 年代）和耕地测土配方施肥（2000～2010 年）的比较结果。

2. 形成方法

（1）工作组织　由省级土壤普查办统筹组织土壤制图专业队伍，对县级土壤酸化分布进行制图。各县级土壤普查办负责组织土壤学专家对县域土壤酸化分布制图过程与结果进行一致性、可比性协调。

（2）成图格式　汇交成果数据采用栅格格式，原则上分辨率要求 100m。

（3）制图范围　以土壤三普调查范围为制图覆盖范围。

（4）基础数据

——基础地理数据。包括行政区、居民点、道路、水系等。

——历史土壤调查数据。包括土壤二普县级土种志剖面数据，分类校核更新后的土壤二普县级土壤图，土壤二普县级土种志，土壤、测土配方施肥调查数据等。

——土壤三普数据。包括土壤剖面数据、土壤表层数据、县级土壤类型图等。

——成土环境数据。包括母岩母质、地形地貌、土地利用现状及变更、水文地质等。

（5）土壤 pH 历史基准制图　以土壤二普（20 世纪 80 年代）和耕地测土配方施肥（2000～2010 年）数据为基础，采用与土壤属性制图中酸碱度制图相同技术路线与方法，形成土壤 pH 历史基准图（1980 年、2000 年）（1980 年基准由于点位少，制图结果受限制，可由地区或省级统一制图）。

（6）土壤酸化分布制图　将土壤 pH 历史基准制图结果与土壤三普形成的土壤酸碱度图进行差值计算，形成土壤三普范围内土壤酸化分布栅格底图及耕地土壤酸化栅格底图（汇交数据格式）。各县本地成果可因地制宜采用不同的成图表达方式，如以土壤三普土壤类型图图斑为底图，以图斑内酸化平均值上图等。

（7）其他要求　具体技术实现方法和图面、坐标等格式要求参见《土壤属性图与专题图编制技术规范（试行）》、相关专业技术文献资料和全国土壤普查办通知要求。

三、文字成果

（一）土壤三普工作报告

1. 成果类型

属土壤三普规定成果。重点总结土壤三普各项工作内容、工作机制和成熟经验，并从工作准备、过程实施、普查成果形成与应用等方面分析土壤普查工作实施情况与成效。

2. 形成方法

《××县第三次全国土壤普查工作报告》编写指南

前言

第1章　土壤普查情况概述

简要介绍本县土壤调查的目的意义、内容、方法、实施方案、质量控制与成果总结等情况。

第2章　计划执行情况

目标、任务和考核指标完成情况；

基础资料收集与整理；

土壤调查与采样总结（样品采集、保存与流转）；

实验室分析（检测实验室与检测分析方法）；

成果汇交总结。

第3章　质量控制

表层样点调查与采样质量控制；

剖面样点调查与采样质量控制；

内业质量控制；

生物调查与采样质量控制（可选项）。

第4章　组织管理情况

总结第三次全国土壤普查对当地农技人员的培养以及土壤普查办的组织管理情况。

详细阐述涉及的各年度预算及实施情况。

第5章　存在的问题、建议及其他需要说明的情况

在实施期间发现的问题及建议。普查技术工作经验总结，如在遵循土壤三普技术标准的基础上，可能针对特殊情况进行了技术改进或者创新。

（二）土壤三普技术报告

1. 成果类型

属三普规定成果。重点总结土壤三普"1＋9"技术规程规范的实践情况，系统整理土壤普查关键技术内容、实施机制和应用成效，总结技术形成与发展的方式方法，以及普查过程中解决的技术难题、工作建议等。

2. 形成方法

《××县第三次全国土壤普查技术报告》编写指南

前言

第1章　土壤普查概况

项目背景；

调查目的与原则；

调查范围；

工作程序与技术路线。

第2章　××县土壤形成条件及土壤概况

自然状况（气候、水文水资源、地形地貌、植被、母质母岩等）；

社会经济与土地利用状况；

农业生产状况（耕作制度、作物、施肥、农药使用、灌溉水源与灌溉方式等）；

耕地与其他利用下土壤基本状况。

第3章　土壤普查成果总结

成果清单；

成果完成情况；

其他需要说明的成果。

第4章　土壤分类状况

包括土壤分类的原则、级别与命名，土壤类型及其分布。

第5章　土壤资源状况

不同类型土壤的分布面积、形成特点、主要理化特征、利用与改良等；不同土壤利用方式如耕地、园地、林地、草地等的资源特点、肥力状况（只适用耕园地）、开发潜力（只限林草地）等；土壤资源属性如耕层土壤质量、土壤退化、土壤污染状况等；其他内容。

第6章　土壤质量等级状况

评价方法；

耕地土壤质量等级状况；

园地土壤质量等级状况。

第7章　土壤利用区划与农业种植结构优化布局

区划原则、依据及分析方法。综合土壤资源分布、性状与特点，结合土地利用现状，结合当地农业生产力、各县区特色农业发展规划以及经济社会情况，根据现代农业发展特点，对未来土壤农业结构进行规划分析，对农业结构调整与发展方向提出建议。

第8章　土壤障碍改良与退化修复

土壤障碍类型及划分依据。包括按土壤障碍类型划分的各障碍土壤理化特征，障碍等级及评价方法，各障碍土壤的细化类型、分布区域、特点及产生的原因，各障碍类型土壤改良的措施等；对土壤酸化、盐渍化、压实、污染等退化和污染的分析和修复对策。

结论与总体建议。

（三）数据专题分析报告

1. 成果类型

属土壤三普自选成果。各县利用土壤三普的土壤物理化学及其成土环境等指标，结合县级农林牧业发展规划（区划）需求，开展耕地后备资源、高标准农田建设规划、土壤农业利用适宜性，耕园地障碍改良与培肥、土壤质量演变、土壤退化与障碍趋势等深度分析，给出未来土壤或耕地保护等专题分析报告。

2. 形成方法

（1）工作组织　对有土壤或耕地保护等专题分析的地区，由县级土壤普查办和省级土壤普查办组织专业队伍，编制县级土壤数据专题分析报告。

（2）基础数据　数据专题分析报告需要用到"数据与数据库"成果中的下列基础数据：

——基础地理数据。包括县域1：50000土壤图、1：10000土地利用现状图、地形地貌图、气候因子、行政区、居民点、道路、水系等。

——土壤三普数据。土壤三普成土环境、土壤发生层与剖面构型与土壤利用等调查数据；土壤表层、剖面样品测试化验获得的物理与化学指标数据、特色农产品产量品质等资料。

——气象灾害与水资源数据。旱涝、冻害、灌溉水源等资料。

（3）专题分析报告编制　结合县级耕地保护或土壤管理与农林牧业发展规划的需求，分析相应的土壤属性类型、分布区域、特点与产生原因等，根据耕地质量等级、障碍等级判定、土壤利用适宜性等评价指标与方法，建立相应的模型，开展耕地后备资源、高标准农田建设规划、土壤利用适宜性、障碍改良与培肥、土壤质量演变、土壤退化与障碍趋势、地理标志农产品区域布局等土壤属性指标演变的大数据分析，并编制相关土壤保护利用、土壤规划利用、土壤质量提升等专题报告。

《××县第三次全国土壤普查数据专题分析报告》编写指南

前言（结合县级耕地保护或土壤管理与农林牧业发展规划的需求，开展相关专题分析，给出土壤质量现状、存在问题、成因分析、管理与利用的对策与建议等）

第一章　数据基础与分析方法

数据基础；

数据分析方法（与土壤二普数据、耕地地力调查数据对比、土壤肥力因子演变模型等）。

第二章　土壤质量现状（耕地/园地/林地/草地）

土壤关键属性指标现状（有效土层厚度、剖面质地构型与障碍层次等物理指标；土壤有机质等化学指标）；

土壤演变趋势（土壤二普或耕地地力调查以来的土壤关键属性指标变化趋势）。

第三章　土壤质量存在问题（耕地/园地/林地/草地）

结合县级耕地保护或土壤管理与农林牧业发展规划等需求，以及土壤适宜性、耕地质量等评价指标，分述县域内土壤质量关键指标存在的问题。

第四章　问题成因分析

自然成因（成土环境与条件、土壤侵蚀、土壤母质、剖面质地构型、有效土层厚度等）；

人为成因（耕作、施肥、轮作/连作、污染、农药等利用方式）。

第五章　土壤管理与利用规划（第五章可选）

土壤利用适宜性；

耕地后备资源评价；

高标准农田建设规划；

地理标志农产品区域布局等。

第六章 土壤质量提升的对策与建议（包括科技、管理、政策、制度、法律）

土壤质量提升的技术模式（科技：障碍改良与退化阻控、土壤培肥）；

基础与能力建设（明确土壤质量提升的责任主体，完善土壤质量监测、调查评价、建设与管护等）；

政策与制度保障（监督考核、土壤质量保护、投入保障机制等）。

第七章 结论与总体建议

结论和建议。

（四）×××县土壤志

1. 成果类型

属土壤三普自选成果。编撰一本《×××县土壤志》，包括县级区域概况、土壤分类与分布、土壤类型特征、土壤基本性质、土壤资源评价及改良利用等。

2. 形成方法

《×××县土壤志》编写指南

序言

前言

第1章 区域概况

1.1 地理位置与行政区划

1.2 土地利用

1.3 社会经济情况

第2章 土壤的形成、分类与分布

2.1 成土因素

2.1.1 地形/地貌与水文

2.1.2 气候

2.1.3 植被

2.1.4 母岩与母质

2.1.5 人类活动

2.2 土壤形成过程

2.2.1 原始成土过程

2.2.2 有机质积累过程

……

2.3 土壤分类与分布

2.3.1 土壤分类

（1）土壤分类沿革

（2）土壤分类概述（包括分类依据、分类系统、土壤命名等）

2.3.2　土壤分布

第3章　土壤各类型特征特性

3.1　土类1

3.1.1　分布的区域特征

3.1.2　特征特性

3.1.3　亚类分述

3.1.4　改良利用

3.2　土类2

……

第4章　土壤的基本性质

4.1　土壤物理性质

包括耕层厚度、土壤容重、机械组成、土壤水稳性大团聚体等4项。

4.2　土壤化学性质

包括pH值、可交换酸度、阳离子交换量、交换性盐基及盐基总量（交换性钙、镁、钾、钠、盐基总量）、水溶性盐（水溶性盐总量、电导率；水溶性钠、钾、钙、镁、碳酸根、碳酸氢根、硫酸根、氯根）、有机质、碳酸钙（无机碳）、全氮、全磷、全钾、全硒、有效磷、速效钾、缓效钾、有效硫、有效硅、有效铁、有效锰、有效铜、有效锌、有效硼、有效钼、游离铁、总汞、总砷、总铅、总镉、总铬、总镍等。

第5章　土壤资源评价及改良利用

5.1　土壤资源利用现状及质量评价

5.1.1　土壤资源利用现状及存在问题

5.1.2　土壤质量等级评价

5.2　土壤改良利用与保护（具体的退化现象或障碍因素编制次级标题和相关内容）

5.2.1　土壤侵蚀及其防治

5.2.2　盐渍土的防治、改良和利用

5.2.3　土壤污染与防治

……

（五）×××县土种志

1. 成果类型

属土壤三普自选成果。编撰一本《×××县土种志》，包括县级土种研究历史、土种划分的原则和依据、土种的归属与分布、主要性状、典型剖面、利用性能综述等。该成果形成在试点阶段，属于可选项，供有需要的地方参考使用。

2. 形成方法

《×××县土种志》编写指南

序言

前言

绪论

一、×××县土种研究回顾

二、土种划分的原则和依据

三、土种概述

按照第三次全国土壤普查的有关规定编写，内容包括土种的归属与分布、主要性状、典型剖面、利用性能综述等。除文字描述外，附每个土种统计剖面和典型剖面的土壤理化性状表。

第 1 章　土纲 1

1.1　土类 1

1.1.1　亚类 1

1.1.1.1　土属 1

1.1.1.1.1　土种 1

（1）归属与分布　土种 1 所属亚类、土属；分布范围；各行政区占比等信息。

（2）主要性状　土种 1 总体发生学特征、土体构型、障碍层及与土壤生产性能相关的理化属性等信息。

（3）典型剖面　典型剖面体现该土种的中心概念和"个性"。在每个土种的典型剖面描述中，一般都包含采样地点、生境条件、地形部位、海拔高度、母质类型、植被和利用方式、剖面层次、土壤结构及主要理化性状数据等。

若县域内有足够数量的土壤三普调查剖面支撑，在描述某土种的典型剖面时可附上标准剖面照和典型景观照。

（4）利用性能综述　主要包括土种的土壤利用适宜性、障碍因子、土壤质量、作物生长表现及存在问题、常年产量、耕作制度、利用改良措施、生产实践经验及其效果等。

1.1.2　亚类 2

……

1.2　土类 2

……

第 2 章　土纲 2

……

附录 A　各级土壤分类单元的划分依据

一、土壤分类的级别

本方案采用土纲、亚纲、土类、亚类、土属、土种六级分类制，与 GB/T 17296—2009 保持一致。

（一）土纲

土纲是土壤分类的最高级单元，是土壤重大属性的差异和土类属性共性的归纳和概括。其划分突出土壤的成土过程、属性的某些共性以及主导成土因素对土壤发生性状的影响。如铁铝土纲是对砖红壤、红壤、黄壤等土类归纳而成，其共性为：分布在热带、亚热带气候条件下，土壤发生不同程度脱硅富铁铝化过程和生物富集过程；钙层土纲中的黑钙土、栗钙土、栗褐土等土壤剖面中均存在着碳酸钙含量不等、形态各异的钙积层。

（二）亚纲

亚纲是土纲的辅助级别，是在同一土纲内，根据所处水热条件、岩性、盐碱的重大差异来划分出不同的亚纲。一般地带性土纲按水热条件划分亚纲。如淋溶土纲，分成湿暖淋溶土亚纲、湿暖温淋溶土亚纲、湿温淋溶土亚纲和湿寒温淋溶土亚纲，它们之间的差别在于热量条件；又如钙层土纲中的半湿温钙层土亚纲和半干温钙层土亚纲，它们之间的差别在于水分条件。初育土纲按其岩性特征进一步划分为土质初育土和石质初育土。盐碱土纲根据土壤中盐分含量的多少划分为盐土亚纲和碱土亚纲。

（三）土类

土类是高级分类的基本分类单元。依据成土条件、成土过程与发生属性的共同性划分。同一土类的土壤，其成土条件和主要土壤属性相同。不同土类之间，其发生属性与层段有明显的差异。每一个土类要求：①具有一定的生态条件和地理分布区域；②具有一定的成土过程和物质迁移的地球化学规律；③具有一定的特征土层或其组合，如黑钙土不仅具有腐殖质表层还具有 $CaCO_3$ 积累的心土层。我国土壤分类系统中的 60 个土类，能较好表达中国主要土壤类型的典型特征，如砖红壤代表在热带雨林季雨林条件下，经历高度的化学风化过程，富含游离铁、铝的强酸性土壤。

（四）亚类

亚类是土类的续分，是在同一土类范围内，或由于发育阶段不同，或因处于不同土类间过渡地带发育的过渡类型，或在主导成土过程之外有附加成土过程。如潮土中的盐化或碱化潮土，黑土中的白浆化黑土，作为亚类划分。如黑土土类，其主导成土过程是腐殖质积累过程，由此主导成土过程所产生的典型亚类为典型黑土；而当地势平坦，地下水参与成土过程，则在心底土中形成锈纹锈斑或铁锰结核，此为潴育化过程，但这是附加成土过程，根据此过程划分出来的草甸黑土就是黑土向草甸土过渡的一个亚类。

（五）土属

土属是具有承上启下意义的土壤分类单元，是区域性成土因素导致的土壤性质发生分异的土壤分类单元。其划分依据是成土母质及风化壳类型、水文地质状况等所产生的土壤属性的变化。

（六）土种

土种是土壤基层分类的基本单元。它处于相同或相似景观部位，具有相似的土体构型的一群土壤实体。同一土种要求：①景观特征、地形部位、水热条件相同；②母质类型相同；③土体构型（包括厚度、层位、形态特征）一致；④同一土种的属性、量级指标相同，土种间的性状指标具有量级差异；⑤生产性和生产潜力相似，而且具有一定的稳定性，短期内不会改变。

依据中国土壤分类国家标准（GB/T 17296—2009）规定划分土类及以下各级，对土纲和亚纲分类和命名不作讨论。

二、土属的划分依据及各土类的土属划分

（一）土属的划分依据

1. 土属连续命名规则

① 凡以母质及风化壳类型及盐分类型划分的土属，其命名方式为母质（风化壳或盐分组成）＋亚类名（典型亚类则只取土类名），如麻砂质棕红壤、硫酸盐盐化潮土等。

② 以质地划分的土属，其命名方式为亚类名称的定性名词后面加上质地名称构成土属名称，如薄草毡砂土、湿草毡壤土、石灰性灰潮砂土等。

③ 水稻土的土属，其命名方式为亚类定性词（潴育水稻土不加）加上母质（母土）定性词再加"田"字构成，如浅紫泥田等。

亚类定性词：淹育水稻土的为"浅"；渗育水稻土的为"渗"；潜育水稻土的为"青"；脱潜水稻土的为"黄"；漂洗水稻土的为"漂"；咸酸水稻土的为"咸"。

耕灌和砂田两种人为活动方式的土属，其命名方式为耕灌或砂田＋亚类名，如砂田栗钙土。

2. 土属划分依据

（1）母质及风化壳类型

① 非水稻土

a. 红砂质指第三纪红砂岩残坡积母质的土壤。

b. 红泥质指第四纪红色黏土母质的土壤。

c. 涂砂质指砂质浅海沉积物母质的土壤。

d. 泥砂质指洪冲积物、冰川沉积物母质的土壤。

e. 暗泥质指玄武岩等中/基性岩残坡积物、火山灰（渣）母质的土壤。

f. 麻砂质指花岗岩或花岗片麻岩等酸性岩残坡积物母质的土壤。

g. 砂泥质指砂页岩、砂岩、砂砾岩等残坡积物母质的土壤。

h. 泥质指片岩、板岩、千枚岩、页岩等泥质岩残坡积物母质的土壤。

i. 硅质指砂岩、石英岩等硅质岩残坡积物母质的土壤。

j. 灰泥质指石灰岩、白云岩等碳酸岩类残坡积物母质的土壤。

k. 磷灰质指磷灰岩残坡积物母质的土壤。

l. 紫土质指紫色砂页岩残坡积物母质的土壤。

m. 黄土质指黄土及黄土状堆积物母质的土壤。

n. 红土质指第三纪红色黏土母质的土壤。

o. 风沙质指风积沙母质的土壤。

② 水稻土

a. 潮泥指发育于河流冲积物母质的水稻土。

b. 潮泥砂指发育于洪积物母质的水稻土。

c. 湖泥指发育于湖相沉积物母质的水稻土。

d. 涂泥指发育于海相沉积物母质的水稻土。

e. 淡涂泥指发育于河口相沉积物母质的水稻土。

f. 涂砂指发育于砂质浅海沉积物母质的水稻土。

g. 潮白土指发育于滨湖相沉积物母质的水稻土。

h. 麻砂泥指发育于花岗岩或花岗片麻岩等酸性岩残坡积物母质的水稻土。

i. 砂泥指发育于砂页岩残坡积物母质的水稻土。

j. 鳝泥指发育于泥岩、页岩、千枚岩等泥质岩残坡积物母质的水稻土。

k. 灰泥指发育于石灰岩、大理岩等碳酸岩类残坡积物母质的水稻土。

l. 紫泥指发育于紫色砂页岩残坡积物母质的水稻土。

m. 红砂泥指发育于第三纪红砂岩残坡积物母质的水稻土。

n. 红泥指发育于第四纪红色黏土母质的水稻土。

o. 黄泥指发育于山丘坡麓与高阶地古老洪冲积物母质的水稻土。

p. 马肝泥指发育于第四纪上更新世黄土母质、富钙黄色黏土母质的水稻土。

q. 暗泥指发育于玄武岩等中、基性岩残坡积物母质的水稻土。

r. 白粉泥指发育于硅质砂页岩残坡积物母质的水稻土。

s. 黄土指发育于黄土状母质的水稻土。

（2）质地 以100cm土体内细土质地大类（砂黏程度）联合土体内砾石含量来划分。主要包括两大类。

① 少砾土壤质地大类 当表土以下至100cm土体内>2mm砾石含量<15%（体积百分比）时，根据0~100cm土体内细土的主体质地（国际制）划分为砂质、壤质、黏质3个质地大类以及1个泥质混合质地。砂质指细土质地为砂土类的土壤，包括砂土、壤砂土、砂壤土的土壤；壤质指细土质地为壤土类的土壤，包括壤土、粉砂质壤土、砂质黏壤土、黏壤土、粉砂质黏壤土；黏质指细土质地为黏土类的土壤，包括砂质黏土、壤质黏土、粉砂质黏土、黏土、重黏土；泥质土壤质地为壤土、黏壤土、粉砂壤土、砂黏壤土、粉黏壤土或黏土、粉质黏土、砂质黏土。具体划分方法如下。

a. 当100cm土体内以某一质地大类为主，且其厚度超过50cm时，该质地大类即为主体质地类型，命名为砂质，或壤质或黏质。

b. 当100cm土体内存在两种主要质地类型，且均在50cm左右时，以表层0~50cm质地类型来命名。

c. 如果100cm土体内没有一个土层质地大类超过50cm，就以整体平均质地状况来表示，并优先用0~50cm土壤质地状况来表示。

② 多砾土壤质地大类 当表土以下至100cm土体内>2mm砾石含量≥15%（目测体积百分比），则称为砾质，连同细土质地一起确定质地大类。

a. 砾砂质指细土质地为砂土类，而且>2mm砾石含量>15%。

b. 砾壤质指细土质地为壤土类，而且>2mm砾石含量>15%。

c. 砾黏质指细土质地为黏土类，而且>2mm砾石含量>15%。

d. 砾泥指细土质地为泥质类，而且>2mm砾石含量>15%。

（3）人为活动 人为活动主要指长期农作利用条件引起土壤发生发育的变化，有2种类型：耕灌和砂田，作为土属的划分依据之一。

耕灌指在耕灌利用条件下发育的土壤。耕灌是在漠境地区土壤上，灌溉耕种熟化的过程。

砂田指在砂田利用条件下发育的土壤。是在地面上用卵石、砾、粗砂和细砂的混合物或单体，铺设厚度不同的（5～15cm）覆盖层的农田，并采用一整套特制的农具和独特的耕作种植技术。

（4）盐分组成　盐渍化土壤以盐分组成划分土属。盐分组成主要包括以下4个方面。

① 氯化物指盐分组成以氯化物为主，盐分当量比值 $Cl^-：SO_4^{2-}>1$。

连续命名示例：氯化物盐化潮土，氯化物盐化草甸土。

② 硫酸盐指盐分组成以硫酸盐为主，盐分当量比值 $SO_4^{2-}：Cl^->1$。

连续命名示例：硫酸盐盐化潮土，硫酸盐盐化草甸土。

③ 苏打指盐分组成以碳酸盐和碳酸氢盐为主，盐分当量比值 $(CO_3^{2-}+HCO_3^-)>(SO_4^{2-}+Cl^-)$。

连续命名示例：苏打盐化潮土，苏打盐化草甸土。

④ 镁质指盐分组成以 CO_3^{2-} 和 HCO_3^- 为主，Mg^{2+} 浓度高于 Ca^{2+} 浓度，具有明显的镁质碱化特征，呈强碱性，对植物危害性强。

连续命名示例：镁质盐化草甸土。

（二）各土类的土属划分

不同的土类和亚类，土属的划分依据不尽一样。如典型棕壤亚类下，根据母质和风化壳类型分为麻砂质棕壤、硅质棕壤、砂泥质棕壤、灰泥质棕壤、黄土质棕壤等土属。盐土根据盐分组成划分为硫酸盐盐土、氯化物盐土、苏打盐土等。附表A列出各土类下土属划分的主要依据。

附表A　各土类下土属的划分依据

土类	土属划分依据	土属示例
砖红壤	母质	红泥质砖红壤
赤红壤	母质	硅质赤红壤
红壤	母质	红砂质红壤
黄壤	母质	紫土质黄壤
黄棕壤	母质	黄土质黄棕壤
黄褐土	母质	泥砂质黄褐土
棕壤	母质	黄土质棕壤、麻砂质棕壤
暗棕壤	母质	黄土质暗棕壤、硅质暗棕壤
白浆土	母质	泥砂质草甸白浆土
棕色针叶林土	母质	麻砂质棕色针叶林土
灰化土	母质	麻砂质灰化土
燥红土	母质	麻砂质燥红土
褐土	一般用母质，塿土例外	黄土质褐土、油塿土、垆塿土、立茬塿土、斑斑土、塿墡土
灰褐土	母质	黄土质灰褐土
黑土	母质	暗泥质黑土
灰色森林土	母质	风砂质灰色森林土

土类	土属划分依据	土属示例
黑钙土	母质或盐分组成	黄土质黑钙土
栗钙土	母质、人为活动或盐分组成	泥质栗钙土、白干栗钙土、砂田栗钙土、硫酸盐栗钙土
栗褐土	母质	麻砂质栗褐土
黑垆土	土属直接沿用亚类名称，不细分	黏化黑垆土
棕钙土	母质或盐分组成	暗泥质棕钙土，氯化物棕钙土
灰钙土	母质、人为活动或盐分组成	泥砂质灰钙土，氯化物灰钙土，砂田灰钙土
灰漠土	母质或盐分组成	黄土质灰漠土，氯化物灰漠土
灰棕漠土	母质	泥砂质灰棕漠土
棕漠土	母质或盐分组成	泥砂质棕漠土、硫酸盐棕漠土
黄绵土	质地	绵土(砂质壤土)、绵砂土(壤质砂土)、绵墡土(壤质)、黄墡土(黏壤土)
红黏土	母质或积钙特征	积钙红黏土、麻砂质复盐基红黏土
新积土	洪冲积类型,石灰性或质地	山洪土、堆垫土、坝淤土、漫淤土、冲积壤土、石灰性冲积砂土
龟裂土	盐碱类型	盐龟裂土、碱龟裂土
风沙土	流动/固定状态	荒漠半固定风沙土、草原流动风沙土
石灰(岩)土	土属直接沿用亚类名称,不细分	红色石灰土(红灰土)
火山灰土	质地或沿用亚类名称不细分	基性岩火山泥土(焦泥土)
紫色土	质地	酸紫壤土
磷质石灰土	不细分	磷质珊瑚砂土
粗骨土	母质/岩性	泥质酸性粗骨土
石质土	母质/岩性	麻砂质酸性石质土
草甸土	质地或盐分组成	草甸砂土,氯化物草甸土
潮土	质地、石灰性或盐分组成	潮黏土、石灰性潮砂土
砂姜黑土	颜色、覆泥(淤)或盐碱类型	黄姜土、覆泥黑姜土、碱黑姜土
林灌草甸土	耕灌类型或盐分组成	耕灌林甸土、硫酸盐盐化林灌草甸土
山地草甸土	质地	山地灌丛草甸砂土
沼泽土	土属直接沿用亚类名称,不细分	腐泥沼泽土(腐泥土)
泥炭土	埋藏位置或直接沿用亚类名称	埋藏草炭土、中位泥炭土
草甸盐土	盐分组成	苏打草甸盐土
滨海盐土	主要为质地	滨海砂盐土
酸性硫酸盐土	土属直接沿用亚类名称,不细分	含盐酸性硫酸盐土
漠境盐土	盐分组成	硫酸盐残余盐土
寒原盐土	盐分组成	氯化物寒原盐土
碱土	盐分组成	硫酸盐盐化碱土
水稻土	母质或盐分组成	砂泥田、氯化物涂砂田
灌淤土	质地	灌淤壤土

土类	土属划分依据	土属示例
灌漠土	质地	灌漠壤土
草毡土	质地	草毡砂土
黑毡土	质地	黑毡壤土
寒钙土	质地和含盐情况	暗寒钙壤土
冷钙土	质地和含盐情况	冷钙砾砂土
冷棕钙土	质地	冷棕钙壤土
寒漠土	质地	寒漠砂土
冷漠土	质地	冷漠砾砂土
寒冻土	土属直接沿用亚类名称,不细分	寒冻土

（三）土种划分的原则与依据

1. 土种的命名

土种命名尽量采用连续命名,并统一命名顺序。采用连续命名的土种名,需要专门列出或说明保留原土种的简名(地方命名)。

2. 土种划分的指标

(1) 土体厚度　土体厚度是地表到基岩的厚度。山地丘陵区土壤,尤其是岩石风化物上发育的地带性山地土壤,土体厚度是划分土种的重要指标。

① 覆淤土层厚度划分指标与命名

a. 薄淤层:＜20cm。连续命名示例:薄淤潮黏土。

b. 厚淤层:20～50cm。连续命名示例:厚淤潮黏土。

c. 淤土层:＞50cm。按照灌淤土土类的命名方法进行命名。

主要适用范围为有灌淤土层的土壤。覆淤土层小于50cm,按覆淤层下部土壤命名土种,包括灌淤潮土亚类;覆淤土层大于50cm,属灌淤土土类。

② 丘陵山地土壤的土体厚度划分指标与命名

a. 薄土层:热带亚热带土壤＜40cm,其他地区土壤＜30cm。连续命名示例:薄层灰泥质黑钙土,薄层灰泥质栗钙土。

b. 中土层:热带亚热带土壤40～80cm,其他地区土壤30～60cm。连续命名示例:中层灰泥质黑钙土,中层灰泥质栗钙土。

c. 厚土层:热带亚热带土壤＞80cm,其他地区土壤＞60cm。连续命名示例:厚层麻砂质黑钙土,厚层灰泥质栗钙土。

主要适用范围:铁铝土纲、淋溶土纲和半淋溶土纲的部分土类,钙层土纲的黑钙土、栗钙土、栗褐土、棕钙土、灰钙土土类和初育土纲中的石灰(岩)土、紫色土、粗骨土等土类。

(2) 腐殖质层厚度　指表层土壤腐殖质层厚度。其划分指标与命名如下文介绍。

① 薄腐(薄层腐殖质):＜30cm(黑土、草甸土、黑钙土、灰色森林土、白浆土土类),或者＜20cm(其他土类)。

连续命名示例:薄腐黄土质黑钙土,薄腐中层壤质石灰性草甸土,薄腐黄土质灰褐土。

② 中腐（中层腐殖质）：30～60cm（黑土、草甸土、黑钙土、灰色森林土、白浆土土类），或者 20～40cm（其他土类）。

连续命名示例：中腐黄土质黑钙土，中腐中层壤质石灰性草甸土，中腐黄土质灰褐土。

③ 厚腐（厚层腐殖质）：＞60cm（黑土、草甸土、黑钙土、灰色森林土、白浆土土类），或者＞40cm（其他土类）。

连续命名示例：厚腐黄土质黑钙土，厚腐中层壤质石灰性草甸土，厚腐黄土质灰褐土。

（3）砾质度　山地地带性土壤多在不同岩石风化物的残坡积物和洪积物上发育，土体中经常含有砾石，这类土壤一般考虑以砾质度作为土种划分指标之一。其划分指标与命名［按土体中＞2mm 的砾石含量（体积％）］如下文介绍。

① 轻砾质：＜15％。连续命名示例：轻砾薄层麻砂质褐土性土。

② 重砾质：15％～50％。连续命名示例：重砾薄层麻砂质褐土性土。

③ 粗骨质：＞50％。连续命名示例：粗骨质麻砂质褐土性土。

主要适用范围：适用于土体中砾石含量较多的土壤类型，并常与土体厚度或腐殖质层厚度命名土属联用。

（4）障碍土层的部位　障碍土层指 0～100cm 土体内出现的对根系穿插、土壤水分运移或耕作等形成阻碍的层次，包括厚度大于 10cm 的黏磐层、砂姜层、砂砾层、钙积层、白浆层或白土层、石膏层、潜育层、覆泥层、埋藏层等；厚度大于 2cm 铁磐；厚度大于 5cm 钙磐等。障碍层次出现部位可作为相关土壤的土种划分依据。其划分指标与命名如下文介绍。

① 浅位。白浆层出现在地表向下 30cm 以内；其他障碍层次出现在地表向下 50cm 以内的。

② 深位。白浆层出现在地表向下 30cm 以下；其他障碍层次出现在地表向下 50cm 以下的。

连续命名示例：薄腐浅位黄土质白浆土、厚腐深位黄土质白浆土、薄腐浅位黄土质黑钙土、薄腐深位黄土质黑钙土等。

主要适用范围为有上述障碍土层的土壤类型，以及淋溶土纲和半淋溶土纲的部分土类，钙层土纲的黑钙土、栗钙土、栗褐土、棕钙土、灰钙土土类和初育土纲中的石灰（岩）土、紫色土等土类。

（5）表层质地与土体质地构型　土体深厚的平原冲积或洪冲积土壤，按 100cm 土体质地差异划分的不同土种。

依表层 0～20cm 的土壤质地以及 100cm 土体质地层次排列可划分为均质型、夹层型、身型、底型。

① 均质型指 100cm 土体为同一质地类型；用"均××"表示。连续命名示例：均砂壤质脱潮土。

② 表层土壤质地＋夹层型，指土体 30～50cm 处夹有＞20cm 厚的另一质地类型；用"××夹××"表示。

连续命名示例：壤质夹黏石灰性潮土。

③ 表层土壤质地＋身型，指 30～100cm 为不同于其上部土壤质地的另一质地类型；用"体××"表示。

连续命名示例：黏壤质体砂草甸土。

④ 表层土壤质地＋底型，指 60cm 以下为另一质地类型；用"底××"表示。

连续命名示例：黏壤质底砂草甸土。

国际制共计 12 级质地分级。为避免质地太细而过度划分土种，采用国标 5 个质地分级划分，即：砂质、砂壤质、壤质、黏壤质、黏质。所谓土体质地构型中质地类型差异指上下层质地类型差异相差两个级别以上，如砂质与壤质或更黏、砂壤质与黏壤质或更黏；如果只相差一个级别，则按均质处理，如上下层质地类型分别为砂质和砂壤质，或壤质和黏壤质等。表层质地与下层质地类型的差异与上述规定相同。

主要适用范围：潮土、草甸土、灌漠土、灌淤土、草甸盐土、滨海盐土、碱土、水稻土、风沙土等冲洪积物母质土壤。

（6）盐渍度　此指标主要是各个盐土土类和盐化亚类采用，需测试化验后进行划分。不同地区的划分指标如下。

① 滨海地区按 1m 土体盐分含量划分

a. 轻盐化 1～2g/kg，连续命名示例：轻度氯化物盐化潮土。

b. 中盐化 2～4g/kg，连续命名示例：中度氯化物盐化潮土。

c. 重盐化 4～6g/kg，连续命名示例：重度氯化物盐化潮土。

d. 滨海盐土＞6g/kg，连续命名示例：滨海泥盐土。

主要适用范围：滨海地区的盐土土类和盐化亚类。

② 半湿润地区按地表 0～20cm 土层的盐分含量划分

a. 以氯化物为主的盐渍土壤，盐分当量比值 $(SO_4^{2-}+Cl^-)>(CO_3^{2-}+HCO_3^-)$，$Cl^->SO_4^{2-}$

（a）轻盐化 2～4g/kg，连续命名示例：轻度氯化物盐化栗钙土。

（b）中盐化 4～6g/kg，连续命名示例：中度氯化物盐化栗钙土。

（c）重盐化 6～10g/kg，连续命名示例：重度氯化物盐化栗钙土。

（d）氯化物盐土＞10g/kg，连续命名示例：氯化物草甸盐土。

b. 以硫酸盐为主的盐渍土壤，盐分当量比值 $(SO_4^{2-}+Cl^-)>(CO_3^{2-}+HCO_3^-)$，$SO_4^{2-}>Cl^-$

（a）轻盐化 3～5g/kg，连续命名示例：轻度硫酸盐盐化潮土。

（b）中盐化 5～7g/kg，连续命名示例：中度硫酸盐盐化潮土。

（c）重盐化 7～12g/kg，连续命名示例：重度硫酸盐盐化潮土。

（d）硫酸盐盐土＞12g/kg，连续命名示例：硫酸盐草甸盐土。

c. 以苏打为主的盐渍土壤，盐分当量比值 $(CO_3^{2-}+HCO_3^-)>(SO_4^{2-}+Cl^-)$

（a）轻盐化 1～3g/kg，连续命名示例：轻度苏打盐化潮土。

（b）中盐化 3～5g/kg，连续命名示例：中度苏打盐化潮土。

（c）重盐化 5～7g/kg，连续命名示例：重度苏打盐化潮土。

（d）苏打盐土＞7g/kg，连续命名示例：苏打草甸盐土。

主要适用范围：半湿润地区的盐土土类和盐化亚类。

第七章

2022年土壤普查试点工作

_____

第一节　试点县工作概述

2022年，招远市被确定为88个第三次全国土壤普查试点县之一，招远迅速成立了第三次土壤普查工作领导小组并下设普查办公室（以下简称"三普办"），按照《国务院第三次全国土壤普查领导小组办公室关于印发第三次全国土壤普查试点工作方案和第三次全国土壤普查试点实施指南的通知》（国土壤普查办〔2022〕2号）、《山东省人民政府关于组织开展山东省第三次土壤普查的通知》（鲁政发〔2022〕5号）、《山东省第三次土壤普查领导小组办公室关于印发〈山东省第三次土壤普查实施方案〉的通知》（鲁土壤普查办发〔2022〕2号）等文件精神和要求，结合实际，研究编制了《招远市第三次全国土壤普查试点工作实施方案》，明确普查对象与内容、主要工作、进度安排、经费预算、保障措施等，为高质高效开展第三次全国土壤普查试点工作提供组织保障和经费保障。

按照国家三普办发布的技术规程相关要求，招远三普办对土壤普查外业样品采集和信息调查实施全程质量控制，要求承担样品制备、样品检测任务的实验室制订详尽、切实可行的质控措施和方案，开展内部质量控制；对外业调查采集的土壤样品全部留存备样，通过对留存样品的抽检，验证检测实验室检测质量，实现检测环节内部质量控制。同时，积极配合国家、省级质控实验室开展质量监督抽查，重点做好外业调查采样、样品制备、样品检测等环节质量控制。

按照《第三次全国土壤普查试点县成果清单及形成方法（试行）》要求，形成了数据成果、数字化图件成果、文字成果、数据库成果和样品库成果等。在完成规定成果的基础上，开展特色农产品产地土壤特征分析，依托全国、省土壤普查信息化工作平台，建立符合招远市实际情况的数据库，建设兼具存储、展示、宣传、科教等功能于一体的土壤样品库。

第二节　科学规划部署

为切实做好第三次全国土壤普查工作，根据国家、省、烟台市相关文件精神要求，组织建立土壤普查领导小组及办公室，研究编制方案，开展第三次全国土壤普查试点工作，摸清土壤类型及分布规律，准确掌握土壤质量、立地条件和利用状况等基础数据，完成采样调查、测试化验和成果汇总等工作，为第三次全国土壤普查工作全面铺开提供试点经验。

招远共布设851个样点，其中，耕地615个、园地184个、林地42个、草地10个。县级承担828个表层样点的调查采集，828个表层样点和23个剖面样点的样品制备、检测任务，及成果汇交汇总工作。

科学规划部署，紧抓时间节点，推进各项任务有序完成。一是表层样点调查采集。抢抓秋收秋种关键时节，提前规划调查采样路线，利用12个工作日完成828个表层样点的调查采样工作，共计采集表层土样828个、土壤容重样品828个、水稳性大团聚体249个。二是剖面样点调查采集。配合省级剖面调查采样队，利用5天时间，完成23个剖面样点的调查采样工作，共采集剖面发生层样品86个、土壤容重样品79个、水稳性大团聚体23个、整段土壤标本13个，其中，我市样品库自留展示样本7个、邮寄国家3个、省级样品库3个、纸盒土壤标本23个。

一、基础资料收集与整理

根据国务院第三次全国土壤普查领导小组办公室印发的相关规程规范要求，为了顺利完成招远市土壤普查工作，收集了各类基础资料，如土壤二普土壤图、《招远县土壤志》、基础地理数据、高标准农田数据等图件、文字和影像资料，大大提高了各项普查工作的效率与质量。

二、土壤调查与采样

土壤调查与采样分为表层样点调查与采样和剖面样点调查与采样2个部分。

（一）样点调查与采样

1. 表层样点调查与采样

一是确定外业调查采样队。通过政府公开采购方式，确定海天地信科技有限公司承担招远市土壤普查外业调查与采样工作。明确外业调查采样工作配备10支采样队，每支采样队伍由5名人员组成，其中每支队伍中的技术领队应具有土壤学专业相关背景，并持有山东省土壤普查办颁发的培训合格证书。

二是配备外业质控工作组。为确保外业调查采样工作质量，强化内部质量控制，每个采样队配备外业质控工作小组，每个质控工作小组由2名专业技术人员组成，且均获得山东省土壤普查办颁发的合格证书。

三是科学规划采样任务。利用天地图等工具，并与各镇街相关负责人核实，对布设在我市的 828 个表层样点按所属镇街进行分类管理。遵循"样点集中、同步开展"原则，分 2 个阶段 3 个批次将样点任务批量下发给 10 个外业调查采样队，其间根据外业调查采样进度，进行动态任务调整，提高外业采样工作效率。

四是抢抓农时"窗口期"。科学研判，合理部署，结合农时节气和农业生产实际，分批开展耕地、园地、林地和草地外业调查采样工作。2022 年 9 月 20～26 日，共用时 7 天完成了 583 个耕地（旱地、水浇地）表层样点外业调查采样工作，2022 年 10 月 9～13 日，共用时 5 天完成了 245 个园地、林地、草地表层样点外业调查采样工作。在外业调查与采样过程中，首先完成样点定位和局地代表性核查，采用"S"形布点法布设混合土样取土中心点位，每个样点取 10 个混合点进行取样混合，严格按照技术规程要求，完成样品打码装袋并留存备样。

五是建立三级联动模式。建立了县、镇街、村三级联动模式，聚集了多方优势，大幅度提升了外业调查采样的速度和质量。共刊发了 14 期招远市第三次土壤普查工作简报、8 期短视频简报，同时将第三次土壤普查工作进展实时对外公布，提高了社会知晓度，凝聚了各方力量，推动三普外业调查采样工作圆满完成。

2. 剖面样点调查与采样

土壤剖面样点调查与采样工作由省三普办委托山东农业大学资环学院专家组负责开展。

山东农业大学资环学院诸葛玉平院长率 16 人专家团队，分 4 个调查采样队，采取前期"1＋3"、中期"2＋2"、后期全面调查采样的模式，利用 5 天时间迅速高效完成 23 个剖面样点调查采集工作。共采集剖面发生层样品 86 个、土壤容重样品 79 个、水稳性大团聚体 23 个、整段土壤标本 13 个。本次剖面样点调查采集涉及典型土壤主要有：酸性粗骨土、典型棕壤、典型潮土、潮棕壤、中性粗骨土等。

（二）样品保存

一是送检样品保存。招远市三普办安排样品储存库临时存放外业调查采集的样品，指定样品储存库管理员，负责采样队采集样品存放管理，做好每日采集的表层土壤样品存放及登记工作，样品袋内外均留有样点基本信息，便于扫码流转。

二是自留样品保存。招远市三普办为了能够更好地保留此次普查成果，将采集的 828 个表层土壤样品进行留存保管。安排专人负责将外业调查采样队当日所采集土壤样品进行室内自然风干，自然风干土壤样品装入密封袋后，再放入样品采集布袋内装箱集中存放于样品库房内。

（三）样品流转

一是表层土壤样品流转。外业调查采样队安排专人负责样品流转工作，按照两天流转一批土样的频率，将县级审核通过的 828 个表层样点采集的土壤样品进行扫码流转，第三方调查采样队在样品流转前，汇总样品流转信息，形成样品流转清单。

二是剖面土壤样品流转。招远市积极配合山东省剖面调查采样队完成土壤剖面样品流转工作，并形成了样品流转清单存档备案。

三、样品制备

通过竞争性磋商招标方式，确定山东天元盈康监测评价技术有限公司，对招远市 828 个表层样点、23 个剖面样点的表层土壤混合样品、剖面土壤发生层样品、水稳性大团聚体样品等进行制备。样品制备流程严格按照《土壤样品制备与检测技术规范（试行）》中有关操作防范进行。

四、样品检测

通过政府公开招标方式，确定潍坊信博理化检测有限公司承担土壤样品检测任务。按照第三次全国土壤普查技术规范及平台导出数据要求，检测土壤表层样品（828 个点位）：耕地园地样品 774 个点位检测 30 项，2 个点位检测 40 项，林地草地样品 52 个点位检测 11 项，共计检测 23872 项次；土壤剖面样品检测（23 个点位，86 个发生层）：9 个样品检测 45 项、40 个样品检测 44 个项、17 个样品检测 44 项、20 个样品检测 43 项，共计检测 3773 项次；水稳性大团聚体 272 个，其中，表层样点 249 个，剖面样点 23 个；土壤容重样品 907 个，其中，表层样点 828 个，剖面样点 79 个。各项检测指标与分析方法均按国家相关技术规范要求执行。

五、成果汇交汇总

（一）数据与数据库成果

主要包括：行政区划图、土地利用现状图、土壤图、地形图、遥感影像等基础数据；样点数据、调查采样数据、样品流转数据、检测分析数据等过程数据；土壤类型图、属性图、专题图、成果报告等成果数据；集成基础数据、过程数据和成果数据，组织、存储和管理数据的数据库成果。

（二）数字化图件成果

主要包括：土壤类型图、土壤属性图、土壤农业利用适宜类评价图、宜耕地质量等级图、县级土壤采样点分布图、土壤酸化分布图。

（三）文字成果

主要包括：招远市土壤三普工作报告、技术报告、数据专题分析报告、《招远土壤志》及《招远土壤与特色农产品》。

（四）土壤样品库

建设土壤样品库，存放展示整段土壤标本、纸盒土壤标本、土壤表层样品及特色农产品。构建招远市土壤普查成果管理应用系统，全面汇集本次土壤三普各项数据成果，提供数据管理、查询、浏览及可视化、数据分析、相关成果应用等功能。

第三节　内外质量控制

一、表层样点调查与采样质量控制

一是内部质控。表层样点调查采集工作由中标单位承担，并组建 10 个外业调查采样队伍，每支队伍配备 1 名质量检查员，负责表层样点调查采集过程内部质量保证与质量控制；招远市三普办配备外业质控工作组，每个采样队配备 1 个工作小组，每个质控工作小组配备 2 名县级专业技术人员，对外业调查采样队开展全程内部质控检查，确保外业调查采样质量。

二是外部质控。配合省级质控专家组开展表层样点质控抽查，文件资料审查点 42 个、审查比例 5.1％；省质控专家组分 2 次对招远市耕地、园地表层土样采集过程开展现场质控，现场检测点 5 个，检查比例 5.9‰，省级质控专家组对招远市外业调查采集各环节标准化、规范化操作给予一致肯定。

二、剖面样点调查与采样质量控制

山东省第三次全国土壤普查试点土壤剖面样点调查与采样由省普查办统一组织开展，试点县全面协助。招远市土壤剖面样点调查与采样工作由省级直接委托山东农业大学负责。每个调查采样队配备 1 名质量检查员，全程对样品采集和数据填报进行内部质量控制。质量检查员为山东农业大学副高级职称以上专任教师，均具有土壤学专业背景，并长期从事土壤学教学科研工作。质量检查员核查采样点位确定的合理性，全程参与样品的采集，确保样品采集的规范性。对 APP 系统填报的数据及采集的照片，做到 100％自查，确保数据填报的准确性。对采样过程中遇到的共性问题，集中讨论，确定解决办法。并与省级质控单位保持联系，确保剖面样品采集工作的顺利开展。

三、内业质量控制

按照《土壤样品制备与检测技术规范（试行）》文件要求，对招远市采集的土壤样品制备、保存、流转、分析测试、数据审核等工作进行了内部质控和外部质控。

（一）内部质控

1. 样品制备质量控制

制备实验室严格按照《土壤普查全程质量控制技术规范（试行）》有关要求，严把样品制备、样品保存、样品流转等环节质量控制。

为保证样品制备工作的质量，制备单位设置制备组和内审组，制备组担任自查工作，对制备环节涉及批次进行 100％自查，自查内容包括每一个样品核实其送样及留样重量是否达标，砂石率计算是否准确，损失率是否达标，制备过程操作是否规范等。内审组抽取不少于 5％的制备样品进行内审，对于不合格的样品进行返工，同时内审组审核一定比例的制样过程，核实其操作过程是否规范，是否避免了交叉污染等。定期检查样品标签，严防样品标签模糊不清或脱落丢失。

样品制备时现场填写土壤样品制备记录表，相关制备信息上报土壤普查工作平台。受场所限制不能集中风干时，确保每个分散风干的场所满足本规范要求，每天安排制备小组成员负责日常监督管理。

2. 样品检测质量控制

依据《土壤普查全程质量控制技术规范（试行）》《检验检测机构资质认定管理办法》《检验检测机构资质认定能力评价暨检验检测机构通用要求》《检测和校准实验室能力的通用要求》等具体要求，检测实验室结合实际过程，建立并实施质量管理体系，保证检测过程全程质控。

检测前，检测员采用"样品流转 APP"扫码登记土壤样品，并完成对所选用检测方法的检出限、精密度、正确度、线性范围等方法各项特性指标的方法验证报告。检测时，每组添加两个空白样品试验；校准曲线相关系数满足 $r > 0.999$；连续进样分析时，每检测 15 个样品和本批次最后一个样品测定完成时测定一次校准曲线中间浓度点，确认分析仪器校准曲线是否发生显著变化；每批次分析样品中，每 10 个分析样品进行平行双样分析，如每组最后一个样品不够 10 个，统一最后一个样品做平行样分析；每批样品分析时插入含量高、低两组有证标准物质（标准土）进行检测；当出现检测数据异常时，对实验室精密度和正确度进行检查。检测完成后，填写原始记录，由检测人员、校核人员、审核人员三级签字确认，确保检测结果准确无误。

（二）外部质控

制备实验室在样品制备、保存和流转等环节接受省级质控实验室现场检查、资料抽查及远程视频监控检查。配合质控单位完成现场样品转码、插入密码样和平行样等组批工作。制备实验室同时配合国家级和省级质量控制实验室开展质量监督检查。

检测实验室在内部质量保证与质量控制基础上，配合国家级质量控制实验室和省级质量控制实验室做好密码平行样、质控样品检测，完成能力验证、留样抽检、飞行检测等工作，提交实验室质控报告。

第四节 高效组织管理

一、组织管理情况

（一）解读三普文件，加强组织建设

承担第三次全国土壤普查试点工作以来，认真研读国家、省、烟台市各级三普办相关文件政策要求，通过政府信息平台对外解读三普相关政策，形成了负责人解读、文字解读等政策解读文件，提高了三普工作社会认知度。

按照国家、省、烟台市三普办的相关文件要求，招远市成立了由市政府分管领导任组长的招远市第三次土壤普查领导小组，组建了招远市土壤"三普办"，内设综合组、技术组、保障组 3 个工作组，负责三普工作的具体组织、协调、调度、督导。下发了《关于组

织开展招远市第三次土壤普查的通知》《招远市第三次土壤普查领导小组办公室组建方案》《招远市第三次全国土壤普查试点工作实施方案》等一系列文件，构建了农业农村、财政、自然资源、统计等多部门协同，各镇街配合的组织框架，形成了协同推进工作机制。

（二）组建质控队伍，提高普查质量

为了保证采样质量，创建了全程质控的工作模式，组建了 10 支三普质控工作组，对采样定位准确性、采样点位代表性、采样点布设合理性、采样深度、土壤样品装袋等关键环节开展全程质控，并负责与各镇街农技人员对接工作流程。

（三）组织多级培训，提升技术水平

质量是土壤普查工作的"生命线"，外业调查采样作为普查的首项工作，极为关键，是高标准完成土壤普查任务的重要保证，为高质量完成招远市土壤普查试点工作，招远市三普办组织专业技术人员参加各级培训，全面提升参与人员普查技术能力。

1. 国家级培训

三普办组织专业技术人员参加国务院第三次全国土壤普查领导小组办公室举办的2022 年土壤普查技术线上＋线下培训班 4 期，全面学习三普工作流程、技术规程及规范要求、外业调查采样、采样终端应用、内业测试化验、剖面样品采集等内容，理清工作思路，为招远市三普工作有序开展奠定基础。招远市 2 名专业技术人员顺利通过国家三普办考核合格名单。

2. 省级培训

三普办组织第三次土壤普查工作的专业技术人员和外业调查采样队人员 80 余人通过线上＋线下方式参加了山东省第三次全国土壤普查外业采样调查技术培训班暨烟台市第三次全国土壤普查启动会议，其中 77 人获得省级三普办颁发的考核合格证书。本次会议采取现场培训＋室内教学相结合的方式对参与人员进行培训。实操培训现场，省三普办外业组组长就外业调查采样中不同利用类型土壤样品采集操作规范、手持终端系统填报、调查采样注意事项等进行全面讲解，山东农业大学娄燕宏教授以室内教学方式就第三次全国土壤普查野外调查与采样规程进行了更深层次的讲解授课，通过本次培训，提升了外业调查采样队伍和招远市专业技术人员外业调查采样实操技术水平。

3. 县级培训

三普办结合实际情况，共组织开展了县级培训 6 次。

一是邀请"二普"老专家现场传授经验的三普技术研讨会。聘请全程参与第二次全国土壤普查的高级农艺师吴德敏任技术顾问，深入解读第二次土壤普查工作条件、工作精神及取得的成果，并结合土壤类型和分布等特点，传授了土壤的形成、母质、分类、区域分布等相关知识，详细讲解了第三次全国土壤普查样品的采集、处理，不同作物类型采样的深度、规模等内容。

二是三普外业调查采样质控培训会议。三普办组织 10 支内部质控工作小组进行质控培训，明确质控工作小组任务，协助外业调查采样队做好施肥调查等系统信息填报，督导外业调查采样队严格内部质量控制，提高外业调查采样队调查采样质量及工作效率。

三是三普外业调查采样对接会议。三普办组织10支调查采样队与10支内部质控工作小组进行对接交流，确定两队人员分配，提前规划外业调查采样相关工作，做好与各镇街、村负责人员对接沟通，提高工作效率，为外业调查采样科学高效开展奠定基础。

四是三普外业调查采样现场实操演练会议。三普办组织土壤普查专家对10支外业调查采样队全体人员进行现场实操培训，实地对外业调查采样人员教授调查采样规范操作流程、调查信息填报等内容，通过现场实操演练培训，提升了外业调查采样人员外业调查采样能力水平，提高采样过程质量。

五是三普外业调查采样（园地、林地、草地）技术培训班。外业调查采样工作分耕地（旱地、水浇地）样点，园地、林地和草地样点调查采样两个阶段，三普办组织有丰富园地管理经验的2位农业技术推广研究员就园地土壤采集方法及注意事项对招远市土壤三普工作小组全体成员和外业调查采样队队员80余人进行培训。通过本次培训外业调查采样队及质控工作小组对果园施肥方法、园地表层土壤调查采集有了更深入的了解，明确园地、林地和草地调查采样过程应注意的事项，强化内部质量过程控制。

六是土壤剖面调查采样研讨会。山东农业大学资环学院诸葛玉平院长带领省级剖面调查采样专家组与三普办主要成员进行交流研讨。双方主要就招远市土壤类型、样点布设情况、采样队伍情况、采样工作部署、整段土壤标本和纸盒土壤标本采集数量等进行了深入交流，明确剖面样点调查采集时限和工作计划，推进招远市剖面样点调查采集工作高效开展。

二、年度经费及实施情况

为了保障第三次全国土壤普查试点工作有序开展，对各项工作开展所需费用进行了初步预算，并及时申请经费保障，经费来源为中央财政资金200万元、省级财政资金200万元、县级财政资金328万元，共计728万元，主要用于外业调查采样、土壤样品制备和检测、成果汇交汇总（数据成果、数字化图件成果、文字成果、数据库和样品库成果等）、培训、物资配置、生活等后勤保障、现场督导检查、普查成果资料出版印刷及普查成果验收等方面。

第五节　工作经验及问题建议

一、工作经验

（一）加强阶段培训，提升普查能力

一是前期，集中学习国家技术规程、技术规范，参加各级工作推进会议、线上＋线下技术培训、座谈交流会议，明确"三普"工作思路与目标、普查对象与内容、技术路线与工作步骤、主要成果形成等内容，为招远市方案制定、工作开展奠定基础。二是中期，在外业调查采样工作开展前，以室内学习＋实操培训相结合的方式，对专业技术人员、外业调查采样队进行大田、果园采样现场培训，明确工作计划、流程，提升外业调查采样队伍

调查采样能力，提高外业工作效率。三是后期，在开展园地、林地、草地外业调查采样工作前，组织外业调查采样队再培训，对前期大田调查采样过程中发现的问题，进行分析总结，及时培训更正，避免后期工作出现同样不规范操作，影响工作效率。

（二）联合多股力量，提高普查效率

主要联合三股力量。一是县级的"监督力"。组建 10 支外业质控工作小组，负责全程监督外业调查采样队是否"标准化"操作，确保外业调查采样工作质量，同时负责与各镇街农技人员对接采样计划，提前规划采样路线。二是镇街的"协调力"。各镇街农技人员配合县级质控工作小组，按照样点任务，提前联系样点所在村负责人，确保样点之间"无缝衔接"，提高采样工作效率。三是村级的"配合力"。招远市 851 个土壤样点所在村的村级负责人积极配合县、镇街级农业技术人员开展外业调查采样工作，提前沟通联系样点地块农户到场等待，大大缩短了采样时间。对采样点的农户，印制下发"致第三次全国土壤普查调查采样对象的一封信"，提高农户对三普工作认知度，确保三普工作顺利开展。

（三）强化分组管理，增强实施效应

按照不同工作任务设立了综合组、技术组和保障组，组员全部由招远市县级农业技术人员组成，各组任务分工明确、相互协助、配合有序、环环相扣，形成了"1＋1＋1＞3"的工作运行机制，推动招远市外业调查采样、内业数据审核、对外宣传推广、问题上报解决、土壤样品保存等各个环节高效开展，产生了放大效应。

（四）建立质控体系，保障普查质量

为了保障本次土壤普查质量，同时结合普查具体实施情况，建立了一系列的质量控制体系。一是组建了 10 支外业质控工作小组，每个质控工作小组配备 2 名县级专业技术人员，对外业调查采样队开展全程内部质控检查，确保外业调查采样质量。二是采用"S"形采样布点方法，共布设 10 个取土混样点，保证采集样品质量的同时更具有代表性。三是样品保存流转质量控制，招远市三普办专门安排独立的样品库存放采集的样品，并安排专人负责样品管理与流转工作，按照两天流转一批土样的频率，利用专车流转全部土壤样品，完成与制备实验室流转对接，汇总流转样品信息，形成土壤样品流转清单。四是样品检测质量控制，招远市对所有表层样品全部留有备样，便于对实验室检测质量进行抽查、核实，确保实验室质量控制。

二、问题及建议

一是招远市在外业调查采样、样品制备及检验检测等方面，基层人员能够发挥积极有效作用，保证各项任务高质高效完成。但进入成果汇交汇总阶段，基层人员知识储备只能对成果与实际情况是否相符做出验证，而无法对形成的成果质量提出更高的要求和评判。

二是建设了数据库、成果管理应用系统，但若将其应用于农业现代化和智慧农业发展，就需要相关科研院所的合作支持和专家的技术指导。

三是已经完成了《招远土壤志》《招远特色农产品区域布局报告》等文字成果，但这些成果在深度、高度、广度上仍需进一步完善提高。

第六节　土壤普查工作简报

招远市第三次土壤普查工作简报

2022 年第 1 期

招远市土壤三普办　　　　　　　　　　　　　　　　　2022 年 9 月 9 日

目录

【工作动态】
> 举办招远第三次全国土壤普查技术研讨会
> 举办烟台市第三次全国土壤普查启动仪式暨山东省第三次全国土壤普查外业采样调查技术培训班

【工作动态】

举办招远第三次全国土壤普查技术研讨会

9 月 5 日，招远市土壤三普办在市农业技术推广中心 601 会议室举办了招远第三次全国土壤普查技术研讨会，招远市土壤三普办工作组 30 余人参加了此次研讨会议。会上，曾经全程参与第二次全国土壤普查的高级农艺师吴德敏同志结合招远市土壤类型和分布等特点，通过 PPT 的方式讲解了土壤的形成、母质、分类、区域分布等相关知识，以及第二次全国土壤普查经验做法等内容。

会上，市土壤三普办常务副主任刘建军同志要求，招远市土壤三普办工作组成员要深刻认识土壤普查的重大意义，明确外业调查采样工作质量控制的重要性，要加强学习，尽快提高自我技术水平，严格遵守外业调查采样技术规程，做好外业调查采样质控工作，确保按时保质保量完成外业调查采样工作任务。

举办烟台市第三次全国土壤普查启动仪式暨山东省第三次全国土壤普查外业采样调查技术培训班

9 月 8 日，烟台市第三次全国土壤普查启动仪式暨山东省第三次全国土壤普查外业采样调查技术培训班在招远市举行。

首先，在招远市金岭镇大户庄园举办烟台市第三次全国土壤普查启动仪式。省土壤三普办外业组组长、省农技中心土肥部副部长李涛，烟台市土壤三普办主任、农业农村局党组成员杨先遇，招远市土壤三普办领导小组组长、副市长李杰，招远市土壤三普办主任、市委组织部副部长、市农业农村局局长刘治峰等同志现场宣布烟台市第三次全国土壤普查正式启动。

启动仪式结束后，举办了山东省第三次全国土壤普查外业采样调查技术培训班，技术培训分为现场培训、室内培训、结业考试三部分。其中，现场培训在金岭镇南冯家村（样点编号：3706850103000451，东经120.3071°，北纬37.32174°）开展，省土壤三普办外业组组长、省农技中心土肥部副部长李涛同志在培训现场就招远市主要土壤类型与特征、预设样点的外业定位、野外调查与采样技术规范、外业调查采样方法和注意事项，以及环刀等各类工具的使用等内容进行讲解。室内培训在招远市农业农村局开展，山东农业大学教授娄燕宏同志就野外调查的前期准备、APP系统使用及信息填报、预设样点的外业定位、成土环境及土壤利用信息采集、景观照片采集、表层土壤调查与采样等内容进行讲解。招远市土壤三普办外业调查采样质控小组组长、采样队代表在招远现场参加各项培训，烟台市农业技术推广中心土肥站工作人员、各县市区土壤三普技术负责人、其余采样队队员通过视频会议参加培训。通过一系列的培训，招远市土壤三普办工作人员掌握了外业调查采样技术和操作要领，提高了自身的技术能力和水平，同时取得了外业调查采样资格证书，为招远市第三次全国土壤普查试点外业调查采样工作打下坚实的技术基础。

本期报：烟台市土壤三普办，招远市土壤三普领导小组

招远市第三次土壤普查工作简报

2022年第2期

招远市土壤三普办   2022年9月16日

目录

【工作动态】

召开招远市第三次全国土壤普查质控组与外业采样队对接会

9月14日上午，市土壤三普办外业调查采样质控小组全体成员与外业调查采样队全体成员在市农业技术推广中心召开土壤三普工作对接会。会上，10个质控小组成员与10个外业采样队成员进行对接，1个质控小组对应1个外业采样队，质控小组成员与外业采样队成员双方就外业调查采样工作流程、取样环节等内容进行现场探讨交流。

召开招远市第三次全国土壤普查现场实操培训会

针对省第三次全国土壤普查外业采样调查技术培训内容和近期土壤三普实操演练中发现的问题，9月14日下午，招远市土壤三普办组织外业调查采样10个质控小组与10个外业调

查采样队全体成员在阜山镇大疃村（样点编号：3706850103000373，东经 120.549356°，北纬 37.339913°）进行招远市土壤三普现场实操培训。招远市农业技术推广中心副主任赵瑞君、土壤二普专家吴德敏等同志现场就样点调查、取样关键技术、关键环节进行讲解，通过现场培训，进一步提高了招远市土壤三普质控小组和外业调查队全体成员的土壤三普实操水平，为招远市土壤三普外业调查采样工作顺利开展奠定技术基础。

开展招远市第三次全国土壤普查镇街对接工作

9 月 15 日，市土壤三普办 10 个质控小组成员分别与各自对应的采样调查队前往镇街对接外业调查采样工作，重点是对接外业调查采样点的路线规划、样点农户宣传指导、需镇街配合的其他工作等。

本期报：烟台市土壤三普办，招远市土壤三普领导小组

招远市第三次土壤普查工作简报

2022 年第 3 期

招远市土壤三普办 2022 年 9 月 20 日

【工作动态】

9 月 20 日全市土壤三普外业调查采样进展情况

9 月 20 日，全市土壤三普外业调查采样共完成样点数 64 个，其中阜山镇 6 个、金岭镇 7 个、辛庄镇 7 个、齐山镇 7 个、夏甸镇 5 个、蚕庄镇 8 个、玲珑镇 7 个、张星镇 6 个、毕郭镇 5 个、大秦家街道 6 个。

附件：招远市第三次全国土壤普查试点外业调查采样情况汇总表

附件：

招远市第三次全国土壤普查试点外业调查采样情况汇总表

质控组	镇（街）	9 月 20 日完成样点数/个	分配样点总数/个	截至目前完成样点总数/个	剩余样点总数/个
一组	阜山镇	6	46	6	40
二组	金岭镇	7	47	7	40
三组	辛庄镇	7	34	7	27
四组	齐山镇	7	54	7	47
五组	夏甸镇	5	45	5	40

续表

质控组	镇(街)	9月20日完成样点数/个	分配样点总数/个	截至目前完成样点总数/个	剩余样点总数/个
六组	蚕庄镇	8	44	8	36
七组	玲珑镇	7	14	7	7
八组	张星镇	6	34	6	28
九组	毕郭镇	5	50	5	45
十组	大秦家街道	6	42	6	36
合计		64	410	64	346

本期报：烟台市土壤三普办，招远市土壤三普领导小组

招远市第三次土壤普查工作简报

2022 年第 4 期

招远市土壤三普办   2022 年 9 月 21 日

目录

【工作动态】

9 月 21 日全市土壤三普外业调查采样进展情况

9 月 21 日，全市土壤三普外业调查采样共完成样点数 84 个，其中阜山镇 8 个、金岭镇 11 个、辛庄镇 6 个、齐山镇 9 个、夏甸镇 7 个、蚕庄镇 9 个、玲珑镇 7 个、张星镇 9 个、毕郭镇 8 个、大秦家街道 10 个。截至目前共完成样点数 148 个。

附件：招远市第三次全国土壤普查试点外业调查采样情况汇总表
附件：

招远市第三次全国土壤普查试点外业调查采样情况汇总表

质控组	镇(街)	9月21日完成样点数/个	分配样点总数/个	截至目前完成样点总数/个	剩余样点总数/个
一组	阜山镇	8	46	14	32
二组	金岭镇	11	47	18	29
三组	辛庄镇	6	34	13	21
四组	齐山镇	9	54	16	38
五组	夏甸镇	7	45	12	33

质控组	镇(街)	9月21日完成样点数/个	分配样点总数/个	截至目前完成样点总数/个	剩余样点总数/个
六组	蚕庄镇	9	44	17	27
七组	玲珑镇	7	14	14	0
八组	张星镇	9	34	15	19
九组	毕郭镇	8	50	13	37
十组	大秦家街道	10	42	16	26
合计		84	410	148	262

【经验做法】

质控二组（赵全桂、于冰组）经验做法

9月21日，各质控小组完成外业调查采样样点数比9月20日增加20个，而质控二组采集样点11个，是10个质控小组中采集样点最多的组。质控二组主要采用了以下做法：提前确定第二天计划调查采样的村（居），并及时与镇街农办工作人员沟通；由镇街农办工作人员提前联系涉及的各村（居）负责人；由村级确定一名熟悉该村地块信息的村级工作人员参与第二天调查采样工作。市、镇、村形成有效联动，采样地块农户配合度大幅提升，外业调查采样效率明显提高。

本期报：烟台市土壤三普办，招远市土壤三普领导小组

招远市第三次土壤普查工作简报

2022年第5期

招远市土壤三普办   2022年9月22日

【工作动态】

9月22日全市土壤三普外业调查采样进展情况

9月22日，全市土壤三普外业调查采样共完成样点数90个，其中阜山镇8个、金岭镇11个、辛庄镇11个、齐山镇10个、夏甸镇7个、蚕庄镇10个、温泉街道4个、梦芝街道5个、张星镇9个、毕郭镇8个、大秦家街道7个。截至目前共完成样点数238个。

附件：招远市第三次全国土壤普查试点外业调查采样情况汇总表

附件：

招远市第三次全国土壤普查试点外业调查采样情况汇总表

质控组	镇（街）	9月22日完成样点数/个	分配样点数/个			截至目前完成样点总数/个	剩余样点总数/个
			第一次分配样点数	第二次分配样点数	分配样点总数		
一组	阜山镇	8	46	0	46	22	24
二组	金岭镇	11	47	0	47	29	18
三组	辛庄镇	11	34	11	45	24	21
四组	齐山镇	10	54	0	54	26	28
五组	夏甸镇	7	45	0	45	19	26
六组	蚕庄镇	10	44	0	44	27	17
七组	玲珑镇、罗峰街道、梦芝街道、泉山街道、温泉街道	9	14	23	37	23	14
八组	张星镇	9	34	19	53	24	29
九组	毕郭镇	8	50	0	50	21	29
十组	大秦家街道	7	42	0	42	23	19
合计		90	410	53	463	238	225

本期报：烟台市土壤三普办，招远市土壤三普领导小组

招远市第三次土壤普查工作简报

2022 年第 6 期

招远市土壤三普办   2022 年 9 月 23 日

目录

【工作动态】
【工作动态】

完成首批土壤三普外业调查采样样品制备流转

9 月 23 日，首批土壤三普外业调查采样样品已流转至制备实验室。本次共流转样品数 335 个，其中表层土壤混合样品 234 个、土壤水稳定性大团聚体样品 101 个。

9月23日全市土壤三普外业调查采样进展情况

9月23日，全市土壤三普外业调查采样共完成样点数96个，其中阜山镇10个、金岭镇12个、辛庄镇10个、齐山镇9个、夏甸镇10个、蚕庄镇9个、泉山街道10个、张星镇10个、毕郭镇8个、大秦家街道8个。截至目前共完成样点数334个。

附件：招远市第三次全国土壤普查试点外业调查采样情况汇总表

附件：

招远市第三次全国土壤普查试点外业调查采样情况汇总表

质控组	镇（街）	9月23日完成样点数/个	分配样点数/个			截至目前完成样点总数/个	剩余样点总数/个
			第一次分配样点数	第二次分配样点数	分配样点总数		
一组	阜山镇	10	46	0	46	32	14
二组	金岭镇	12	47	0	47	41	6
三组	辛庄镇	10	34	11	45	34	11
四组	齐山镇	9	54	0	54	35	19
五组	夏甸镇	10	45	0	45	29	16
六组	蚕庄镇	9	44	0	44	36	8
七组	玲珑镇、罗峰街道、梦芝街道、泉山街道、温泉街道	10	14	23	37	33	4
八组	张星镇	10	34	19	53	34	19
九组	毕郭镇	8	50	0	50	29	21
十组	大秦家街道	8	42	1	43	31	12
	合计	96	410	54	464	334	130

本期报：烟台市土壤三普办，招远市土壤三普领导小组

招远市第三次土壤普查工作简报

2022年第7期

招远市土壤三普办　　　　　　　　　　　2022年9月24日

【工作动态】

9月24日全市土壤三普外业调查采样进展情况

9月24日，全市土壤三普外业调查采样共完成样点数96个，其中阜山镇9个、金岭镇9个、辛庄镇11个、齐山镇11个、夏甸镇10个、蚕庄镇8个、罗峰街道4个、张星

镇 16 个、毕郭镇 9 个、大秦家街道 9 个。截至目前共完成样点数 430 个。

附件：招远市第三次全国土壤普查试点外业调查采样情况汇总表

附件：

招远市第三次全国土壤普查试点外业调查采样情况汇总表

质控组	镇（街）	9月24日完成点数/个	分配样点数/个				截至目前完成样点总数/个	剩余样点总数/个
			第一次分配样点数	第二次分配样点数	第三次分配样点数	分配样点总数		
一组	阜山镇、齐山镇	9	46	0	9	55	41	14
二组	金岭镇、齐山镇	9	47	0	22	69	50	19
三组	辛庄镇、齐山镇	11	34	11	16	61	45	16
四组	齐山镇	11	54	0	10	64	46	18
五组	夏甸镇	10	45	0	10	55	39	16
六组	蚕庄镇、金岭镇、夏甸镇	8	44	0	20	64	44	20
七组	玲珑镇、张星镇、罗峰街道、夏甸镇、梦芝街道、泉山街道、温泉街道	9	14	23	24	61	42	19
八组	张星镇、齐山镇	11	34	19	6	59	45	14
九组	毕郭镇	9	50	0	5	55	38	17
十组	大秦家街道、毕郭镇	9	42	1	10	53	40	13
合计		96	410	54	132	596	430	166

本期报：烟台市土壤三普办，招远市土壤三普领导小组

招远市第三次土壤普查工作简报

2022 年第 8 期

招远市土壤三普办　　　　　　　　　　　　　　　　2022 年 9 月 25 日

【工作动态】

9 月 25 日全市土壤三普外业调查采样进展情况

9 月 25 日，全市土壤三普外业调查采样共完成样点数 92 个，其中阜山镇 5 个、金岭镇 12 个、齐山镇 20 个、夏甸镇 25 个、张星镇 11 个、毕郭镇 17 个、大秦家街道 2 个。截至目前共完成样点数 522 个。

附件：招远市第三次全国土壤普查试点外业调查采样情况汇总表

附件：

招远市第三次全国土壤普查试点外业调查采样情况汇总表

质控组	镇（街）	9月25日完成点数/个	分配样点数/个					截至目前完成样点总数/个	剩余样点总数/个
			第一次分配样点数	第二次分配样点数	第三次分配样点数	第四次分配样点数	分配样点总数		
一组	阜山镇、齐山镇	5	46	0	9	0	55	46	9
二组	金岭镇、齐山镇	12	47	0	22	0	69	62	7
三组	辛庄镇、齐山镇	10	34	11	16	0	61	55	6
四组	齐山镇	10	54	0	10	0	64	56	8
五组	夏甸镇	10	45	0	10	0	55	49	6
六组	蚕庄镇、金岭镇、夏甸镇	10	44	0	20		64	54	10
七组	玲珑镇、张星镇、罗峰街道、夏甸镇、梦芝街道、泉山街道、温泉街道	8	14	23	24	−2	59	50	9
八组	张星镇、齐山镇	8	34	19	6	0	59	53	6
九组	毕郭镇	10	50	0	5	0	55	48	7
十组	大秦家街道、毕郭镇	9	42	1	10	1（自七组调整到十组2个样点；经现场调查1处分配的耕地样点实为果园样点，减去1个样点）	54	49	5
合计		92	410	54	132	−1	595	522	73

本期报：烟台市土壤三普办，招远市土壤三普领导小组

招远市第三次土壤普查工作简报

2022年第9期

招远市土壤三普办 　　　　　　　　　　　　　　　　　2022年9月26日

【工作动态】

9月26日全市土壤三普外业调查采样进展情况

9月26日，全市土壤三普外业调查采样共完成样点数73个，其中金岭镇3个、齐山镇34个、夏甸镇26个、毕郭镇10个。截至目前共完成样点数595个。

附件：招远市第三次全国土壤普查试点外业调查采样情况汇总表

附件：

招远市第三次全国土壤普查试点外业调查采样情况汇总表

质控组	镇(街)	9月26日完成点数/个	分配样点数/个					截至目前完成样点总数/个	剩余样点总数/个
			第一次分配样点数	第二次分配样点数	第三次分配样点数	第四次分配样点数	分配样点总数		
一组	阜山镇、齐山镇	9	46	0	9	0	55	55	0
二组	金岭镇、齐山镇	7	47	0	22	0	69	69	0
三组	辛庄镇、齐山镇	6	34	11	16	0	61	61	0
四组	齐山镇	8	54	0	10	0	64	64	0
五组	夏甸镇	6	45	0	10	0	55	55	0
六组	蚕庄镇、金岭镇、夏甸镇	10	44	0	20		64	64	0
七组	玲珑镇、张星镇、罗峰街道、夏甸镇、梦芝街道、泉山街道、温泉街道	9	14	23	24	-2	59	59	0
八组	张星镇、齐山镇	6	34	19	6		59	59	0
九组	毕郭镇	7	50	0	5	0	55	55	0
十组	大秦家街道、毕郭镇、夏甸镇	5	42	1	10	1(自七组调整到十组2个样点；经现场调查1处分配的耕地样点实为果园样点，减去1个样点)	54	54	0
	合计	73	410	54	132	-1	595	595	0

本期报：烟台市土壤三普办，招远市土壤三普领导小组

招远市第三次土壤普查工作简报

2022年第10期

招远市土壤三普办　　　　　　　　　　　　　　　2022年9月30日

【工作动态】

立机制、优流程、提质量

——招远市圆满完成第三次全国土壤普查试点

大田外业调查采样任务

　　2022年，全国范围内开展了第三次全国土壤普查。招远市作为第三次全国土壤普查

工作88个试点县之一，承担了试点任务。为确保外业调查采样的真实性、准确性和典型代表性，招远市从四方面入手，健全机制，优化流程，全方位提升采样效率和质量，保质保量完成了大田外业调查采样任务。截至9月26日，招远市10个外业调查采样队，近百名外业采样人员，经过7天奋战，595个大田外业调查采样任务已全部完成，且分3批次将595个表层土壤混合样、232个水稳性大团聚体样品全部流转至制备实验室。

一是统筹压茬推进，建立高规格工作推进机制。2月份被确定为试点县以来，招远市将土壤普查工作作为2022年农业农村重点工作来抓，成立了由市政府分管领导任组长的招远市第三次土壤普查领导小组，组建了招远市土壤"三普办"，下发了《关于组织开展招远市第三次土壤普查的通知》《招远市第三次土壤普查领导小组办公室组建方案》，印发实施方案，健全了组织保障、技术保障、资金保障、队伍力量和数据安全等工作推进机制，并根据招远市作物和果业收获和播种时间，科学确定了9月中下旬进行大田外业调查采样，10月开展果园、林地、草地外业调查采样的工作安排，在前期大量调查和实地勘察的基础上，科学分配采样样点。外业调查采样期间，每日发布工作简报，将当日外业调查采样进展情况进行汇总，汇集各外业调查采样组在采样中发现的问题，及时予以跟踪解决，并将各组上报的好经验好做法，给予总结，反馈到各外业调查采样组，以先进促后进，达到各外业调查采样组采样进度和质量齐头并进的目的。截至目前，共刊发招远市第三次土壤普查工作简报9期。

二是分层次分类别培训，培育高素质调查采样队伍。对外业调查采样各队队员、外业调查采样质控人员以及其他土壤"三普"工作人员采取研讨会、技术培训、实操培训等培训方式，组织其参加土壤"三普"各类线下和线上培训班，先后举办邀请"二普"老专家现场传授经验的土壤普查技术研讨会、山东省第三次全国土壤普查外业采样调查技术培训班、招远市现场实操演练会等培训，不断提升外业调查采样实操人员的技能水平。对镇村参与人员，各镇街专门召开镇街土壤三普部署会议，增强镇村参与人员的积极性。对采样点的农户，专门印制了"致第三次全国土壤普查调查采样对象的一封信"。截至目前，共举办培训班4期，组织培训200人次，发放该信600余份。

三是标准化程序化采样，创建高质量质控流程。按照国务院第三次全国土壤普查领导小组办公室下发的《土壤外业调查与采样技术规范》，以及实际现场演练情况，招远市土壤三普办细化外业调查采样程序，将准备对接、预设样点的外业定位、表层土壤调查、表层土壤采样、土壤样品交接、土壤样品晾晒、土壤样品流转等环节，按照科学性、易操作的原则，打造出一套标准化、程序化、全程质控化的外业调查采样流程。每个外业采样工作组配备成员7名，由2名外业质控人员和5名外业调查采样队员组成。其中由市农业技术推广中心派出2名外业质控人员，负责前期对接联系，及现场全程跟踪质控；5名外业调查采样队员，负责现场调查采样，并按照流程固定专人负责定点、调查、采样等具体流程。目前，595个表层土壤混合样、232个水稳性大团聚体样品，均一次性通过实验室验收，并成功流转。

四是市镇村三级联动，构建高效率工作体系。招远市土壤三普办构建了市、镇、村三级联动模式，集聚各方优势，大幅度提高了外业调查采样速度，实现了一个采样点和下一个采样点的无缝隙衔接。在外业调查采样前，招远市土壤"三普办"召开质控人员和外业调查采样队员对接会，由每个镇街安排专人负责土壤三普工作，土壤"三普办"质控人员和外业调查采样队员提前到各镇街对接镇街三普工作人员，并建立各组与相应的镇街三普外业调查采样微信工作群。在外业调查采样时，外业采样调查组提前确定第二天计划采样村（居），并及时与镇街工作人员沟通；各镇街工作人员根据第二天的采样计划提前联系各村（居）负责人，由村级确定一名熟悉该村地块信息的村级人员全程参与第二天的调查采样工作。由此，市、镇、村三级形成有效联动，采样地块农户配合度大幅提升，外业调查采样效率明显提高。9月20日，外业调查采样第一天，10个采样队日完成64个样点；因专人负责固定采样流程及采样队员操作日益熟练，后期日采样样点数增至96个。

下步，招远市将进一步健全机制、优化流程、提升采样效率和质量，力争保质保量完成10月份的园地、林地、草地的外业调查采样任务。

本期报：烟台市土壤三普办，招远市土壤三普领导小组

招远市第三次土壤普查工作简报

2022年第11期

招远市土壤三普办   2022年10月10日

目录

【工作动态】

动态一：

举办园地、林地、草地外业调查采样技术培训会

10月8日，招远市第三次全国土壤普查领导小组办公室在市农业农村局302会议室组织召开招远市第三次全国土壤普查园地、林地、草地外业调查采样技术培训会，招远市土壤三普工作小组全体成员和外业调查采样队队员80余人参加了此次培训会议。

会上，招远市农业技术推广中心副主任赵瑞君、招远市农业技术推广中心粮作站站长赵全桂、招远市农业技术推广中心植保站站长高坤金等同志结合招远市大田外业调查采样中发现的问题和操作难点，通过PPT的方式现场就招远市园地、林地、草地的土壤特点，园地、林地、草地外业调查采样的操作规程，以及园地采样的深度、规模等内容进行了详细的讲解。并对前期大田外业调查采样工作进行了总结，要求招远市土壤三普全体外业调

查工作人员继续发扬拼搏精神，严格遵守外业调查采样技术规程，再接再厉，做好园地、林地、草地的外业调查采样工作，确保按时保质保量完成园地、林地、草地的外业调查采样工作任务。

动态二：

省三普外业调查采样质控组来招现场质控

10月9日，省质控组张红一行2人来招，深入招远市大秦家街道等镇街对园地、林地、草地外业调查采样情况进行现场质控及督导。通过现场质控，省三普外业调查采样质控组张红等同志对招远市园地、林地、草地外业调查采样操作流程和技术给予高度评价。

动态三：

烟台市三普技术人员来招指导外业调查采样情况

10月9～10日，烟台市三普技术人员张培苹站长一行4人深入蚕庄镇、大秦家街道等镇街指导园地、林地、草地外业调查采样情况，并根据外业调查采样情况开展现场探讨，提出技术建议。

动态四：

土壤三普样品制备和检测进展情况

依据《土壤普查全程质量控制技术规范》要求，按照 50 个样品一个批次组批，每批次应包含送检样品 48 个、密码平行样品 1 个、质控样品 1 个的操作方式，制备实验室将制备完成的样品流转到检测实验。截至目前，制备实验室已完成表层样制备 363 个，已提交平台 336 个，剩余未制备 232 个；大团聚体制备 92 个，已提交平台 48 个，剩余未制备 140 个。制备实验室已向检测实验室流转表层样 336 个、平行样 7 个、质控样 7 个，大团聚体样 48 个、平行样 1 个。

动态五：

10月9~10日全市土壤三普外业调查采样进展情况

10月9~10日，全市土壤三普外业调查采样共完成样点数67个，其中阜山镇5个、金岭镇6个、辛庄镇8个、齐山镇6个、夏甸镇8个、蚕庄镇8个、玲珑镇5个、张星镇9个、毕郭镇6个、大秦家街道6个。

招远市第三次全国土壤普查试点外业调查采样情况汇总表

质控组	镇（街）	10月9~10日完成样点数/个	分配样点总数/个	截至目前完成样点总数/个	剩余样点总数/个
一组	阜山镇	5	25	5	20
二组	金岭镇	6	22	6	16
三组	辛庄镇	8	22	8	14
四组	齐山镇	6	25	6	19
五组	夏甸镇	8	20	8	12
六组	蚕庄镇	8	22	8	14
七组	玲珑镇	5	22	5	17
八组	张星镇	9	26	9	17
九组	毕郭镇	6	22	6	16
十组	大秦家街道	6	27	6	21
	合计	67	233	67	166

本期报：烟台市土壤三普办，招远市土壤三普领导小组

招远市第三次土壤普查工作简报

2022年第12期

招远市土壤三普办   2022年10月11日

目录

【工作动态】

【工作动态】

动态一：

烟台市三普督导组来招督导外业调查采样情况

10月11日，烟台市三普办主任、烟台市农业农村局党组成员杨先遇，烟台市农业技术推广中心副主任孙振军等同志一行8人来招，深入张星镇等镇街对招远市园地、林地、

草地的外业调查采样情况进行督导。烟台市三普督导组对招远市外业调查采样工作给予高度评价，并就预设样点的外业定位、表层土壤调查、表层土壤采样等环节进行技术指导。

动态二：

10月11日全市土壤三普外业调查采样进展情况

10月11日，全市土壤三普外业调查采样共完成样点数74个，其中阜山镇12个、金岭镇4个、辛庄镇10个、齐山镇2个、夏甸镇5个、罗峰街道等8个、玲珑镇6个、张星镇6个、毕郭镇14个、大秦家街道7个。截至目前共完成样点数141个。

招远市第三次全国土壤普查试点外业调查采样情况汇总表

质控组	镇（街）	10月11日完成样点数/个	分配样点总数/个	截至目前完成样点总数/个	剩余样点总数/个
一组	阜山镇	6	25	11	14
二组	金岭镇、毕郭镇	9	22	15	7
三组	辛庄镇	10	22	18	4
四组	齐山镇、阜山镇	7	25	13	12
五组	夏甸镇	5	20	13	7
六组	蚕庄镇、温泉街道、罗峰街道、梦芝街道	8	22	16	6
七组	玲珑镇、阜山镇	6	22	11	11
八组	张星镇	6	26	15	11
九组	毕郭镇	9	22	15	7
十组	大秦家街道、阜山镇	8	27	14	13
合计		74	233	141	92

本期报：烟台市土壤三普办，招远市土壤三普领导小组

招远市第三次土壤普查工作简报

2022 年第 13 期

招远市土壤三普办　　　　　　　　　　　　　　　2022 年 10 月 13 日

目录

【工作动态】
> 市土壤三普领导小组组长督导外业调查采样进展情况
> 10 月 12～13 日全市土壤三普外业调查采样进展情况
> 举办全市土壤三普外业调查采样圆满结束仪式

【工作动态】
动态一：

市土壤三普领导小组组长督导外业调查采样情况

10 月 12 日，市土壤三普领导小组组长、市人民政府副市长李杰等同志对招远市土壤三普外业调查采样进展情况进行督导。督导期间，李杰等同志现场查看了外业调查采样各作业环节，要求各采样队队员严格按照《第三次全国土壤普查土壤外业调查与采样技术规范》操作，高标准开展好土壤外业调查采样工作；土壤三普办工作组质控人员要卡实责任、全程靠上，各项质控措施要落实到位，确保按时保质保量完成外业调查采样任务，为第三次全国土壤普查工作贡献"招远方案"，作出"招远贡献"。

动态二：

10 月 12～13 日全市土壤三普外业调查采样进展情况

10 月 12～13 日，全市土壤三普外业调查采样共完成样点数 92 个，其中阜山镇 48 个、辛庄镇 4 个、夏甸镇 7 个、温泉街道和梦芝街道等 6 个、玲珑镇 1 个、张星镇 11 个、毕郭镇 14 个、大秦家街道 1 个。截至目前已全部完成我市承担的 828 个土壤表层样点的外业调查采样工作，已完成表层样制备 452 个，提交平台 336 个；大团聚体样制备 101 个，提交平台 48 个。

招远市第三次全国土壤普查试点外业调查采样情况汇总表

质控组	镇(街)	10月12~13日 完成样点数/个	分配样点 总数/个	截至目前完成 样点总数/个	剩余样点 总数/个
一组	阜山镇	14	25	25	0
二组	金岭镇、毕郭镇	7	22	22	0
三组	辛庄镇	4	22	22	0
四组	齐山镇、阜山镇	12	25	25	0
五组	夏甸镇	7	20	20	0
六组	蚕庄镇、温泉街道、罗峰街道、梦芝街道	6	22	22	0
七组	玲珑镇、阜山镇	11	22	22	0
八组	张星镇	11	26	26	0
九组	毕郭镇	7	22	22	0
十组	大秦家街道、阜山镇	13	27	27	0
合计		92	233	233	0

动态三：

举办全市土壤三普外业调查采样圆满结束仪式

10月13日16:00，在招远市农业农村局举办了全市土壤三普外业调查采样圆满结束仪式。会上，招远市土壤三普办常务副主任、市农业技术推广中心主任刘建军同志，对为期7天的大田外业调查采样工作，为期5天的园地、林地、草地外业调查采样工作进行了全面总结。经过三普办工作组、外业调查采样队各位成员12天"不怕苦、不怕累、白加黑、5+2"的奋战，招远市承担的828个表层样点的外业调查采样任务，已圆满结束。下一步，将继续做好样品流转、制备，实验室检测的跟进、督导工作，力争圆满完成第三次全国土壤普查试点工作。

本期报：烟台市土壤三普办，招远市土壤三普领导小组

招远市第三次土壤普查工作简报

2022 年第 14 期

招远市土壤三普办　　　　　　　　　　　　　　　　　　2022 年 11 月 25 日

【工作动态】

三级联动提速度　精准取样强质量
—— 招远市圆满完成剖面土壤调查采样任务

通过省、市、县三级联动，省市专家、招远市三普工作人员、样点农户多点发力，协同推进招远市第三次全国土壤普查剖面土壤调查与采样工作。经过 5 天昼夜奋战，截至 11 月 24 日，已圆满完成招远市第三次全国土壤普查剖面土壤调查与采样任务。

第三次全国土壤普查在招远市共布设了 23 个剖面样点，分布在毕郭镇、夏甸镇、辛庄镇等 9 个镇街，涉及棕壤、潮土、粗骨土等土壤类型。

11 月 20 ~ 24 日，山东农业大学资源与环境学院院长诸葛玉平教授带领省剖面土壤调查与采样队到招远市开展第三次全国土壤普查试点的剖面土壤调查与采样工作。省剖面土壤调查与采样队按照布设点位，对剖面样点开展剖面挖掘、剖面照片拍摄、土壤发生层划分、土壤发生层命名、土壤剖面形态观察记载等一系列工作，并采集每个发生层次的剖面土壤容重样品、土壤样品、剖面第一个土壤发生层的水稳性大团聚体样品、纸盒土壤标本、整段土壤标本等样品。

烟台市农业技术推广中心张培苹等 3 名土壤学专家、招远市农业技术推广中心 11 名农技人员全程参与此次剖面土壤调查与采样工作。一是安排两组招远市三普办工作人员全力配合省剖面土壤调查与采样队开展剖面土壤样点定位，确保样点定位快速准确；二是招远市镇街农办人员组织协调样点农户参与剖面挖掘工作，全力保障剖面土壤调查与采集速度；三是市县三普工作人员在剖面土壤现场全程跟进剖面土壤调查与采集等工作，保证剖面土壤调查与采集质量。

在剖面样点调查与采集现场，诸葛玉平教授对各样点的土壤发生层划分、土壤发生层命名、土壤剖面形态、每个土壤发生层形成原因等进行了详细的讲解。通过全程参与剖面土壤调查与采样，使招远市农技人员直观掌握招远市土壤类型、特点，提升了招远市农技人员土壤学知识水平，为进一步提升招远市土壤资源利用水平，优化全市农业生产布局，推动全市农业绿色高质高效发展奠定技术基础。

本期报：烟台市土壤三普办，招远市土壤三普领导小组

第七节　媒体报道与宣传

烟台市农业农村局
nongye.yantai.gov.cn

本站▼ | 请输入关键字查询

首页　要闻动态　三农资讯　三农业务　政务公开　政务服务　互动交流　专题专栏

首页 > 要闻动态

烟台市第三次土壤普查启动仪式暨山东省第三次全国土壤普查外业调查采样技术培训班在招远隆重举办

日期：2022-09-21 08:32　来源：市农业农村局

2022年9月8日，在招远市金岭镇大户庄园举办烟台市第三次全国土壤普查启动仪式，烟台市第三次全国土壤普查正式启动。省土壤三普办外业组组长、省农技中心土肥部副部长李涛，烟台市土壤三普办主任、农业农村局党组成员杨先遇，招远市土壤三普办领导小组组长、副市长李杰等同志出席活动。

启动仪式结束后，举办了山东省第三次全国土壤普查外业采样调查技术培训，技术培训分为现场培训、室内培训、结业考试三部分，共100余人参加。现场培训在金岭镇南冯家村开展，省土壤三普办外业组组长、省农技中心土肥部副部长李涛在培训现场就预设点的外业定位、表层土壤混合样品采集、表层土壤容重样品采集、表层土壤水稳性大团聚体样品采集，以及环刀等各类工具的使用等进行讲解。

室内培训在招远市农业农村局开展，山东农业大学教授姜东就土壤调查（观察）与分析、土壤发生与分类、表层土调查采样技术等内容进行讲解。烟台市各县市区土壤三普技术负责人、招远市土壤三普办的技术组各质控小组成员、各采样队通过视频会议、现场培训等方式参加了土壤普查外业采样调查技术培训。通过一系列的培训，招远市土壤三普工作人员掌握了外业调查采样技术和操作要领，提高了自身的技术能力和水平，同时取得了外业调查采样资格证书，为招远市第三次全国土壤普查试点外业采样工作打下坚实的技术基础。

招远市是88个第三次全国土壤普查工作试点县之一，也是烟台市唯一的全国试点。招远市被确定为第三次全国土壤普查试点以来，坚决贯彻落实党中央、国务院决策部署和省、烟台市工作要求，将土壤普查工作列为市委市政府重点工作，高标准高质量推进实施，成立招远市第三次土壤普查领导小组，组建招远市土壤三普办，保障第三次土壤普查科学运转；分层分类对100余人次开展培训；组建10个专业技术小组，精准校核828个表层样点位置；坚持高标准保障，强化组织保障、技术保障、资金保障、队伍力量和数据安全，推进招远市第三次土壤普查工作有序开展。（烟台市三普办 招远市三普办供）

🖨 打印本页 ｜ ■关闭

中国政府网　国务院部门网站 ▼　省政府网站 ▼　省内地市级网站 ▼　市政府部门网站 ▼　区市政府网站 ▼

烟台市第三次土壤普查启动仪式暨山东省第三次全国土壤普查外业调查采样技术培训班在招远举办

烟台农业农村 2022-09-21 15:12 发表于山东

2022年9月8日，在招远市金岭镇大户庄园举办烟台市第三次全国土壤普查启动仪式，烟台市第三次全国土壤普查正式启动。省土壤三普办外业组组长、省农技中心土肥部副部长李涛，烟台市土壤三普办主任、农业农村局党组成员杨先遇，招远市土壤三普办领导小组组长、副市长李杰等同志出席活动。

启动仪式结束后，举办了山东省第三次全国土壤普查外业采样调查技术培训，技术培训分为现场培训、室内培训、结业考试三部分，共100余人参加。现场培训在金岭镇南冯家村开展，省土壤三普办外业组组长、省农技中心土肥部副部长李涛在培训现场就预设样点的外业定位、表层土壤混合样品采集、表层土壤容重样品采集、表层土壤水稳性大团聚体样品采集，以及环刀等各类工具的使用等进行讲解。

室内培训在招远市农业农村局开展，山东农业大学教授娄燕宏就土壤调查(观察)与分析、土壤发生与分类、表层土调查采样技术等内容进行讲解，烟台市各县市区土壤三普技术负责人、招远市土壤三普办技术组各质控小组成员、各采样队员通过视频会议、现场培训等方式参加了土壤谱查外业采样调查技术培训。通过一系列的培训，招远市土壤三普工作人员掌握了外业调查采样技术和操作要领，提高了自身的技术能力和水平，同时取得了外业调查采样资格证书，为招远市第三次全国土壤普查试点外业采样工作打下坚实的技术基础。

招远市是88个第三次全国土壤普查工作试点县之一，也是烟台市唯一的全国试点。招远市被确定为第三次全国土壤普查试点以来，坚决贯彻落实党中央、国务院决策部署和省、烟台市工作要求，将土壤普查工作列为市委、市政府重点工作，高标准高质量推进实施，成立招远市第三次土壤普查领导小组，组建招远市土壤三普办，保障第三次土壤普查科学运转；分层分类对100余人次开展培训；组建10个专业技术小组，精准校核828个表层样点位置；坚持高标准保障，强化组织保障、技术保障、资金保障、队伍力量和数据安全，推进招远市第三次土壤普查工作有序开展。(烟台市三普办 招远市三普办)

烟台市第三次土壤普查启动仪式暨山东省第三次全国土壤普查外业调查采样技术培训班在招远隆重举办

2022年9月8日，在招远市金岭镇大户庄园举办烟台市第三次全国土壤普查启动仪式，烟台市第三次全国土壤普查正式启动。省土壤三普办外业组组长、省农技中心土肥部副部长李涛，烟台市土壤三普办主任、农业农村局党组成员杨先遇，招远市土壤三普办领导小组组长、副市长李杰等同志出席活动。

启动仪式结束后，举办了山东省第三次全国土壤普查外业采样调查技术培训，技术培训分为现场培训、室内培训、结业考试三部分。其中，现场培训在金岭镇南冯家村开展，省土壤三普办外业组组长、省农技中心土肥部副部长李涛在培训现场就预设样点的外业定位、表层土壤混合样品采集、表层土壤容重样品采集、表层土壤水稳性大团聚体样品采集，以及环刀等各类工具的使用等进行讲解。室内培训在招远市农业农村局开展，山东农业大学教授娄燕宏就土壤调查（观察）与分析、土壤发生与分类、表层土调查采样技术等内容进行讲解。烟台市各县市区土壤三普技术负责人、招远市土壤三普办技术组各质控小组成员、各采样队员通过视频会议、现场培训等方式参加了土壤普查外业采样调查技术培训。通过一系列的培训，招远市土壤三普工作人员掌握了外业调查采样技术和操作要领，提高了自身的技术能力和水平，同时取得了外业调查采样资格证书，为招远市第三次全国土壤普查试点外业采样工作打下坚实的技术基础。

招远市是88个第三次全国土壤普查工作试点县之一，也是烟台市唯一的全国试点。

招远市被确定为第三次全国土壤普查试点以来，坚决贯彻落实党中央、国务院决策部署和省、烟台市工作要求，将土壤普查工作列为市委、市政府重点工作，高标准高质量推进实施，成立招远市第三次土壤普查领导小组，组建招远市土壤三普办，保障第三次土壤普查科学运转；分层分类对 100 余人次开展培训；组建 10 个专业技术小组，精准校核 828 个表层样点位置；坚持高标准保障，强化组织保障、技术保障、资金保障、队伍力量和数据安全，推进招远市第三次土壤普查工作有序开展。

为做好招远市第三次全国土壤普查试点工作，提升外业调查采样工作人员土壤普查外业采样技术水平，提高外业采样质量，保障招远市土壤三普试点工作顺利进行。9月5日，招远市第三次全国土壤普查领导小组办公室组织召开招远市第三次全国土壤技术研讨会，招远市第三次全国土壤普查外业调查采样工作人员30余人参加了此次研讨会议。

招远市第三次全国土壤普查领导小组办公室聘请全程参与第三次全国土壤普查的高级农艺师吴德敏任技术顾问，会上，他结合招远市土壤类型和分布等特点，现场传授了土壤的形成、母质、分类、区域分布等相关知识，详细讲解了第三次全国土壤普查样品的采集、处理，不同作物类型采样的深度、规模等内容。

会议要求，招远市第三次土壤普查全体外业调查工作人员要深刻认识土壤普查的重大意义，明确外业调查采样工作质量控制的重要性，要加强学习尽快提高自我技术水平，严格遵守外业调查采样技术规程，做好外业调查采样工作，确保按时按质按量完成外业调查采样工作任务。

通过本次培训，全体工作人员基本掌握外业调查采样技术要点和操作要领，提高了自身技术能力和水平，为有序推进招远市第三次全国土壤普查试点工作打好基础。

招远市举办第三次全国土壤普查技术研讨会
——二普专家现场授课

为做好招远市第三次全国土壤普查试点工作，提升外业调查采样工作人员土壤普查外业采样技术水平，提高外业采样质量，保障招远市土壤三普试点工作顺利进行。2022年9月5日，招远市第三次全国土壤普查领导小组办公室组织召开招远第三次全国土壤技术研讨会，招远市土壤三普办工作组全体成员30余人参加了此次研讨会议。

会上，招远市土壤三普办聘请的曾全程参与第二次全国土壤普查的高级农艺师吴德敏专家现场采用PPT的方式，结合招远市土壤类型和分布等特点，讲解了土壤的形成、母质、分类、区域分布等相关知识，以及第三次全国土壤普查土壤样品的采集、处理，不同作物类型采样的深度、规模等内容。

招远市土壤三普办常务副主任、招远市农业技术推广中心主任刘建军同志对招远市土壤三普办工作组成员提出了具体要求，要求参与招远市土壤三普工作的人员深刻认识土壤普查的重大意义，明确外业调查采样工作质量控制的重要性，加强学习尽快提高自身技术水平，严格遵守外业调查采样技术规程，做好外业调查采样质控工作，确保按时按质按量完成外业调查采样工作任务。

三级联动提速度　精准取样强质量
——我市完成剖面土壤调查采样任务

日前，经过5天昼夜奋战，省市专家、我市三普工作人员、样点农户多点发力，圆满完成我市第三次全国土壤普查剖面土壤调查与采样工作。

据悉，今年在全国范围内开展了第三次全国土壤普查试点，我市是第三次全国土壤普查工作88个试点县之一。第三次全国土壤普查在我市共布设了23个剖面样点，分布在毕郭镇、夏甸镇、辛庄镇等9个镇街，涉及棕壤、潮土、粗骨土等土壤类型。

2022年11月20~24日，省剖面土壤调查与采样队按照布设点位，对我市剖面样点开展剖面设置、剖面挖掘、剖面照片拍摄、土壤发生层划分、土壤发生层命名、土壤剖面形态观察记载等一系列工作，并采集每个发生层次的剖面土壤容重样品、土壤样品、剖面第一个土壤发生层的水稳性大团聚体样品、纸盒土壤标本、整段土壤标本等。

烟台市农业技术推广中心3名土壤学专家、我市农业技术推广中心11名农技人员积极参与此次剖面土壤调查与采样工作。此次采样安排两组我市三普办工作人员全力配合省剖面土壤调查与采样队开展剖面土壤样点定位，确保样点定位快速准确；我市镇街农办人员组织协调样点农户参与剖面挖掘工作，全力保障农户的利益；我市三普工作人员在剖面土壤现场全程跟进剖面土壤调查与采集等工作，保证剖面土壤调查与采集质量与效率。

在剖面样点现场，省剖面土壤调查与采样队对各样点的土壤发生层划分、土壤发生层命名、土壤剖面形态、每个土壤发生层形成原因等进行了详细的讲解。通过现场学习，我市农技人员直观掌握了我市土壤类型、特点，提升了我市农技人员土壤学知识水平，为进一步提升我市土壤资源利用水平，优化全市农业生产布局，推动全市农业绿色高质高效发展奠定技术基础。

第八节　试点效益

时间：2022年12月8日

地点：烟台市

在烟台市第三次土壤普查培训班上，招远市三普办常务副主任、招远市农业技术推广中心主任刘建军讲授《第三次全国土壤普查招远做法》，招远市三普办副主任、招远市农业技术推广中心副主任赵瑞君讲授《第三次全国土壤普查关键技术环节》。

时间：**2023 年 2 月 15 日**

地点：**潍坊市**

在潍坊市第三次土壤普查培训班上，招远市三普办常务副主任、招远市农业技术推广中心主任刘建军讲授《第三次全国土壤普查招远做法》，招远市三普办副主任、招远市农业技术推广中心副主任赵瑞君讲授《第三次全国土壤普查关键技术环节》，并进行了现场答疑。

时间：**2023 年 3 月 13 日**

地点：**山东省泰安市**

在山东省 2023 年土壤普查培训班上，招远市三普办常务副主任、招远市农业技术推广中心主任刘建军做典型发言，交流试点工作经验做法。

时间：2023年4月13日

地点：招远市农业农村局

德州市三普办组织其各县市三普办30余名工作人员来招调研交流三普工作。烟台市三普办主任、烟台市农业农村局党组成员杨先遇，招远市三普办常务副主任、招远市农业技术推广中心主任刘建军，招远市三普办副主任、招远市农技推广中心副主任赵瑞君现场介绍了招远市三普工作具体做法，并对德州市三普办人员提出的问题进行了现场答疑。

时间：2023 年 4 月 18 日

地点：招远市农业农村局

济南市三普办一行 4 人来招调研交流三普工作。招远市三普办主任、招远市市委组织部副部长、招远市农业农村局局长刘治峰，招远市三普办常务副主任、招远市农业技术推广中心主任刘建军，招远市三普办副主任、招远市农技推广中心副主任赵瑞君现场介绍了招远市三普工作具体做法，并对济南市三普办人员提出的问题进行了现场答疑。

时间：2023 年 4 月 19 日

地点：招远市农业农村局

莱山区三普办一行 3 人来招调研交流三普工作。招远市三普办副主任、招远市农技推广中心副主任赵瑞君，招远市三普办技术组组长李春燕、综合组组长丁翠娜等同志参加，现场介绍了招远市三普工作具体做法，并对莱山区三普办人员提出的问题进行了现场答疑。

第九节　试点工作剪影

1. 领导重视

2022年8月10日，烟台市三普办主任、农业农村局党组成员杨先遇一行6人到招远市调研第三次全国土壤普查试点工作。

2022年8月25日，烟台市农业技术推广中心土肥站站长张陪苹一行4人到招远市大田外业调查采样现场进行技术指导。

2022年8月11日，烟台市三普办主任、农业农村局党组成员杨先遇，烟台市农技推广中心副主任孙振军一行6人对招远市大田外业调查采样情况进行督导。

2. 10个外业调查采样队和质控小组

（1）外业调查采样一队和质控一组（负责阜山镇）。

（2）外业调查采样二队和质控二组（负责金岭镇）。

（3）外业调查采样三队和质控三组（负责辛庄镇）。

（4）外业调查采样四队和质控四组（负责齐山镇）。

（5）外业调查采样五队和质控五组（负责夏甸镇）。

（6）外业调查采样六队和质控六组（负责蚕庄镇）。

（7）外业调查采样七队和质控七组（负责玲珑镇、罗峰街道、梦芝街道、泉山街道、温泉街道）。

（8）外业调查采样八队和质控八组（负责张星镇）。

（9）外业调查采样九队和质控九组（负责毕郭镇）。

（10）外业调查采样十队和质控十组（负责大秦家街道）。

3. 大田、园地、林地、草地外业调查采样

（1）大田外业调查采样。2022 年 9 月 20～26 日，大田外业调查采样工作 7 天全面结束。

（2）园地、林地、草地外业调查采样。2022年10月9～13日，园地、林地、草地外业调查采样工作5天全面结束。

（3）招远市第三次全国土壤普查外业调查采样任务圆满完成。

4. 剖面土壤调查采样

2022 年 11 月 20～24 日，剖面土壤调查采样工作 5 天全面结束。

第八章

常见技术问题解答

第一节　工作平台应用

一、外业调查采样环节

1. 如何注册使用调查 APP？

① 县级管理员在平台系统管理中创建采样队组织和采样队用户账号。

② 采样队登录工作平台，扫描二维码下载客户端到移动设备。

③ 采样队登录调查采样 APP，获取移动端设备码，并在平台上录入设备码。

④ 县级管理员对采样队用户账号和设备进行审核，审核通过后即可使用账号。

2. 现场无信号如何填报数据？

可以使用离线模式进行作业。缓存数据。在有信号的地方，登录调查 APP，打开【我的】-【离线模式】界面，点击【下载数据】。信息录入。切换到调查 APP 登录界面，点击【离线模式】按钮，进入地图界面，选择需要调查的样点，进入"电子围栏"内可以填报信息。

注：样点定位需要具有定位信号。

3. 提交数据时提示"无法连接服务器，请检查网络问题"怎么处理？

调查 APP 提交样点数据时，如果提示"无法连接服务器，请检查网络问题"，一般是图片丢失的缘故，可以先查找日志文件，根据提示查看丢失的图片。注意：在所有样点数据提交前，不得将调查采样设备中的照片进行删除，也不得进行清理缓存等操作。

4. 提交数据时提示"样点状态不正确"如何处理？

① 联系县级管理员，核实是否已撤回该样点任务或者将该样点任务派发给其他采样组。

② 联系县级管理员，核实该样点信息是否已提交。

5. 提交数据时提示"认证失败，无法访问系统资源"如何解决？

为了保障应用安全，当用户登录时间超过 6 小时后，向服务端请求数据会提示"认证失败，无法访问系统资源"，此时用户需要重新登录 APP 获取访问授权。已经调查的数据已经暂存到采样终端设备中，不会丢失数据。

6. 提交数据后如何在平台端进行补充完善？

调查 APP 提交数据后，县级未审核前，采样队用户可以登录平台对调查信息进行补充完善，平台端允许编辑的内容如下：

（1）立地条件　母岩母质、植被、土地利用、农田建设情况、耕地利用、园地利用、林草利用、耕作层厚度、砾石含量。

（2）剖面信息　发生层名称、发生层符号，室内干态、润态比色。

（3）照片　景观照片、剖面照片。

7. 平台中照片方向和混合点位显示不正确如何解决？

① 照片方向来自拍照时记录的设备角度。拍照时使用横屏拍照，确认拍照界面中提示的角度和实际方向一致；通过平台上传的景观照片没有方向。

② 混合点位坐标来自拍摄时记录的经纬度，由于现场定位精度会出现经纬度位置偏移现象，拍照时使用横屏拍照，拍照前重新在地图上获取定位。

8. 如何重新打印调查采样标签？

如果样品标签损坏，可以在调查 APP 中重新打印。在调查 APP 中，打开样点详情界面；在采土袋信息中，点击【打印二维码】，可重新打印标签。

9. 数据同步的应用场景是什么？

调查 APP 中过程数据临时存储在设备上，如果切换设备或者在平台端修改数据，会出现本地数据和平台端数据不一致的情况。在样点详情界面中提供数据同步功能，可以在以下场景中使用。

① 平台端修改数据后，县级审核不通过，需要去现场重新补充完善，可以使用数据同步功能，获取平台端最新数据。

② 县级审核不通过，需要去现场重新补充完善，采样队更换设备或者无法找到原始调查的本地数据，可以使用数据同步功能，获取平台端最新数据。

10. 调查 APP 连接不上蓝牙打印机如何处理？

在设备的权限管理功能中，重新启用调查 APP 蓝牙权限。取消蓝牙配对，重启打印机，重新连接。

11. 如何上传容重结果？

县级管理员用户登录工作平台，在【调查采样】-【土壤容重】模块中上传容重结果。

12. 采样队送样信息填写错误如何修改？

① 如果制备实验室未接收样品，采样队可以在调查采样 APP 中撤回后重新寄送。

② 如果制备实验室已经接收样品，请及时联系省级管理员。

13. 调查 APP 中影像底图加载不出来如何解决？

在调查 APP【我的】-【地图服务】中切换数据源。

14. 县级管理员如何重新下发样点？

样点未调查，县级管理员登录平台，在【任务下发】-【已下发】中，通过【任务调整】功能可重新分配调查该样点的采样队。

15. 省级管理员如何查看调查采样数据是否分配专家审核？

在【调查采样】-【数据审核】模块，通过是否派发筛选条件进行过滤。

16. 采样队寄送样品时选错制备实验室或者制样任务变更该如何处理？

制备实验室未接收该批次样品，采样队可在已装运界面进行撤回；制备实验室已接收该批次样品，采样队需要联系省级土壤普查办，填写数据修改申请表发送至全国土壤普查办平台组进行数据修改。

二、样品制备流转环节

1. 制备实验室待接收列表中没有记录是什么原因？

① 联系采样队核实样品是否已寄送。

② 联系采样队核实寄送样品时选择的收样单位是否正确。

2. 平台中没有制备任务是什么原因？

制备实验室用户登录样品流转 APP，进行样品接收后，才能在工作平台中样品制备列表中查看数据。

3. 制备实验室接收样品时，样品二维码模糊无法扫描，如何处理？

制备实验室可通过手动输入样品编号进行样品接收。

4. 制备实验室用户通过流转 APP 接收样品后，登录平台显示待接收是什么原因？

样品流转 APP 一批次接收完成后，平台才会更新。

5. 导出的样品制备表格中记录不全如何处理？

建议按批次导出样品制备表格。

① 在样品制备列表中输入批次号，点击查询。

② 在列表右下角设置为显示 50 条/页，并批量勾选需要导出的数据。如果该批次样品超过 50 个，分页分别导出，导出后合并表格。

③ 点击导出，查看导出表格中记录数是否正确。

6. 导入样品制备数据提示错误如何处理？

① 检查日期格式是否为年份/月份/日期时：分：秒，例如 2022/10/01 09：03：00，平台时间格式为 24 小时制。

② 检查表格中是否存在空行、空列。

③ 检查填写的重量信息是否存在字符、汉字等非数值内容。

7. 能否修改导出的样品制备表格模板？

为了方便实验室内部录入数据，平台允许用户在导出的表格基础上进行扩充，例如添加内部编号、土地利用类型等字段，或者调整各行各列的顺序，但是不能修改原始模板中第一行各列的名称。

8. 在哪里可以导出接收样品时填写的重量？

制备实验室接收完样品后，填写的样品重量会同步到样品制备数据的接收样品重量字段上。在导出样品制备表格时，会自动带入该信息。

9. 制样单位如何修改已填写的制备数据？

① 数据没提交，制备实验室可以在待提交界面修改。

② 数据已提交，联系省级管理员驳回。省级管理员登录其平台账号，在【工作面板】-【样品制备】模块中在样品制备列表中找到该批次样品进行驳回。

10. 制样单位如何查询哪些样品是平行样？

制样单位可以登录平台，在【样品制备】模块，根据是否符合平行样筛选条件，分别对表层样、剖面样和水稳性大团聚体的平行样品进行筛选。

11. 预设的密码平行样数量无法满足实际组批要求该如何处理？

质控实验室用户登录平台，在【调整样品】界面添加或者取消密码平行样。

12. 已制备的样品转码前，是否需要省级审核？

不需要省级审核，制备完成后由质控实验室转码、组批并流转到检测实验室即可。

13. 省级管理员在样品制备环节有哪些权限？

省级管理员在制备环节中有制样数据查询、审核任务分配、问题数据退回等权限。

14. 质控实验室如何进行转码流转？

① 质控实验室用户登录工作平台，根据需要组批的样品类型，添加质控样。

② 质控实验室用户登录样品流转 APP，打印质控样品标签。

③ 质控实验室用户登录样品流转 APP，查看各制备实验室需要进行流转的样品，根据样品类型和土地利用类型，进行组批转码。

15. 样品转码规则是什么？

质控实验室通过扫描样品二维码添加样品，添加的样品自动转码，转码编号由样品批次号加扫描样品的顺序号构成。

三、内业检测化验环节

1. 如何查看每个样品需要检测的指标？

检测实验室用户登录平台后，在【检测接收】-【已接收】列表中，点击导出，可以查看每个样品需要检测的指标。

2. 样品检测表格中，标记为"0"的检测指标是否为必填项？

表格中标记"0"的为根据检测技术规范要求而内设的检测指标，需要检测并进行填写。

3. 导入样品检测表格提示错误，如何解决？

① 检查物理指标中报告日期、实验室编号、联系人、联系电话、校核人、校核日期等是否填写完整。

② 检查化学指标中实验室编号、报告日期等是否填写完整。

③ 检查必填指标是否填写完整。

4. 导入样品检测表格后，检测结果关联表显示不全如何解决？

检查检测结果关联表中实验室代码、批次编号、土地利用类型、检测指标是否填写准确。

5. 检测表格中物理指标数据中缺少一条记录是什么原因？

缺少的样品为质控样品，质控样品不需要检测物理指标。

6. 样品的某些指标如果未检出该如何填写？

在检查表格中该项指标处填写未检出，同时填写方法检出限。

7. 能否修改导出的样品检测表格模板？

不可以修改导出的样品检测表格模板，模板中各列的顺序、名称都不可以修改。可以修改样品检测表格中各条记录的顺序。

8. 检测结果信息关联表是否只填写该批次的各项指标？

检测结果信息关联表需要填写该批次各项指标的检测方法。如果该批次同一个检测指标使用多种检测方法，需要填写该方法关联的样品编号。

9. 如何查询单个样品的检测结果？

在【样品查询】界面，输入该样品编号即可查询此样品的检测结果以及每个指标使用的检测方法。

10. 检测结果质控样研判结果提示不合格怎么处理？

平台根据实验室提交的检测结果是否在质控样录入的取值范围内来判定该项指标是否合格。平台判定结果不作为最终评判依据，质控实验室可以根据实际情况判定某些指标是否合格。如果不合格，填写原因，驳回该批次数据；如果合格，提交至省级审核。

11. 检测结果审核流程是什么？

质控实验室按批次进行审核，检查插入的质控样品和密码平行样品检测结果是否符合要求；县级、省级专家按样品进行审核，审核各项指标检测结果是否合理；国家内业专家对省级审核上报的数据进行抽检。

四、全程质量控制环节

1. 省级专家组资料检查和现场检查区别是什么？

资料检查重点对上传到土壤普查工作平台上的采样点信息、记录等进行检查，可在平台进行检查；现场检查采取与专家技术指导服务相结合的方式，对未采样的样点进行全覆盖外业过程检查。

2. 资料检查误点了导致不合格该如何处理？

采样队登录工作平台，在问题整改中，填写整改说明，专家再次审核通过即可。

3. 资料检查和现场信息提交后是否可以修改检查内容和审核意见？

资料检查和现场检查信息提交后无法修改；建议信息提交前先点击保存，确认检查内容无误后，再进行提交。

4. 资料检查不合格的样点如何进行整改？

资料检查审核未通过的样点，专家驳回后，采样队用户登录平台，在【问题整改】列表中，可以查看需要整改的原因，整改完成后，提交整改信息。

采样队如果需要补充属性信息，驳回后采样队在平台对属性信息进行完善。

采样队如果需要补充图片资料，由县级管理员再进行驳回，驳回后采样队去现场补充信息并重新提交。

5. 现场检查如何筛选未调查的样点？

专家登录工作平台，进入现场检查模块，通过筛选调查状态，选择未调查选项，可以查询未调查的样点。

6. 现场检查是否可以在平台中填写检查表？

不可以。现场检查只能在质量控制 APP 中填写检查表，完成现场检查工作。

7. 质控实验室如何添加质控样品？

质控实验室登录工作平台，在质控样管理中，通过添加样品或导出表格添加质控样品，质控样编号为质控实验室代码＋五位顺序号，录入需要质控的指标的标准值、最大值和最小值。

8. 质控实验室如何查询转码前的样品编号？

质控实验室用户登录工作平台，在【样品装运】界面搜索批次号，在样品装运记录表详情界面可查看每个样品转码前的编号。

9. 制备实验室如何接入视频监控？

制备实验室用户登录平台，在【视频监控】模块，可根据不同视频协议，录入相应参数接入视频。参数录入后，通过预览功能可查看是否接入成功。

10. 质控人员如何查看视频监控？

质控人员在【质量控制】-【样品制备】模块，通过是否接入视频查询条件检索已接入视频的实验室，点击详情可查看该实验室已接入的视频监控画面。

11. 质控实验室如何修改已流转的质控样检测指标？

质控实验室登录工作平台，在质控样管理已流转界面，查询需要编辑的质控样品，可以修改各指标信息。

第二节　外业调查与采样

一、样点野外确定与调整

1. 表层样点，可否在"电子围栏"内不同的田块采集样品？

不能。必须在"电子围栏"内选择面积较大的一个代表性田块，并在该田块内采样。

2. 表层样点具多个混样点，实际采样点的经纬度信息在哪个位置记录？

在混样点的中心点，即所有混样点中，位于最中心的那个混样点。

3. 表层样点，是否必须在预布设样点准确坐标位置采样？

不必须。在以预布设样点为中心的100m距离范围内，选择一个代表性田块或样地进行采样，确定中心点后，进行实际采样点坐标信息的重新采集和采样。

4. 预布设样点与"电子围栏"内实际土地利用类型不一致：预布设样点为耕地样点，但到达"电子围栏"内发现草地面积占比超过50%，且长期为草地。该样点仍以耕地调查还是变更为草地？

样点校核环节，把以预布设样点为中心的"电子围栏"调整到入样图斑的典型区域，确保"电子围栏"内主体土地利用类型是入样图斑的主体土地利用类型，降低"电子围栏"内实际土地利用类型与预布设样点土地利用类型不一致的情况。外业调查环节，若发现能代表入样图斑主体土地利用类型的"电子围栏"内草地面积占比超过50%，按草地样点调查。

5. 预布设样点与"电子围栏"内实际土地利用类型不一致：预布设样点为水田样点，但到达"电子围栏"内发现水浇地面积占比超过50%。该样点仍以水田调查还是变更为水浇地？

样点校核环节，把以预布设样点为中心的"电子围栏"调整到入样图斑的典型区域，确保"电子围栏"内主体土地利用类型是入样图斑的主体土地利用类型，降低"电子围栏"内实际土地利用类型与预布设样点土地利用类型不一致的情况。外业调查环节，若发现能代表入样图斑主体土地利用类型的"电子围栏"内水浇地面积占比超过50%，按水浇地样点调查。

6. 预布设样点与"电子围栏"内实际土地利用类型不一致：预布设样点为耕地，但到达"电子围栏"内发现全部为种植了多年的果园，此时按什么地类调查，采样深度应该为多少？

样点校核环节，把以预布设样点为中心的"电子围栏"调整到入样图斑的典型区域，确保"电子围栏"内主体土地利用类型是入样图斑的主体土地利用类型，降低"电子围栏"内实际土地利用类型与预布设样点土地利用类型不一致的情况。外业调查环节，若发现能代表入样图斑主体土地利用类型的"电子围栏"内果园面积占比超过50%，按果园调查，采样深度0~40cm。

7. 针对表层土壤样点，预布设样点为园地，到达"电子围栏"内发现存在两种以上的果树类型，如桃树和冬枣等，且存在树龄不同的状况，如何确定调查采样点位？

首先选择"电子围栏"内面积占比大的果园类型，然后再从中选择树龄具有代表性的果园地块进行调查采样。

8. 针对表层土壤样点，若"电子围栏"内田块小，可否选择多个农户的田块进行调查和采样？

否。须选择"电子围栏"内面积较大的一个代表性田块进行调查和采样。

9. 针对剖面样点，预布设土壤类型与实际不符，该采集哪种土壤类型的样品？

结合二普土壤图、遥感影像、数字高程模型、土地利用图等野外工作底图，在预布设样点所在土种图斑范围内进行踏勘，确定图斑范围内主体土壤类型，在主体土壤类型上进行土壤剖面的设置、挖掘、观察、描述和采样。

二、成土环境与土壤利用调查

1. 景观照片拍摄方法，作物茂盛期或林地里景观照拍摄如何取景？

景观照要融合远景（反映地形地貌、土地利用等）和近景（反映地表特征、土壤利用等），要把采样点所在田块的近景景观纳入镜头内（剖面坑不在镜头内）。作物茂盛期或林地里不易取远景，可以走出采样点或者"电子围栏"范围，并将样点所在位置纳入取景框下半部分，拍照（回到"电子围栏"内可上传），也可以用自拍杆加高拍摄，也可以用无人机拍摄等。

2. 关于土地利用变更，如何调查？

2000年至调查年份，核实是否存在土地利用二级类间的变更，若存在，需要调查填报2000年及对应的二级类；变更年份及对应的二级类；调查年份及对应的二级类。示例，2000年，旱地；2010年，水田；2020年，水浇地（蔬菜地）；2022年，水浇地（蔬菜地）。

3. 关于熟制，是按调查地块还是按区域填报？

熟制按区域主要粮食作物熟制填报，蔬菜地及临时种植药材的耕地等也按照区域主要粮食作物熟制填报。

4. 关于作物产量和施肥量，若粮食作物熟制为一年两熟，仅调查当季作物的信息是否可以？

否。需要填报近一个熟制年度内两季作物的产量和施肥量。

5. 作物产量和施肥量等现场调查时遇到农户不在田间，可否把同一片区域（如1公里内的同一类水田）其他相似田块的信息作为采样田块的信息？

否。须调查采样点所在田块的作物产量及施肥量等情况。

三、采样一般问题

1. 是否可以使用不锈钢土钻取样？

可以。

2. 采集的盐碱土或含水量高的土壤样品可否直接装入布袋?

不可以。为防止盐土吸潮,布袋发霉、污染等,需先装入塑料自封袋,再外套布袋。

3. 用环刀采集土壤容重样品后,将环刀中的土样直接装入塑料自封袋,这种操作造成的土壤含水量变化是否会影响土壤容重数据?

不影响。因为土壤容重测试的是烘干环刀内所有的土壤,称量烘干土壤重量,将烘干土壤重量除以环刀体积即得土壤容重大小。

4. 水田取样是否有季节要求?水淹情况下可以取样吗?

要求在排水晒田或收割后取样。水淹情况下原则上不可以取样。

四、表层土壤调查与采样

1. 表层土壤混合样品采集时,不同混样点的采样重量是否需要保持相等,同一混样点不同深度的采样体积是否需要保持相同?

是的。

2. 针对表层样点,若耕地的耕作层厚度为 16cm 或 25cm,采样深度该如何确定?

耕地表层样点采样深度为 0~20cm,不依赖于耕作层厚度。

3. 针对表层样点,若有效土层厚度不足 20cm(耕地、林地、草地)或 40cm(园地)时,该如何确定采样深度?

采样深度为有效土层厚度。

4. 针对园地表层样点,土壤水稳性大团聚体样品的采样深度是多少?

0~40cm。

5. 针对耕地表层样点,土壤水稳性大团聚体样品的采样深度是多少?

0~20cm。

6. 针对表层样点,设置为平行样的,表层土壤混合样品应该采几份?

采集 1 份,但需加大采样量至不低于 5kg(风干重计)。

7. 针对耕地表层样点,设置为平行样的,表层土壤容重样品应该采几份?

采集 3 份。不管是否设置为平行样,均采集 3 份。

8. 针对表层样点,若表层土壤砾石体积占比较高时(> 20%),野外该如何取样?

野外需估测并填报大于 2mm 的砾石体积占比;用 5mm 孔径尼龙筛分离较大砾石,称量记录较大砾石的总重量;野外舍弃较大砾石(>5mm),小砾石(2~5mm)和细土(<2mm)全部装入样品袋,细土重量需满足采样量要求。

9. 针对表层样点,若表层土壤砾石体积占比不高时(≤20%),野外该如何取样?

野外需估测并填报大于 2mm 的砾石体积占比;将所有砾石和细土装入样品袋,细土重量需满足采样量要求。

10. **针对表层样点，盐碱地样品采集时是否需要把盐结皮和下部土壤分开采集？**

不需要。将盐碱地划分为耕地、园地、林地或草地，并按相应的要求采样。

11. **针对园地表层样点，至少选择 5 棵树，每棵树选择 2 个混样点，包括混样点 1 和混样点 2，是否需要把混样点 1 和混样点 2 的各 5 个混样点样品，分开装袋，作为 2 个样品？**

不需要。10 个混样点充分混合成 1 个样品。

五、剖面土壤调查与采样

1. **针对剖面样点，若预布设土壤类型与实际不符，该采集哪种土壤类型的样品？**

土壤剖面调查不是特别去寻找预布设的土壤类型，应遵从实事求是原则，以预布设样点所在的二普土种图斑边界为范围，结合遥感影像、数字高程模型、土地利用图等野外工作底图，在预布设样点所在土种图斑范围内进行踏勘，确定图斑范围内主体土壤类型，在主体土壤类型上进行土壤剖面的设置、挖掘、观察、描述和采样。

2. **土壤剖面处于部分阴影或逆光状态，拍照时如何避免剖面有阴影或曝光过度？**

须利用不透光的帆布等物品遮挡光线，然后再拍摄。

3. **是否每个剖面样点均需采集土壤水稳性大团聚体样品？**

只采集耕地、园地土壤剖面 A 层（第一个发生层）水稳性大团聚体样品，之下发生层不采集。

4. **是否每个剖面样点均需采集纸盒土壤标本？**

是的。

5. **针对剖面样点，是否必须在野外进行土壤颜色比色？**

否。若条件允许，野外润态比色（需喷水调节到相对一致的水分含量）；若条件不允许，回到室内由外业调查技术领队利用纸盒土壤标本进行干态和润态比色，补录颜色信息。

6. **在修整土壤剖面时，毛面（即自然结构面）宽度是多少？是位于左侧还是右侧？**

毛面约占整个剖面宽度的 1/3，位于剖面的左侧。例如，若剖面宽 120cm，则将其左侧约 40cm 宽的观察面修成毛面即可。

7. **整段土壤标本木盒的规格是多少？**

整段土壤标本木盒内部尺度：高 100cm×宽 22cm×厚 5cm。

8. **森林植被下发育的土壤多有枯枝落叶层，该层次用什么符号表示？**

枯枝落叶层用 Oi 表示。

9. **土层内混入的砖瓦碎屑、玻璃碴、草木炭等是侵入体还是新生体？**

砖瓦碎屑、玻璃碴、草木炭这些均是侵入体。侵入体是指非土壤固有的，而是由外界进入土壤的特殊物质；新生体则是指土壤发育过程中物质重新淋溶淀积和集聚的生成物。

10. 在计算土体厚度时，是否要将母质层纳入统计？

因情况而异。土体厚度不包括砾石（粒径＞2mm）体积占比＞75％的层次厚度。若母质层的砾石体积占比＞75％，则不纳入土体厚度统计；若母质层的砾石体积占比≤75％，则应纳入土体厚度统计。

11. 采集整段土壤标本时，如果主作业面修整困难，可否在剖面的侧面采集？

可以，但必须保证侧面的土壤发生层次与主作业面基本一致，且地表无人为踩踏及重物压实等情况。

12. 对土色卡有何要求？

土壤三普需统一土壤颜色测定与命名系统，优先使用《中国标准土壤色卡》，其次是日本新版《标准土色贴》，再次是美国 *Munsell Soil Color Book* 最新版，不得使用其他土色卡产品。

13. 对土壤剖面标尺有何要求？

土壤三普需统一标尺规格，使用黑底白字白色刻度不缩水且不易反光的帆布质标尺，不得使用其他颜色。

14. 若所调查剖面样点由多年耕作水田转为旱地，则土壤类型是否还为水稻土？

土壤类型的确定主要依据土壤剖面本身的性状。若水改旱土地利用类型变更时间较短，还保留水稻土基本特征，则土壤类型仍为水稻土。

六、土壤类型制图

1. 县级土壤类型图制图比例尺是多大？

县级土壤类型图原则上 1∶50000（制图单元的分类级别原则上到土种，辖区面积大的县可酌情制作 1∶100000～1∶200000 土壤类型图）。

2. 土壤图的数据坐标系是什么？

成果图统一采用 2000 国家大地坐标系，与国土三调成果一致。相关数据图层需以投影坐标系的方式进行运算和制图，不得以经纬度坐标进行制图。

七、土壤样品库建设

1. 样品库建设留存原样还是研磨过筛样？

国家和省级样品库要求留存风干原样。

2. 试点期间纸盒土壤标本如何流转？

外业调查队采集纸盒土壤标本后，于室内打开盒盖进行风干。若野外调查时未进行润态土壤颜色比色，外业调查队需利用纸盒土壤标本进行室内干态和润态比色，补录上报颜色数据。之后，将风干的纸盒土壤标本流转至省级土壤普查办指定的存储位置，以便完成土壤类型室内鉴定。

第三节 样品制备、流转、保存与检测

一、样品流转

样品流转过程中插入质控样品的具体要求？是否有统一的合格供应商？

省级土壤普查办负责制定省级质控计划，明确质控样插入具体要求，插入质控样相关指标无需覆盖检测样品的所有指标。根据资质认定/实验室认可的相关要求，实验室应有对外部提供产品和服务评价、验收和确认的程序，以确保采购试剂、仪器设备等供货及后续服务质量。质控样（包括标准物质和参考标准物质）是实验室重要的采购物品，实验室须按照相应程序进行确认及采购。

二、样品检测

1. 国家层面是否统一制样器具的类别、材质和型号？

《第三次全国土壤普查土壤样品制备与检测技术规范（试行）》中对样品制备所需工具和材质已做明确要求，承担样品制备任务的实验室应结合本省任务安排及实际情况，确定相应样品制备器具。

2. 第三次全国土壤普查工作平台上样品制备的起止时间如何界定？

一般样品和剖面样品的制备起止时间为粗磨开始和粗磨结束。水稳性大团聚体的制备起止时间为风干开始和风干结束。

3. 1mm 土壤样品如何细磨？

按照《第三次全国土壤普查土壤样品制备与检测技术规范（试行）》不再要求细磨 1mm 土壤样品。

4. 样品检测包括阳离子交换量、交换性盐基等多种指标检测方法，是否需要根据土壤样品酸碱性来选择不同方法进行样品检测？酸性土壤、中性土壤、石灰性土壤如何界定？

按照《第三次全国土壤普查土壤样品制备与检测技术规范（试行）》规定，阳离子交换量、交换性盐基等土壤样品检测，应根据土壤样品酸碱性选择对应的检测方法。pH＜6.5 的土壤为酸性土壤，pH＞7.5 为碱性土壤，pH 6.5～7.5（包含 6.5 和 7.5）为中性土壤。

5. 有效态铁、锰、铜、锌检测方法为《土壤有效态锌、锰、铁、铜含量的测定 二乙三胺五乙酸（DTPA）浸提法》（NY/T 890—2004），该标准适用范围为 pH＞6 的土壤，pH＜6 的土壤样品如何检测？

农业行业标准《土壤有效态锌、锰、铁、铜含量的测定 二乙三胺五乙酸（DTPA）浸提法》（NY/T 890—2004）规定了采用二乙三胺五乙酸（DTPA）浸提剂提取土壤中有效态锌、锰、铁、铜，以原子吸收分光光度法或电感耦合等离子体发射光谱法加以定量测定的方法，该标准规定适用于 pH＞6 的土壤。《土壤分析技术规范（第二版）》（中国农业出版社，2006）引用了该标准，并明确 pH＜6 的土壤也可参照使用。经内业技术组专家研究确定，NY/T 890—2004 标准适用于所有土壤有效态锌、锰、铁、铜含量的测定。

6. 全氮检测方法为《土壤检测　第 24 部分：土壤全氮的测定　自动定氮仪法》（NY/T 1121.24—2012），其中样品前处理规定了"6.3.1 不包括硝态氮和亚硝态氮的消煮""6.3.2 包括硝态氮和亚硝态氮的消煮"两种方法，如何选择？

鉴于土壤样品硝态氮和亚硝态氮含量很低，对土壤全氮量的测定结果影响很小，经内业技术组专家研究确定，除含硝态氮高的土壤外，其余耕地园地、林地、草地土壤样品可采用标准中不包括硝态氮和亚硝态氮的方法进行全氮检测样品前处理。

7. 按照《固体废物　金属元素的测定　电感耦合等离子体质谱法》（HJ 766—2015）和《固体废物　22 种金属元素的测定　电感耦合等离子体发射光谱法》（HJ 781—2016）检测镉（Cd）、铬（Cr）、铜（Cu）、锰（Mn）、钼（Mo）、镍（Ni）、铅（Pb）、锌（Zn）、铁（Fe）、铝（Al）、钙（Ca）、镁（Mg），对是检测土壤试样的浸出液还是检测土壤试样，前处理如何操作？

本次土壤普查借鉴的固体废物检测标准均是检测土壤试样而非检测土壤试样的浸出液。其中，使用《固体废物　22 种金属元素的测定　电感耦合等离子体发射光谱法》（HJ 781—2016）的方法可采用"盐酸＋硝酸＋氢氟酸＋过氧化氢，微波消解法"，也可采用"盐酸＋硝酸＋高氯酸＋氢氟酸，电热板消解法"进行前处理。使用《固体废物　金属元素的测定　电感耦合等离子体质谱法》（HJ 766—2015）可采用"盐酸＋硝酸＋氢氟酸＋过氧化氢，微波消解法"进行前处理，若通过验证能满足本方法的质量控制和质量保证要求，也可以使用电热板等其他消解法进行前处理。

8. 《土壤分析技术规范（第二版）》中比重计法测定机械组成过程繁琐、精度不高，是否可探索建立吸管法使用粒度分布仪测定方法，或使用《森林土壤颗粒组成（机械组成）的测定》（LY/T 1225—1999）方法检测？

《第三次全国土壤普查土壤样品制备与检测技术规范（修订版）》明确，机械组成检测依据《土壤分析技术规范（第二版）》中"5.1 吸管法"。

9. 水稳性大团聚体检测湿筛筛分完成后，各粒级中有石砾，但是在干筛时属于结合在大团聚体中的石砾，在干筛时无法去除，在湿筛过程中是否去除？

水稳性团聚体大多是钙、镁、腐殖质胶结起来的颗粒，因腐殖质是不可逆凝聚的胶体，其胶结起来的团聚体在水中振荡、浸泡、冲洗而不易崩解，仍维持其原有结构；而非水稳性胶体则是由黏粒胶结或电解质凝聚而成，当放入水中时，迅速崩解为组成土块的各颗粒成分，不能保持原来的结构状态。湿筛时若出现石块、石砾及明显的根系等有机物质，则不属于土壤水稳性团聚体，需要去除。

10. 水溶性硝酸根离子含量过高的土壤，水溶盐离子加和总量与水溶盐总量检测结果超出《森林土壤水溶性盐分分析》（LY/T 1251—1999）中表 4 允许偏差超范围时应如何做？

建议检测机构在出现水溶盐离子加和总量与全盐量不平衡问题时，对可能影响加和离子的因素进行排查，并提供影响加和的其他阴阳离子含量的测定原始记录等备查。

11. 碳酸钙用非水滴定法检测，最终结果是否转换为以碳酸钙计？

《第三次全国土壤普查土壤样品制备与检测技术规范（试行）》规定碳酸钙检测采用《土壤分析技术规范（第二版）》中，"15.1 土壤碳酸盐的测定　气量法"中的测定方法。

12. 不同的土壤粒径含水率不一样，怎样折算含水率？

统一采用过 2mm 筛的土壤样品测定风干试样含水量，作为不同粒径试样测定结果的烘干基折算依据。

13. 林地草地盐碱荒地中交换性盐基总量测定方法仅有《森林土壤交换性盐基总量的测定》（LY/T 1244—1999），该方法明确规定适用于酸性和中性，对于碱性土壤是否适合？

《第三次全国土壤普查土壤样品制备与检测技术规范（试行）》规定土壤中交换性盐基总量和交换性盐基的检测方法，对于 pH≤7.5 的样品，采用《土壤分析技术规范（第二版）》中"13.1 酸性和中性土壤交换性盐基组成的测定（乙酸铵交换法）"中的测定方法；对于 pH＞7.5 的样品，采用《石灰性土壤交换性盐基及盐基总量的测定》（NY/T 1615—2008）中的测定方法。

14. 交换性盐基总量中交换性钠含量较低，采用火焰光度法测定结果稳定性较差、检出限高，建议补充交换性钾、交换性钠、交换性钙、交换性镁 ICP 法测定方法。

《第三次全国土壤普查土壤样品制备与检测技术规范（试行）》增加了交换液中钾、钠、钙、镁离子的等离子体发射光谱法。

15. 部分土壤样品中硝酸盐含量较高，本次阴离子只测定碳酸根、碳酸氢根、硫酸根、氯根，造成水溶盐阴阳离子不平衡，水溶盐总量和离子总量不平衡该如何解决？

本次普查水溶盐的测定主要针对盐碱地，盐碱地土壤所含的可溶盐主要是钠、钙、镁的氯化盐或硫酸盐和碳酸盐及碳酸氢盐。土壤水溶性盐分组成测定按照《森林土壤水溶性盐分分析》（LY/T 1251—1999）标准操作，该标准规定用离子加合法将阴阳离子总量相加计算水溶性离子总量，同时对全盐量与水溶性离子总量之间的允许偏差进行了规定。检测机构在出现水溶盐离子加和总量与全盐量不平衡问题时，应对可能影响加和离子的原因进行排查，并做好影响加和的其他阴阳离子含量的测定原始记录等。

三、质量控制

1. 质控实验室在对检测实验室检测样品进行留样抽检时，对检测方法如何规定？

按照第三次全国土壤普查国家层面留样抽检方案，抽取留样时，需要填写检测实验室使用的检测方法，质控实验室将采用相同方法进行检测，保证结果的可比性。

2. 检测数据异常值如何定义及处理？标准方法中无计算结果修约规定的，如何处理？

实验室检测异常值由各省级土壤普查办根据本区域情况自行确定。标准方法中无计算结果修约规定的，按培训教材中各指标检测方法中的结果修约规定执行。

3. 全硼检测时，空白值偏高如何处理？

《第三次全国土壤普查全程质量控制技术规范（试行）》规定每批次样品（不多于

50 个样品）分析时，应进行空白试验，并对空白试验结果做出要求。根据基体不同，空白试验分试剂空白、样品空白、标准溶液空白等，若空白试验结果明显超过正常值，实验室需要多方面去查找其中的原因，并应采取适当纠正和预防措施，重新对样品进行检测。同时，考虑到普通玻璃器皿中常含有硼，试样前处理和待测液硼含量测定等操作不应使用普通玻璃器皿，须使用不含硼玻璃器皿如石英玻璃或塑料器皿等。

4. 样品制备与检测是否须按制检分离原则，分别由不同检测实验室承担？

《第三次全国土壤普查土壤样品制备与检测技术规范（试行）》规定样品制备与检测应按照制检分离原则，分别由不同单位承担；只能由同一单位承担的，省级土壤普查办应加大质量监督检查力度。

5. 相关实验室出具检测报告是否需要盖 CMA 章？

检测报告不需要盖 CMA 章，相关检测结果统一加盖承担检测任务单位公章。

6. 理论上交换性盐基总量会大于交换性钙、镁、钾、钠等四个指标加和，但实际检测中，方法误差和仪器误差会导致总量小于四个指标加和，该情况如何解决？

土壤交换性盐基是指土壤胶体吸附的碱金属和碱土金属离子（K^+、Na^+、Ca^{2+}、Mg^{2+}），因此应为各离子含量的总和。按照《土壤分析技术规范（第二版）》酸性和中性土壤交换性盐基测定法（乙酸铵交换法），由于土壤交换性盐基总量测定是用中性 $1mol/L$ 乙酸铵（pH 7.0）溶液浸提土壤，浸出液中包含的交换性盐基成分以乙酸盐状态存在。经蒸干灼烧后，溶液中硅、铝、铁等化合物可脱水形成新的盐类或包裹盐基性阳离子，不能被稀盐酸溶出，可能影响分析结果。若测定的土壤交换盐基总量数值与交换性 K^+、Na^+、Ca^{2+}、Mg^{2+} 含量之和之间如出现较大偏差，实验室需进行自我核对检查，检测实验严格按照规范标准测定，上报实际测定结果数据。质量控制实验室应通过本区域检测结果积累，经统计分析，总结两者之间存在偏差的可控制范围。

7. 部分有效态标准物质证书所列相关指标的不确定范围要求，要宽于《第三次全国土壤普查全程质量控制技术规范（试行）》"表 1 土壤样品检测精密度和正确度允许范围"要求时，检测结果如何判定？

质控样品检测结果质量评价可依据《第三次全国土壤普查全程质量控制技术规范（试行）》中表 1 正确度的相对误差，如质控样品为有证标准物质，检测结果判定也可依据其证书中特性量值及不确定度范围，具体可由省级土壤普查办数据审核人员确认。

8. 外部质控样或密码平行样 pH 指标检测结果不合格时，是否可认为和 pH 有关的有效态指标检测结果也不合格？

如果 pH 值测定不合格，并影响检测方法选择，导致方法选择错误，有效态参数依据相应检测方法的测定结果也不合格。如果不影响检测方法选择，pH 值测定不合格，不能据此判定和 pH 有关的有效态参数检测结果不合格。

9. 外部质控样评判时，有效态部分参数检测方法需依据 pH 结果，pH 介于酸碱土壤判定临界点时，可能导致检测方法与标准物质定值检测方法不一致，此时若质控样或密码平行样检测结果不合格，如何判定？

外部质控样品和 pH 有关的有效态参数检测方法选择应根据质控样品给定的 pH 特性

量值确定检测方法，省级质控实验室应避免选择 pH 介于酸碱土壤判定临界点的质控样品。

10. 如插入的外部质控样 pH 与实际土壤样品酸碱性不一致，导致部分指标检测方法不一致，此时如质控样该参数不合格，该批次中与质控样酸碱性不一致的，检测方法不同的样品如何判定？

如质控样品与 pH 相关的其他参数不合格，该批次中与质控样品酸碱性不一致、检测方法不同的样品，不能据此判定其检测结果不合格。省级质控实验室应首先评估每批次中质控样品 pH 是否合格，如 pH 不合格，且影响到和 pH 有关的有效态参数检测样品检测方法选择，需反馈检测实验室重新测定 pH 并重新选择检测方法。建议省级质控实验室应尽可能插入与样品性质接近的质控样品，检测实验室优先测定样品 pH，根据实际测定结果选择检测方法。

11. 每批次插入标准物质样品重量是否可与送检土壤样品重量不一致？

可以不一致。每批次插入标准物质样品应根据省级质控计划，统一要求相关批次指标，再根据所需质控指标确定质控样品所需重量。

12. 所有有效态、交换性钾、交换性钠、交换性钙、交换性镁等检测项目，检测结果在检出限 3 倍以内的，建议平行样相对相差或相对偏差放宽至规定值的 3 倍，如方法规定相对偏差或相对相差≤10%，建议放宽至≤30%。

检出限 3 倍以内的含量水平基本属于定量限（测定下限）的范畴，而定量限是近几年逐步在标准制订中提出的要求，较早的标准大多未考虑。定量限需要实验室按照规定的方法验证后统计给出，不能随意制订或修改。

13. 平行双样合格率、密码平行样和质控样累计合格率如何理解？

《第三次全国土壤普查全程质量控制技术规范（试行）》规定平行双样、质控样检测合格率均为 100%。

14. 检测实验室内部质控关键环节要求是什么？

检测实验室内部质控采取平行双样控制精密度、质控样控制正确度，检测合格率均要达到 100%。检测实验室在提交检测数据时，还需要根据《第三次全国土壤普查全程质量控制技术规范（试行）》要求，提交质量评价总结报告和检测结果报告。此外，检测实验室要保留相关检测原始记录、图谱等备查。

15. 质控样检测结果如何判定？

因质控样检测结果的判定是平台根据省级质控实验室确定的标准自动判断。省级质控实验室在确定质控样合格范围时，检测结果的允许偏差可暂时使用标物证书给定的不确定度值乘 3 再除 2 的值（99% 置信区间），或使用《第三次全国土壤普查全程质量控制技术规范（试行）》中规定的相对误差值判定，具体由省级质量控制实验室根据本区域和使用标准物质的情况进行把握。

16. 密码平行样、质控样判定结果不合格如何处理？

外部质控密码平行样、质控样任何一项检测结果不合格，均需将该样品同批次或同组检测的样品检测数据驳回，要求检测实验室对不合格项目重新检测。如确因样品不均匀引起密码平行样检测不合格，需由检测实验室提供内部质控评价结果及有关样品检测与内部质控的原始记录等进行举证、申诉，由省级质控实验室进行处理、确认。

17. 指标检测结果判定是否完全按照第五章表 5-1 要求？

暂时可以参照第五章表 5-1 执行。由于第五章表 5-1 中规定的范围对物理指标和部分土壤化学指标（如 pH、电导率）不适用，目前全国土壤普查办正在组织有关专家进一步梳理每项指标的判定范围，并相应完善平台系统结果判定功能。

18. 耕地园地、林地草地样品需分别组批进行检测，导致密码平行样数量不够怎么办？

工作平台已向省级质量控制实验室开放了调整密码平行样功能，省级质量控制实验室可以根据需求，通过点击"调整样品"，增加密码平行样数量，满足质量控制工作需求。